高等职业教育计算机类专业“十三五”规划教材

Java 程序设计项目化教程

李 颖 平 衡 主 编
刘海莺 王翠华 副主编

中国铁道出版社有限公司
CHINA RAILWAY PUBLISHING HOUSE CO., LTD.

内容简介

本书采用“项目引领、任务驱动”的教学方式，通过大量案例全面介绍了Java语言开发技术。全书分为4个项目，包含10项任务，内容涵盖Java编程开发环境的搭建、Java语法基础、条件语句、循环语句、跳转语句、数组、类和对象、继承和多态、抽象类和接口、包、访问控制权限、常用Java API、程序调试和异常处理、Java界面编程、IO流、文件处理技术、线程、网络编程等。全书由易到难，循序渐进，适合学生在实践中学习，逐步掌握编程技术。

本书适合作为高等职业院校计算机类专业的教材，也可作为计算机爱好者的自学参考书。

图书在版编目（CIP）数据

Java程序设计项目化教程/李颖，平衡主编. —北京：中国铁道出版社，2018.7（2019.7重印）
高等职业教育计算机类专业“十三五”规划教材
ISBN 978-7-113-24637-2

Ⅰ.①J… Ⅱ.①李… ②平… Ⅲ.①JAVA语言-程序设计-高等职业教育-教材 Ⅳ.①TP312.8

中国版本图书馆CIP数据核字(2018)第128166号

书　　名：Java程序设计项目化教程
作　　者：李　颖　平　衡　主编

策　　划：祁　云　　　读者热线：（010）63550836
责任编辑：祁　云　彭立辉
封面设计：付　巍
封面制作：刘　颖
责任校对：张玉华
责任印制：郭向伟

出版发行：中国铁道出版社有限公司（100054，北京市西城区右安门西街8号）
网　　址：http://www.tdpress.com/51eds/
印　　刷：三河市航远印刷有限公司
版　　次：2018年7月第1版　2019年7月第2次印刷
开　　本：787mm×1092mm　1/16　印张：18.25　字数：406千
书　　号：ISBN 978-7-113-24637-2
定　　价：48.00元

PREFACE

前 言

关于本教材

本书按照教、学、做一体化模式精编了 Java 的核心内容，全书通过 4 个项目涵盖了所有知识点和技能点，每个项目遵循“技能目标”→“知识目标”→“项目功能”→“项目实现”→“项目总结”的顺序组织内容；每个项目通过 2~3 项任务详细讲解核心内容，每项任务以任务描述、技术概览、相关知识、任务实施、任务小结、自测题、拓展实践、面试常考题组织本书的体系结构。在每个项目中，技能目标是学习知识后应具备的编程能力；知识目标体现最重要和最实用的知识，是教师需要重点讲解的内容；项目功能是对本项目的总体描述；项目实现是学生完成了若干项任务之后，能够实现的实际项目，并给出项目实现的步骤和方法。任务是在功能上对项目的分解，在每项任务中，技术概览是对所需要的知识和技术要点的简略描述；拓展实践给出了需要学生独立完成的实践活动；面试常考题使学生完成任务之后，直接与工作要求对接，明确工作岗位的要求。

如何使用本教材

本书共分 4 个项目，共有 10 项任务：

任务一主要介绍 Java 语言的特点和 JDK 的安装使用。通过对本任务的学习，学生需要掌握 JDK 的安装过程，动手实现属于自己的第一个 Java 程序。

任务二、任务三详细讲解 Java 语言的基本数据类型、基本语法。不论任何一门语言，其基本数据类型、基本语法都是最重要的内容。在学习基本数据类型、基本语法时，一定要做到认真学习每一个知识点，切忌走马观花，将任务内容粗略地看一遍，这样达不到任何学习效果。

任务四、任务五介绍了 Java 语言最重要的特征——面向对象，这两部分内容以编程思想为主，初学者需要花费很大的精力来理解这两个任务中所讲的内容。只有明白了面向对象的编程思想才算真正认识了 Java 这门语言。

任务六到任务十针对 JDK 中提供的 Java 类进行讲解，要求初学者掌握教材中所涉及的 Java 类的具体用法。在学习这些任务时，要认真地完成教材中所提供的每一个案例，从实践中学习每个类的具体用法。

在上面所提到的 10 项任务中，任务一比较特殊，是对语言和开发工具的介绍，学习这个任务时要求初学者按照教材中所描述的步骤进行动手练习。其余任务中所讲解的知识点多而细，因此其中案例大多是以详细代码的形式呈现。本书以 4 个实际项目组织内容，并通过任务逐步实施，最终实现项目，要求学生对于每一个项目都要动手实践。在每项任务的最后都提供了拓展实践，并在课程资源中提供详细的实现过程，对于初学者要勤思考，尝试着动手实现它们。在所有的任务中，任务六“利用 Java API 查阅常用类”、任务九“I/O 流的处理”、任务十“实现网络聊天”是本书的重点内容，这三部分内容在实际开发中最常用，初学者在学习这几部分内容时应做到完全理解每个知识点，认真完成每一个案例。

在学习本书时，首先要做到对知识点理解透彻，其次一定要亲自动手去练习教材中所提供的案例，因为在学习编程的过程中动手实践是非常重要的。对于一些难以理解的知识点，也可以通过案例的练习来学习，如果实在无法理解教材中的知识，建议初学者不要纠结于某一个知识点，可以先往后学习。通常来讲，学习了后面一两个小节的内容再回来学习之前不懂的知识点，一般就能理解了。

本书特色

（1）满足教学需要。本书采用“项目引领、任务驱动”的教学方式，将每个项目分解为多个任务，每项任务均包含“相关知识”和“任务实施”两部分：

相关知识：讲解基本知识和核心技能，并根据功能的难易程度采用不同的讲解方式。例如，对于一些较难理解或必须掌握的功能，用案例的方式进行讲解，从而方便教师上课时演示；对于一些简单的功能，则只简单地进行讲解。

任务实施：通过完成任务涉及的功能，让学生练习并能在实践中应用软件的相关技能。学生可根据书中讲解，自己动手完成相关案例。

（2）满足就业需要。在每项任务中都精心挑选与实际应用紧密相关的知识点和案例，从而让学生在完成某项任务后，能马上在实践中应用从该任务中学到的技能。另外，在每项任务的最后加入“面试常考题”环节，使学生完成任务之后，直接与工作要求对接，明确工作岗位的要求。

（3）增强学生学习兴趣，让学生能轻松学习。严格控制各任务的难易程度和篇幅，尽量将教师讲授时间和学生动手完成所需时间的比例控制在 1：2 以内，让学生真正参与到完成案例的过程中，从而提高学生的学习兴趣，让学生轻松掌握相关技能。

（4）提供课件、源代码和补充案例。本书配套教学课件、案例源代码、完整的项目源代码和补充案例及其源代码。可在中国铁道出版社网站 http://www.tdpress.com/51eds 上搜索本教材名称，进入教材页面下载，或者访问作者云盘 https://pan.baidu.com/s/1T6bUAE9YgzppNJH5i2NQhA 获取教学资源。

（5）体例丰富。可使学生在学习项目和任务前做到心中有数，学完后还能对所学知识和技能进行总结和考核。

致谢

本书由李颖、平衡任主编，刘海莺、王翠华任副主编。其中，任务一、任务二由王翠华编写，任务三、任务八至任务十由李颖编写，任务四、任务五由平衡编写，任务六、任务七由刘海莺编写。在本书编写过程中得到烟台汽车工程职业学院各级领导和同事的大力支持和协助，在此表示由衷的感谢。

由于时间仓促，编者水平有限，疏漏与不妥之处在所难免，敬请广大读者批评指正，欢迎提出宝贵意见，请发送邮件至：liyingmail14281@sina.com。

编　者
2018 年 3 月

目 录

项目一

学生信息管理系统

技能目标

- 了解学生信息管理系统。
- 能熟练设计规划学生信息管理系统。
- 具备结构化程序设计的能力。

知识目标

- 了解学生信息管理系统需求。
- 熟悉学生信息管理系统的结构化需求。
- 了解 Java 程序的特点及工作机制。
- 了解 Java 程序的开发环境。
- 熟练定义规范的标识符。
- 掌握各种基本数据类型及表示形式。
- 掌握各种流程控制语句的格式及执行过程。
- 掌握一维数组的定义和数组元素的访问。

项目功能

通过本项目的设计与实现过程，可使读者掌握结构化程序设计的基本思想，掌握 Java 语言的基本语法、数据类型、运算符、流程控制语句、数组、方法等。

在本系统中，为了简便，学生的信息只包括学号、姓名、班级、语文成绩、数学成绩、英语成绩，也可以根据需要增加其他信息。

系统的主要功能有：建立学生信息档案、录入学生信息、显示学生信息、修改学生信息、删除学生信息、查看学生信息等。

任务一　安装配置开发环境及需求分析

任务描述

为了开发学生信息管理系统，首先需要搭建 Java 程序开发环境，安装并配置 Java 程序运行所需要的软件和插件，明确程序的结构，以便能够通过 Java 程序顺利调用所需要的各种资源，如音乐、图片、文件等。对用户需求做出准确的分析，并根据用户需求分析制定项目解决方案。

技术概览

随着网络的发展和技术的改进，各种编程语言随之产生，Java 语言就是其中之一。Java 的发展史要追溯到 1991 年，源于 James Gosling 领导的绿色计划。1996 年，Sun 公司正式发布 Java。Java 语言的诞生解决了网络程序的安全、健壮、平台无关、可移植等很多难题。

相关知识

一、Java 语言概述

Java 是一种跨平台的语言，可一次编写，到处运行，具有简单、面向对象、分布式、健壮性、安全性、平台无关性、可移植性、高性能、多线程等特点。

网络使得 Java 成为了最流行的编程语言，反过来 Java 也促进了网络的发展。Java 不但用于网络开发，而且涉及其他很多方面，包括桌面级的开发、嵌入式开发 Android 应用和云计算平台等。在动态网站和企业级开发中，Java 作为一种主流编程语言占据了很大份额；在嵌入式方面的发展更加迅速，现在流行的手机游戏，几乎都是应用 Java 语言开发的。可以说 Java 和人们的生活息息相关。

目前，IT 行业 Java 技术人员短缺，而且 Java 涉及 IT 行业的各个方面及各个环节，因此学习 Java 这门技术是从事 IT 职业很不错的选择。

1. Java 语言的产生与发展

Java 不仅是一种编程语言，也是一个完整的平台，拥有庞大的库，可将诸如图形绘制、Socket 连接、数据库存取等复杂操作进行最大限度的简化。

Java 是跨平台的，一次编写，到处运行，在 Windows 上编写的代码可以不加修改地移植到 Linux 上，反之也可以。

Java语言是Sun公司1995年推出的一门高级编程语言,起初主要应用在小型消费电子产品上，后来随着互联网的兴起，Java 语言迅速崛起（Java Applet 可以在浏览器中运行），成为大型互联网项目的首选语言。

Sun 在 1996 年初发布了 JDK 1.0,这个版本包括两部分:运行环境(即 JRE)和开发环境(JDK)，运行环境包括核心 API、集成 API、用户界面 API、发布技术、Java 虚拟机（JVM）五部分，开发环境包括编译 Java 程序的编译器（即 javac 命令）。

Sun 公司 1997 年 2 月 18 日发布 JDK 1.1，JDK 1.1 增加了 JIT（即时编译）编译器，JIT 和传统的编译器不同，传统的编译器是编译一条，运行完后将其扔掉，而 JIT 会将经常使用的指令保存在内存中，下次调用时不需要重新编译，通过这种方式让 JDK 在效率上有了很大的提高。

1998 年 12 月, Sun 公司发布 JDK 1.2, 伴随 JDK 1.2 一同发布的还有 JSP/Servlet、ELB 等规范。为了使软件开发人员、服务提供商和设备生产商可以针对特定的市场进行开发，Sun 公司将 Java 划分为 3 个技术平台，分别是 Java SE、Java EE 和 Java ME。

（1）Java SE（Java Platform Standard Edition，Java 平台标准版）是为开发普通桌面和商务应用程序提供的解决方案。Java SE 是 3 个平台中最核心的部分，Java EE 和 Java ME 都是在 Java SE 的基础上发展而来的，Java SE 平台中包括了 Java 最核心的类库，如集合、IO、数据库连接以及网络编程等。

（2）Java EE（Java Platform Enterprise Edition，Java 平台企业版）是为开发企业级应用程序提供的解决方案。Java EE 可以被看作一个技术平台，该平台用于开发、装配以及部署企业级应用程序，其中主要包括 Servlet、JSP、JavaBean、JDBC、EJB、Web Service 等技术。

（3）Java ME（Java Platform Micro Edition，Java 平台小型版）是为开发电子消费产品和嵌入式设备提供的解决方案。Java ME 主要用于小型数字电子设备上软件程序的开发。例如，为家用电器增加智能化控制和联网功能，为手机增加新的游戏和通讯录管理功能。此外，Java ME 提供了 HTTP 等高级 Internet 协议，使移动电话能以 Client/Server 方式直接访问 Internet 的全部信息，提供最高效率的无线交流。

Java 的这 3 个技术平台划分形式，一直保留至今。

2002 年 2 月，Sun 发布了 JDK 1.4 版本，也出现了大量 Java 开源框架：Struts、WebWork、Hibernate、Spring。

2004 年 10 月，Sun 发布了 JDK 1.5，同时将 JDK 1.5 更名为 JDK 5.0，并增加了新功能。

2006 年 12 月，Sun 公司发布了 JDK1.6，也称为 JDK 6.0。

2009 年 4 月 20 日，Oracle 宣布以每股 9.5 美元的价格收购 Sun 公司，该交易的总价值约为 74 亿美元。

2011 年 7 月 28 日，Oracle 公司发布了 JDK 7。

2014 年 3 月 18 日，Oracle 公司发布了 JDK 8。

至今，Oracle 公司未发布更新的 JDK 版本。

2. Java 语言的特点

（1）跨平台性

跨平台性是指软件可以不受计算机硬件和操作系统的约束而在任意计算机环境下正常运行。这是软件发展的趋势和编程人员追求的目标。之所以这样说，是因为计算机硬件的种类繁多，操作系统也各不相同，不同的用户和公司有自己不同的计算机环境，而软件为了能在这些不同的环境下正常运行，就需要独立于这些平台。

在 Java 语言中， Java 自带的虚拟机很好地实现了跨平台性。 Java 源程序代码经过编译后生成的二进制字节码是与平台无关，但可被 Java 虚拟机识别的一种机器码指令。Java 程序跨平台运行时，对程序本身不需要进行任何修改，真正做到了“一次编写，到处运行”。

（2）面向对象

面向对象是指以对象为基本粒度，其下包含属性和方法。对象的说明用属性表达，而通过使用方法来操作这个对象。面向对象技术使得应用程序的开发变得简单易用，节省代码。Java 是一种面向对象的语言，继承了面向对象的诸多优点，如代码扩展、代码复用等。

（3）安全性

安全性可以分为 4 个层面：语言级安全性、编译时安全性、运行时安全性、可执行代码安全性。语言级安全性指 Java 的数据结构是完整的对象，这些封装过的数据类型具有安全性。编译时要进行 Java 语言和语义的检查，保证每个变量对应一个相应的值，编译后生成 Java 类。运行时 Java 类需要类加载器载入，并经由字节码校验器校验之后才可以运行。 Java 类在网络上使用时，对其权限进行了设置，保证了被访问用户的安全性。

（4）多线程

多线程是指允许一个应用程序同时存在两个或两个以上的线程，用于支持事务并发和多任务处理。Java 除了内置的多线程技术之外，还定义了一些类、方法等来建立和管理用户定义的多线程。多线程在操作系统中已得到成功的应用。

（5）简单易用

Java 源代码的书写不拘泥于特定的环境，可以用记事本、文本编辑器等编辑软件来实现，然后将源文件进行编译，编译通过后可直接运行。

Java 语言是一门非常容易入门的语言，但需要注意的是，入门容易不代表真正容易精通，学习 Java 语言时还需要多理解、多实践才能完全掌握。

3. Java 语言的工作机制

使用 Java 语言进行程序设计时，不仅要了解 Java 语言的特点，还需要了解 Java 程序的运行机制。Java 程序运行时，必须经过编译和运行两个步骤：首先，将扩展名为.java 的源文件进行编译，最终生成扩展名为.class 的字节码文件；然后，Java 虚拟机对字节码文件进行解释执行，并显示出结果。

Java 虚拟机（Java Virtual Machine，JVM）是一个软件，不同的平台有不同的版本，只要在不同平台上安装对应的JVM，就可以运行字节码文件，运行编写的Java程序。在这个过程中，所编写的Java程序没有做任何改变，仅仅是通过JVM这一“中间层”在不同平台上运行，真正实现了“一次编写，到处运行”的目的。

所以，运行Java程序必须有JVM的支持，因为编译的结果不是机器码，必须要经过JVM的再次翻译才能执行。即使将Java程序打包成可执行文件（例如.exe），仍然需要JVM的支持。

◎注意

跨平台的是Java程序，不是JVM。JVM是用C/C++开发的，是编译后的机器码，不能跨平台，不同平台下需要安装不同版本的JVM，如图1-1所示。

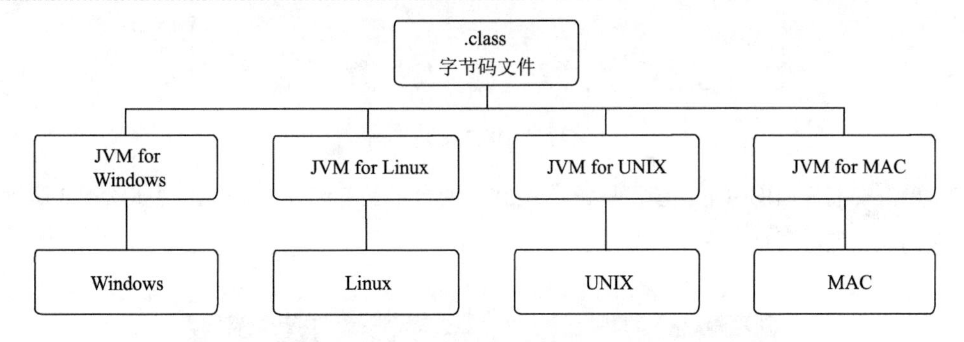

图1-1 不同版本的虚拟机

二、下载并安装JDK

Sun公司提供了一套Java开发环境，简称JDK（Java Development Kit），它是整个Java的核心，其中包括Java编译器、Java运行工具、Java文档生成工具、Java打包工具等。

为了满足用户日新月异的需求，JDK的版本也在不断升级。1995年，Java诞生之初就提供了最早的版本JDK 1.0，随后相继推出了JDK 1.1、JDK 1.2、JDK 1.3、JDK 1.4、JDK 5.0、JDK 6.0、JDK 7.0、JDK 8.0，本书针对JDK 7.0版本进行讲解。

Sun公司除了提供JDK，还提供了一种JRE（Java Runtime Environment）工具，它是Java运行环境，是提供给普通用户使用的。由于用户只需要运行事先编写好的程序，不需要自己动手编写程序，因此JRE工具中只包含Java运行工具，不包含Java编译工具。值得一提的是，为了方便使用，Sun公司在其JDK工具中自带了一个JRE工具，也就是说开发环境中包含运行环境。这样一来，开发人员只需要在计算机上安装JDK即可，不需要专门安装JRE工具。

目前，Oracle公司提供了多种操作系统的JDK，每种操作系统的JDK在使用上基本类似，初学者可以根据自己使用的操作系统，从Oracle官方网站下载相应的JDK安装文件。下面以32位的Windows 7系统为例来演示JDK 7的安装过程。

1. 下载并安装JDK

（1）双击从Oracle官网下载安装文件jdk-7u60-windows-i586.exe，进入JDK安装界面，如图1-2所示。

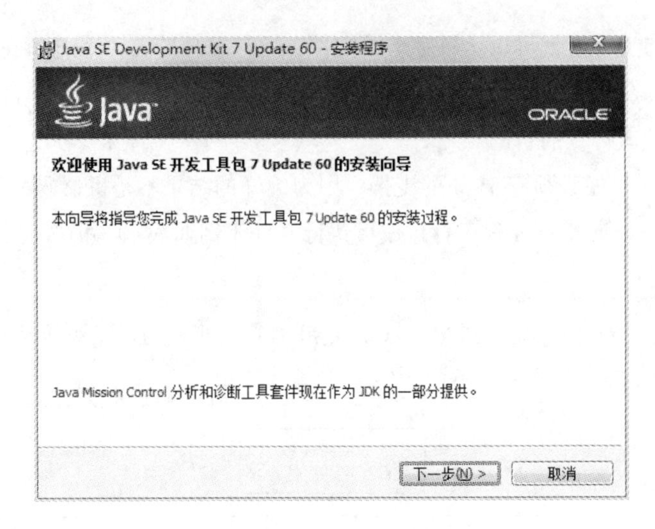

图 1-2　JDK 7 安装界面

（2）单击安装界面的“下一步”按钮进入 JDK 的自定义安装界面，会出现如图 1-3 所示的自定义安装功能和路径界面。

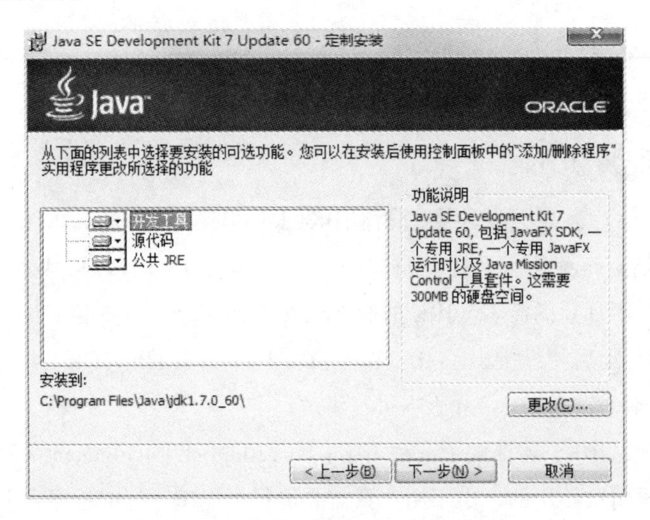

图 1-3　自定义安装功能和路径界面

在图 1-3 的左侧有 3 个功能模块可供选择，开发人员可以根据自己的需求选择所要安装的模块。单击某个模块，在界面的右侧会出现对该模块功能的说明，具体如下:

- 开发工具：JDK 中的核心功能模块，其中包含一系列可执行程序，如 javac.exe、java.exe 等，还包含一个专用的 JRE 环境。
- 源代码：Java 提供公共 API 类的源代码。
- 公共 JRE：Java 程序的运行环境。由于开发工具中已经包含了一个 JRE，因此没有必要再安装公共的 JRE 环境，此项可以不进行选择。

单击自定义安装功能和路径界面右侧的“更改”按钮，选择安装目录，如图 1-4 所示。

图 1-4　选择 JDK 的安装目录

这里采用默认的安装目录，直接单击“确定”按钮即可。

（3）在对所有的安装选项做出选择后，单击自定义安装功能和路径对话框的“下一步”按钮开始安装 JDK。安装完毕后会进入安装完成界面，如图 1-5 所示。

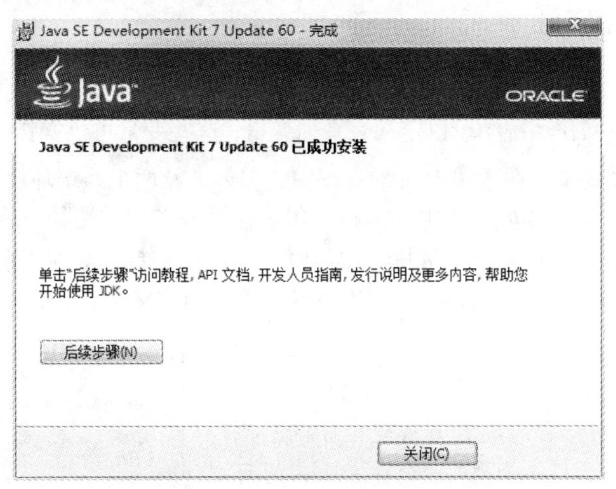

图 1-5　完成 JDK 安装

（4）单击“关闭”按钮，关闭当前窗口，完成 JDK 安装。

JDK 安装完毕后，会在硬盘上生成一个目录，该目录被称为 JDK 安装目录。

为了更好地学习 JDK，初学者必须要对 JDK 安装目录下各个子目录的意义和作用有所了解，下面分别对 JDK 安装目录下的子目录进行介绍。

- bin 目录：该目录用于存放一些可执行程序，如 javac.exe（Java 编译器）、java.exe（Java 运行工具）、jar.exe（打包工具）和 javadoc.exe（文档生成工具）等。
- db 目录：该目录是一个小型的数据库。从 JDK 6.0 开始，Java 中引入了一个新的成员 JavaDB，这是一个纯 Java 实现、开源的数据库管理系统。这个数据库不仅很轻便，而且支持 JDBC 4.0 所有的规范，在学习 JDBC 时，不再需要额外地安装一个数据库软件，选择直接使用 JavaDB 即可。

- jre 目录：jre 是 Java Runtime Environment 的缩写，即 Java 运行时环境。此目录是 Java 运行时环境的根目录，它包含 Java 虚拟机、运行时的类包、Java 应用启动器以及一个 bin 目录，但不包含开发环境中的开发工具。
- include 目录：由于 JDK 是通过 C 和 C++实现的，因此在启动时需要引入一些 C 语言的头文件，该目录就是用于存放这些头文件的。
- lib 目录：lib 是 library 的缩写，即 Java 类库或库文件，是开发工具使用的归档包文件。
- src.zip 文件：src.zip 为 src 文件夹的压缩文件，src 中放置的是 JDK 核心类的源代码，通过该文件可以查看 Java 基础类的源代码。

值得一提的是，在 JDK 的 bin 目录下放着很多可执行程序，其中最重要的就是 javac.exe 和 java.exe，分别如下：

- javac.exe：Java 编译器工具，可以将编写好的 Java 文件编译成 Java 字节码文件（可执行的 Java 程序）。Java 源文件的扩展名为.java，如 HelloWorld.java。编译后生成对应的 Java 字节码文件，文件的扩展名为.class，如 HelloWorld.class。
- java.exe：Java 运行工具，它会启动一个 Java 虚拟机（JVM）进程。Java 虚拟机相当于一个虚拟的操作系统，专门负责运行由 Java 编译器生成的字节码文件（.class 文件）。

2. 设置系统环境变量

JDK 安装完成后，还需要设置系统环境变量才能够正常编译、执行 Java 程序。那么，什么是系统环境变量？在计算机操作系统中可以定义一系列变量，这些变量可供操作系统上所有的应用程序使用，被称作系统环境变量。在学习 Java 的过程中，需要涉及两个系统环境变量 path 和 classpath。

- path 环境变量是系统环境变量中的一种，用于保存一系列的路径，每个路径之间以分号分隔。当在命令行窗口运行一个可执行文件时，操作系统首先会在当前目录下查找是否存在该文件，如果不存在会继续在 path 环境变量中定义的路径下寻找这个文件，如果仍未找到，系统会报错。
- classpath 环境变量也用于保存一系列路径，它和 path 环境变量的查看与配置方式完全相同。当 Java 虚拟机需要运行一个类时，会在 classpath 环境变量中所定义的路径下寻找所需的 class 文件。

下面设置 path 环境变量和 classpath 环境变量。操作步骤如下：

（1）右击桌面上的“计算机”图标，从下拉菜单中选择“属性”命令，在打开的“系统”窗口中选择左侧的“高级系统设置”选项，然后在“高级”选项卡中单击“环境变量”按钮，打开“环境变量”对话框，如图 1-6 所示。

图 1-6 “环境变量”对话框

（2）在“环境变量”对话框的“系统变量”列表框中选中名为 Path 的系统变量，单击“编辑”按钮，打开“编辑系统变量”对话框，如图 1-7 所示。

在“变量值”文本框开始处添加 javac 命令所在的目录“C:\Program Files\Java\jdk1.7.0_60\bin”，末尾用英文半角分号(;)结束，与后面的路径隔开，如图 1-8 所示。

图 1-7 “编辑系统变量”对话框

图 1-8 在“编辑系统变量”对话框添加路径

添加完成后，依次单击打开对话框的“确定”按钮，完成设置。

（3）打开命令行窗口，执行 set path 命令，查看设置后的 path 变量的变量值，如图 1-9 所示。

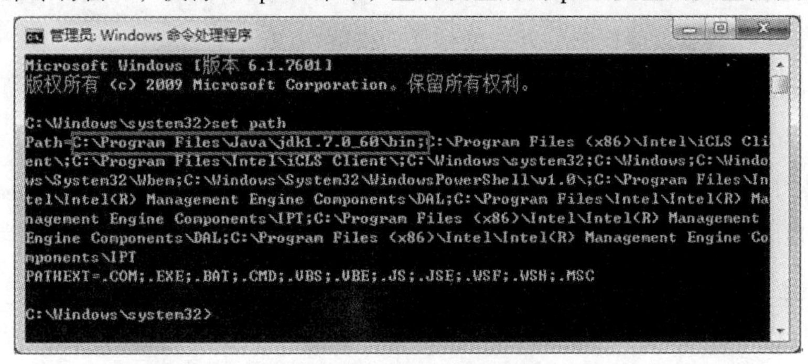

图 1-9 查看 path 环境变量

从图 1-9 中环境变量 path 值的第一行中，已经显示出来配置路径信息。在命令行窗口中执行 javac 命令，如果能正常地显示帮助信息，说明系统 path 环境变量配置成功，这样系统就永久性地记住了 path 环境变量的设置。

（4）单击“环境变量”对话框“系统变量”列表框下方的“新建”按钮，打开“新建系统变量”对话框如图 1-10 所示。

（5）在“变量名”文本框中输入 classpath，在“变量值”文本框中输入“.; C:\Program Files\Java\jdk1.7.0_60\lib; C:\Program Files\Java\jdk1.7.0_60\lib\tools.jar”，如图 1-11 所示。

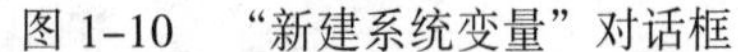

图 1-10 “新建系统变量”对话框

图 1-11 “编辑系统变量”对话框

添加完成后，依次单击“确定”按钮，完成设置。

三、下载并安装 Eclipse

在实际项目开发过程中，由于使用记事本编写代码速度慢，且不容易排错，所以程序员很少用它来编写代码。为了提高程序的开发效率，大部分软件开发人员都使用集成开发环境（Integrated Development Environment, IDE）进行 Java 程序开发。下面就介绍一种 Java 常用的开发工具——Eclipse。

Eclipse 是由 IBM 公司花费巨资开发的一款功能完整且成熟的 IDE 集成开发环境，它是一个开源的、基于 Java 的可扩展开发平台，是目前最流行的 Java 语言开发工具。Eclipse 具有强大的代码编排功能，可以帮助程序开发人员完成语法修正、代码修正、补全文字、信息提示等编码工作，大大提高了程序开发效率。

Eclipse 的设计思想是“一切皆插件”。就其本身而言，它只是一个框架和一组服务，所有功能都是将插件组件加入到 Eclipse 框架中来实现的。Eclipse 作为一款优秀的开发工具，其自身附带了一个标准的插件集，其中包括了 Java 开发工具（JDK），因此，使用 Eclipse 工具进行 Java 程序开发不需要再安装 JDK 以及配置 Java 运行环境。

Eclipse 的安装非常简单，仅需要对下载后的压缩文件进行解压即可完成安装操作，下面分别从安装、启动、工作台以及透视图等方面进行详细讲解。

1. 安装 Eclipse 开发工具

Eclipse 针对 Java 编程的集成开发环境（IDE），读者可以登录 Eclipse 官网 http://www.eclipse.org 免费下载。安装 Eclipse 时只需将下载好的 ZIP 包解压保存到指定目录下（例如 C:\eclipse）就可以使用。本书使用的 Eclipse 版本是 Juno Service Release 2。

2. Eclipse 的启动

Eclipse 的启动非常简单，直接在 Eclipse 安装文件中运行 eclipse.exe 文件即可，启动界面如图 1-12 所示。

图 1-12　Eclipse 启动界面

Eclipse 启动完成后会打开一个对话框，提示选择工作空间（Workspace），如图 1-13 所示。

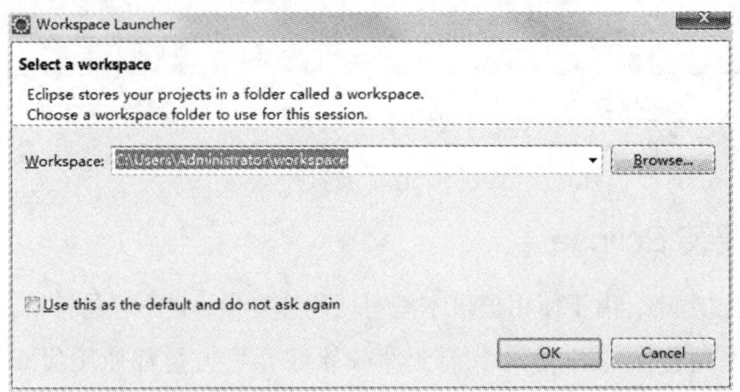

图 1-13　选择工作空间

工作空间用于保存Eclipse中创建的项目和相关设置。此处使用Eclipse提供的默认路径为工作空间，当然，也可以单击Browse按钮来更改，工作空间设置完成后，单击OK按钮即可。

◎注意

Eclipse每次启动都会出现选择工作空间的对话框，如果不想每次都选择工作空间，可以将Use this as the default and do not ask again复选框选中，这就相当于为Eclipse工具选择了默认的工作空间，再次启动时将不再出现提示对话框。

工作空间设置完成后，由于是第一次打开，会进入Eclipse的欢迎界面，如图1-14所示。

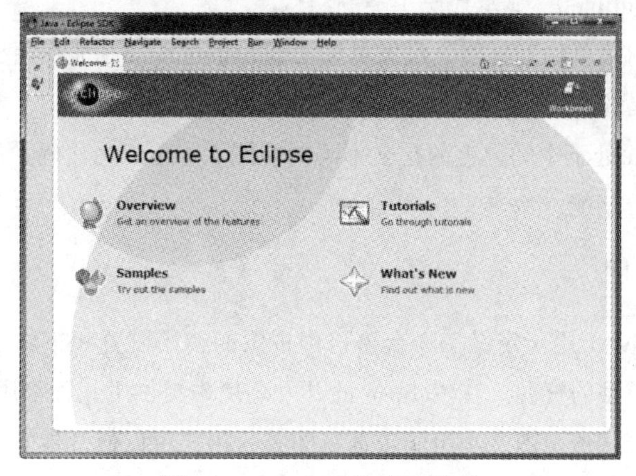

图1-14 Eclipse的欢迎界面

3. Eclipse工作台

关闭Eclipse欢迎界面，就进入Eclipse工作台界面。Eclipse工作台主要由标题栏、菜单栏、工具栏、透视图四部分组成，如图1-15所示。

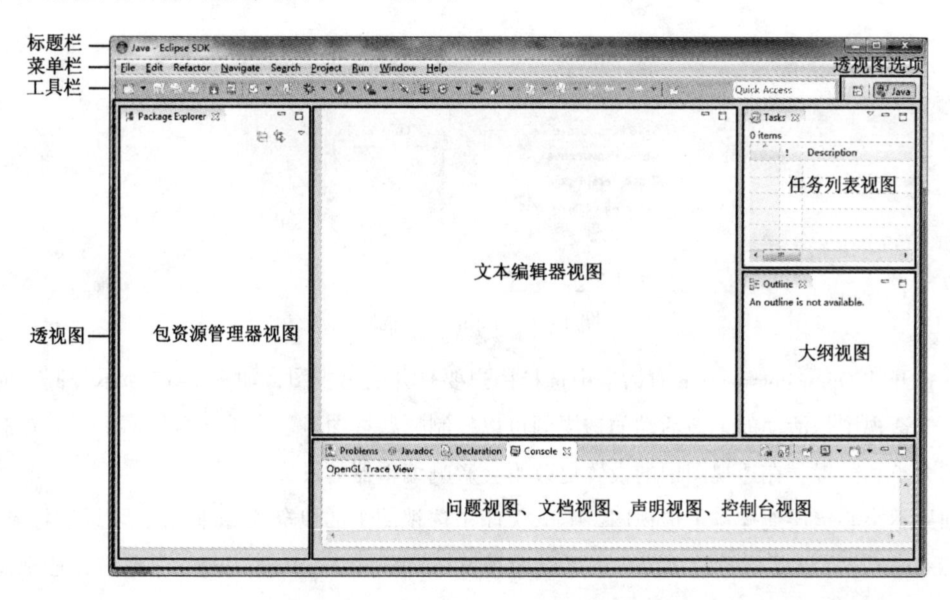

图1-15 Eclipse工作台界面

从图 1-15 可以看到，工作台界面上有包资源管理视图、文本编辑器视图、问题视图、控制台视图、大纲视图等多个模块，这些视图大多都用来显示信息的层次结构和实现代码编辑。下面介绍 Eclipse 工作台上几种主要视图的作用：

（1）包资源管理器视图（Package Explorer）：用来显示项目文件的组成结构。

（2）文本编辑视图（Editor）：用于编写代码的区域。

（3）问题视图（Problems）：显示项目中的一些警告和错误。

（4）控制台视图（Console）：显示程序运行时的输出信息、异常和错误。

（5）大纲视图（Outline）：显示代码中类的结构。

视图可以有独立的菜单和工具栏，可以单独出现，也可以和其他视图叠放在一起，并且可以通过拖动随意改变布局的位置。

Eclipse 工作台界面处于中间位置的是文本编辑视图，用于编写代码，且具有代码提示、自动补全、撤销（Undo）等功能。

4. Eclipse 透视图

透视图（Perspective）用于定义工作台窗口中视图的初始设置和布局，目的在于完成特定类型的任务或使用特定类型的资源。在 Eclipse 的开发环境中提供了几种常用的透视图，如 Java 透视图、资源透视图、调试透视图、小组同步透视图等。用户可以通过界面右上方的透视图按钮，在不同的透视图之间切换。选择要进入的透视图，也可以在菜单栏中选择 Window→Open Perspective→Other 打开其他透视图，如图 1-16 所示。

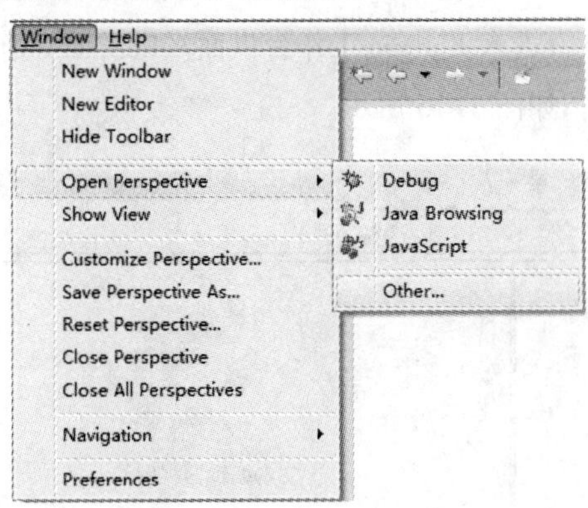

图 1-16 Eclipse 透视图

在打开的 Open Perspective 对话框中选择用户要打开的透视图，如图 1-17 所示。同一时刻只能有一个透视图是活动的，该活动的透视图可以控制哪些视图显示在工作台界面上，并控制这些视图的大小和位置。在透视图中的设置更改不会影响编辑器的设置。

如果不小心错误地操作了透视图，例如，关闭了透视图中的包资源管理视图，可以通过 Window→Show View 选择想要打开的视图，也可以选择 Window→Reset Perspective 命令重置透视图（见图 1-18），这样就可以恢复到原始状态。

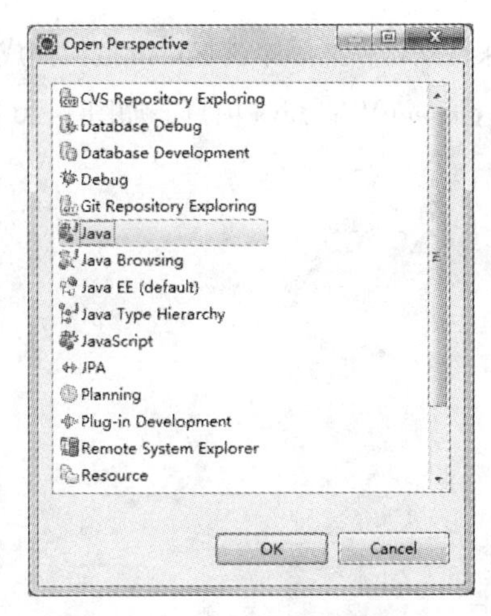

图 1-17　选择透视图

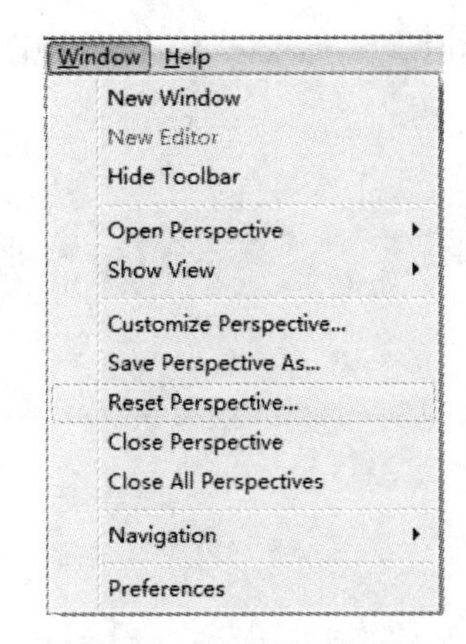

图 1-18　重置透视图

四、编写第一个 Java 程序

通过前面的学习，读者对 Eclipse 开发工具应该有了一个基本的认识。下面通过 Eclipse 创建一个 Java 程序，并实现在控制台上打印“Hello World!”。

1. 新建项目

在 Eclipse 窗口中选择 File→New→Java Project 命令，或者右击 Package Explorer 视图，从弹出的快捷菜单中选择 New→Java Project 命令，打开 New Java Project 对话框，如图 1-19 所示。

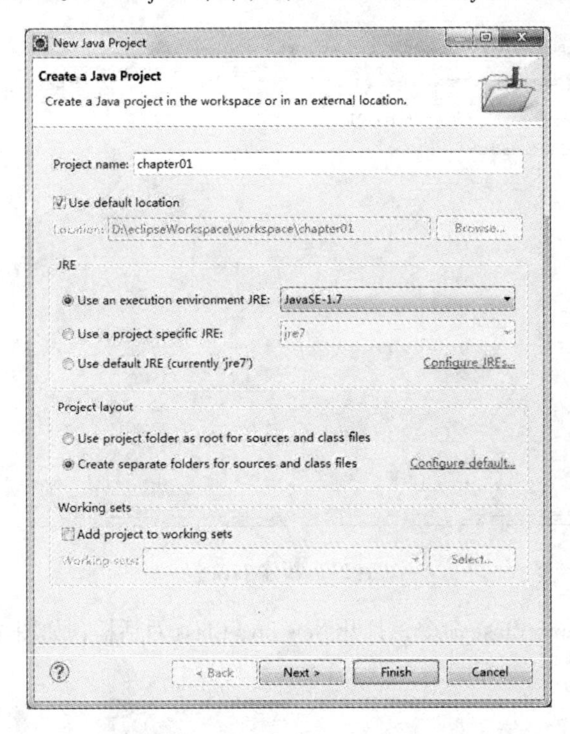

图 1-19　新建 Java 项目

在 Project name 文本框中输入 chapter01，其余选项保持默认，然后单击 Finish 按钮完成项目的创建。这时，在 Package Explorer 视图中会出现一个名为 chapter01 的 Java 项目，如图 1-20 所示。

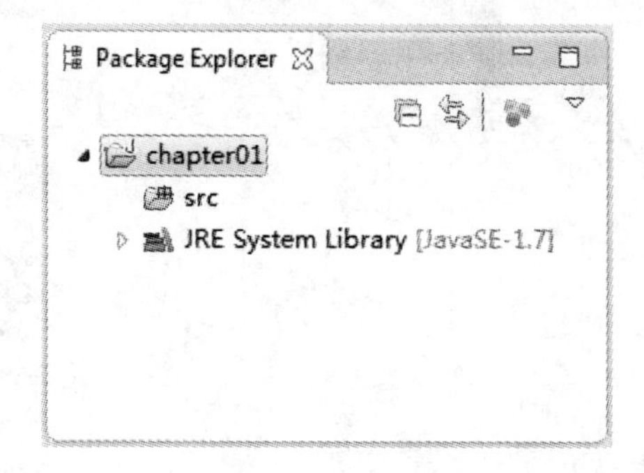

图 1-20 创建项目

2. 新建 Java 文件

在 Package Explorer 视图中，右击 chapter01 下的 src 文件夹，选择 New→Package 命令，打开 New Java Package 对话框，其中 Source folder 文本框用于设置项目所在的目录，Name 文本框表示包的名称，这里将包命名为 cn.itcast.chapter01，如图 1-21 所示。

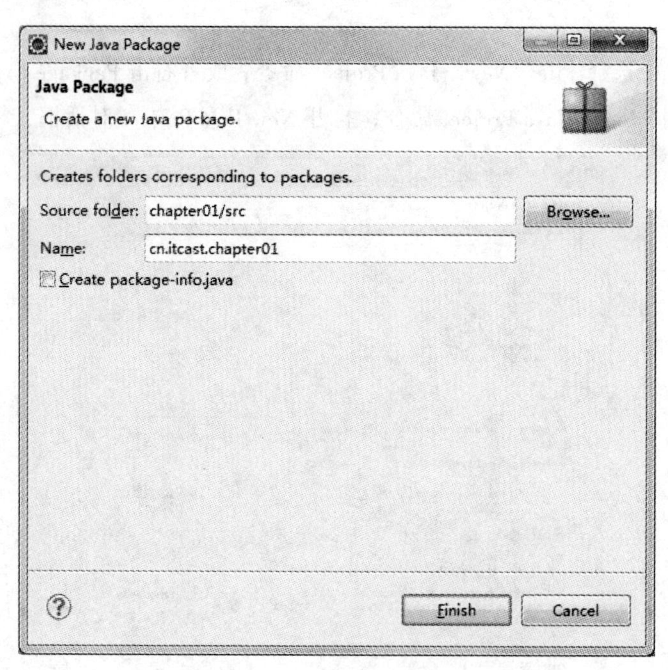

图 1-21 新建 Java 包

右击包名，选择 New→Class 命令，打开 New Java Class 对话框，如图 1-22 所示。

图 1-22　新建 Java 类

◎注意

包名和工程名一般都是小写开头，而 Java 类名则是大写开头。一个包中可以有多个 Java 类。

图 1-22 中的 Name 文本框用于设置类名，这里输入 HelloWorld，单击 Finish 按钮，即可完成 HelloWorld 类的创建。这时，在 cn.itcast.chapter01 包下就出现了一个 HelloWorld.java 文件，如图 1-23 所示。

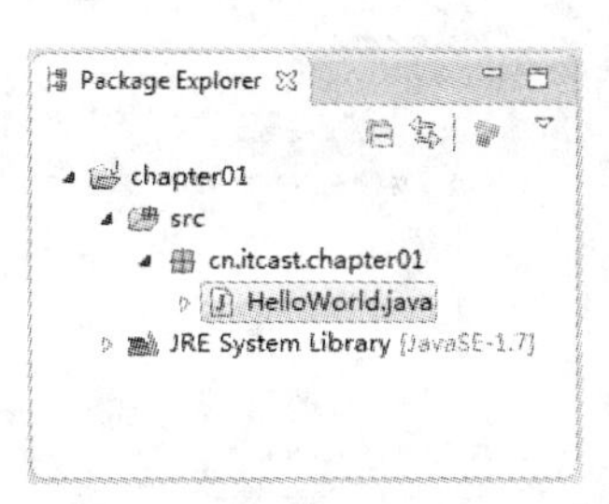

图 1-23　HelloWorld.java 文件

创建好的 HelloWorld.java 文件会在编辑区域自动打开，如图 1-24 所示。

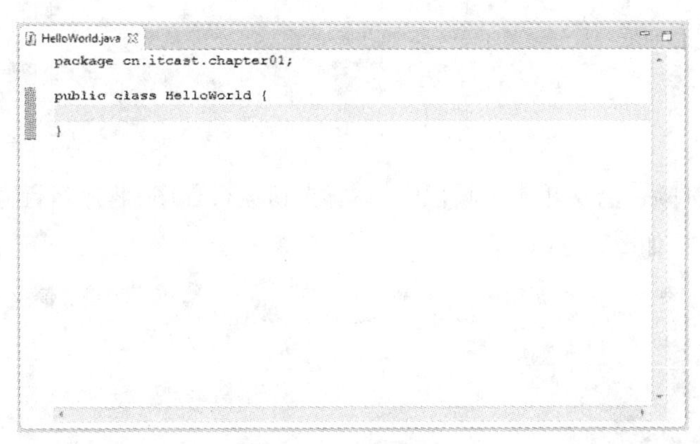

图 1-24　编辑区域

创建好 HelloWorld 类后，就可以在文本编辑器中完成代码的编写工作，这里只写 main()方法和一条输出语句 System.out.println(“Hello World !”);”，如图 1-25 所示。

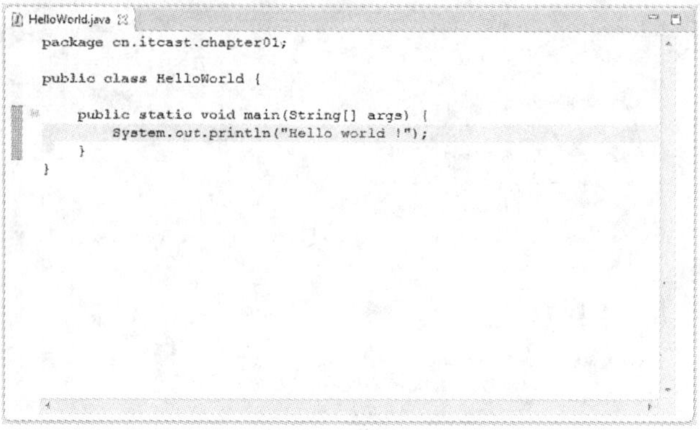

```
HelloWorld.java
package cn.itcast.chapter01;

public class HelloWorld {

    public static void main(String[] args) {
        System.out.println("Hello world !");
    }
}
```

图 1-25　完成代码编写

3. 运行程序

程序编辑完成之后，右击 Package Explorer 视图中的 HelloWorld.java 文件，在弹出的快捷菜单中选择 Run As→Java Application 命令，如图 1-26 所示。

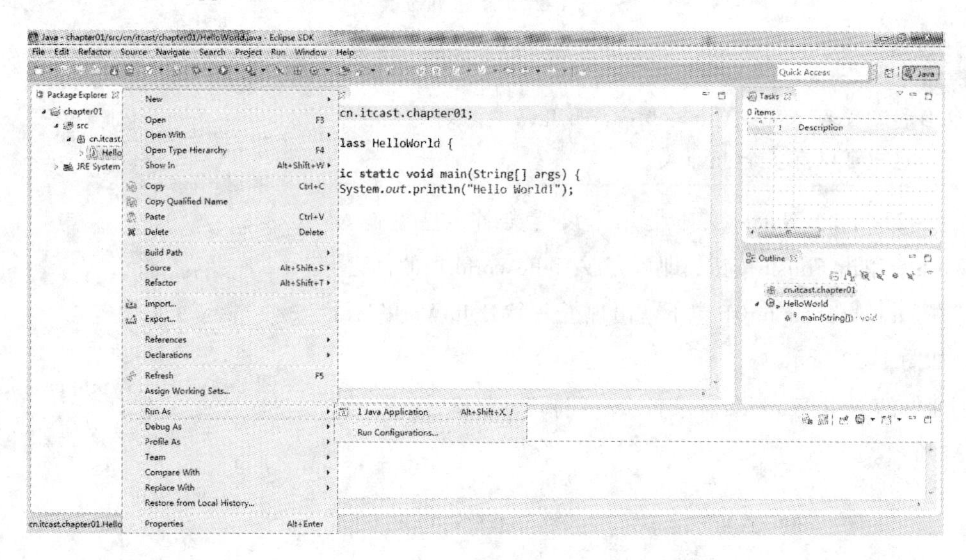

图 1-26　运行程序

也可以在选中文件后，直接单击工具栏中的按钮运行程序。程序运行完毕后，会在 Console 视图中看到运行结果，如图 1-27 所示。

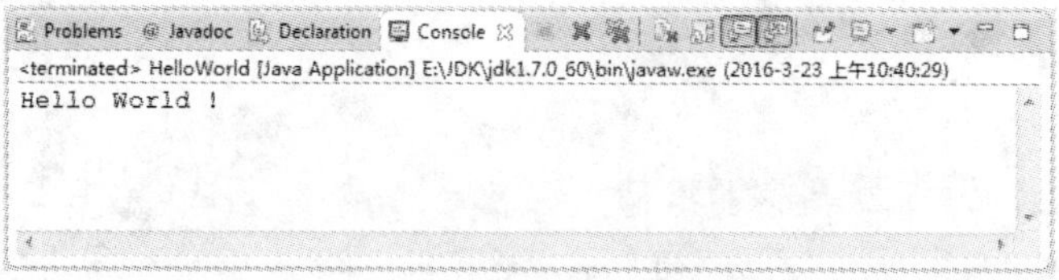

```
Problems  Javadoc  Declaration  Console
<terminated> HelloWorld [Java Application] E:\JDK\jdk1.7.0_60\bin\javaw.exe (2016-3-23 上午10:40:29)
Hello World !
```

图 1-27　Console 视图中显示运行结果

至此，就完成了在 Eclipse 中创建 Java 项目，以及在项目下编写和运行程序。

◎提示

在 Eclipse 中还提供了显示代码行号的功能，右击文本编辑器左侧的空白处，在弹出的快捷菜单中选择 Show Line Numbers 命令，即可显示出行号，如图 1-28 所示。

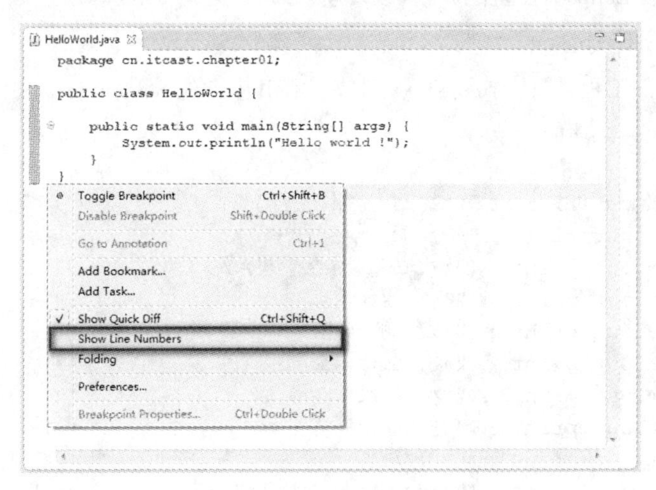

图 1-28　显示行号

4. Java 程序的结构

Eclipse 的基本工程目录为 workspace，每个运行时的 Eclipse 实例只能对应一个 workspace，也就是说，workspace 是当前工作的根目录。在 workspace 中可以随意创建各种 Java 相关的工程、普通的 Java 应用、Java Web 应用、Web Service 应用等。下面以普通的 Java Application 进行说明。

通常，创建一个 Java Application 工程，会创建一个工程目录，假设工程名称为 TestProject，在当前的 workspace 中将创建一个目录 TestProject，同时选择 src 作为源码文件夹，bin 作为输出路径，这样就构成了一个基本的 Java Application 工程。在 workspace 中存在如下文件夹：

```
+workspace
  +TestProject
    -.settings
    -bin
    -src
    .classpath
    .project
```

（1）bin 文件夹是工程输出路径，存放了编译生成的.class 文件。

（2）src 文件夹为源码文件夹，存放的是.java 文件。

（3）settings 文件、classpath 文件和.project 文件为工程描述文件。

对于初学者来说，区分 src 文件夹和 bin 文件夹很重要。通常情况下，src 文件夹只存放源代码，而所有工程相关的其他输出文件都存放在 bin 文件夹下。最重要的是：用 Eclipse 进行打包时根目录就是 bin 文件夹，用 jar 包调用工程时默认的路径也要以 bin 文件夹为准，到 bin 文件夹的层级数目就是最终的数目，因此可以说 bin 文件夹是最重要的目录。

任务实施

本任务需要完成以下工作：

（1）下载 JDK 和 Eclipse，部署 Java 开发环境。

（2）新建 Java 项目 Student。

（3）在 Student 的工程目录中找到 src 文件夹，在其中创建 Student.java 文件。

（4）设计并显示系统功能菜单：

```
public class Student {
    public static void main(String[] agrs){
        ystem.out.println("***************");
        System.out.println("*欢迎来到学生管理系统 *");
        System.out.println("*1: 增加学生                *");
        System.out.println("*2: 删除学生                *");
        System.out.println("*3: 显示学生                *");
        System.out.println("*4: 修改信息                *");
        System.out.println("*5: 查询成绩                *");
        System.out.println("*0: 退出                       *");
        System.out.println("***************");
        System.out.println("您想选择的操作是: ");
    }
}
```

做好上述工作后，已经为设计并实现学生信息管理系统创建了软件环境，为进一步进行程序设计创造了必要条件。

任务小结

本任务介绍了 Java 的发展历史和语言特点以及 Java 拥有的一些优良特性。Java 无论是在普通应用程序开发、企业级应用还是嵌入式开发上都拥有广阔的市场。通过 Java 开发工具和开发环境的介绍，可学会配置开发环境，编译运行 Java 程序，达到快速开发的目的。通过 Java 程序示例，可以对 Java 程序有初步的认识。

自测题

一、选择题

1. 下列选项中，不属于 Java 语言特点的一项是（　　）。

   A. 分布式　　B. 安全性　　C. 编译执行　　D. 面向对象

2. 在 Java 语言中，（　　）是最基本的元素。

   A. 方法　　B. 包　　C. 对象　　D. 接口

3. 编译一个定义了 3 个类和 10 个方法的 Java 源文件后，会产生（　　）个字节码文件，扩展名是（　　）。

A. 13，.class　　B. 1，.class　　C. 3，.java　　D. ，.class

4. 在创建 Applet 应用程序时，需要用户考虑问题是（　　）。

A. 窗口如何创建　　B. 绘制的图形在窗口中的位置

C. 程序的框架　　D. 事件处理

5. Java 语言属于（　　）。

A. 面向机器的语言　　B. 面向对象的语言

C. 面向过程的语言　　D. 面向操作系统的语言

6. 下列关于 Application 和 Applet 程序的说法中不正确的一项是（　　）。

A. Application 使用解释器 java.exe　　B. Application 不使用独立的解释器

C. Applet 在浏览器中运行　　D. Applet 必须继承 Java 的 Applet 类

7. 下列选项中，不属于 Java 核心包的一项是（　　）。

A. javax.swing　　B. java.io

C. java.utile　　D. java.lang

8. 下列描述中，不正确的是（　　）。

A. 不支持多线程　　B. 一个 Java 源文件不允许有多个公共类

C. Java 通过接口支持多重继承　　D. Java 程序分为 Application 和 Applet 两类

二、填空题

1. Java 程序的编译和执行模式包括 2 点：________和________。

2. Java 语言支持________协议，从而使得 Java 程序在分布式环境中能够很方便地访问处于不同地点的________。

3. 开发 Java 程序的一般步骤是：源程序编辑________、________和________。

4. 每个 Java Application 程序可以包括许多方法，但是必须有且只能有一个________方法，统一格式为________，它是程序执行的入口。

5. JVM 把字节码程序与各种不同的________和________分开，使得 Java 程序独立于平台。

6. 在 Java 程序中，能在 WWW 浏览器上运行的是________程序。

7. Java 源程序文件和字节码文件的扩展名分别为________和________。

8. 如果在 Java 程序中需要使用 java.utile 包中的所有类，________则应该在程序开始处加上________语句。

三、编程题

1. 编写一个 Java Application 类型的程序，输出"This is my first Java Application!"。

2. 编写一个 Java Applet 类型的程序，输出"这是我的第一个 Java Applet 类型的程序"。

拓展实践——部署Java环境

1. 下载并安装最新版JDK。
2. 下载并安装最新版本Eclipse。
3. 在Eclipse中调试、运行一个简单的Java应用程序。

面试常考题

1. JDK和JRE的区别是什么？它们各自有什么作用？
2. 简述JVM及其工作原理。

任务二　学生信息的表示

任务描述

在学生信息管理系统中，需要将学生的基本信息及成绩存储到计算机中，并对它们进行一些基本运算和处理，最后将运算和处理的结果输出。本任务就是通过存储学生信息管理系统中的基本信息，来了解 Java 语言中数据在计算机中的表示形式，即 Java 语言中的各种基本数据类型常量的表示形式及变量的定义方法，掌握各种运算符的功能和表达式的计算方法。

技术概览

每一种编程语言都有自己的语法规范，Java 语言也不例外，同样需要遵循一定的语法规范，如代码的书写、标识符的定义、关键字的应用、常量和变量的定义与使用、数据类型的定义、运算符和表达式的使用等。因此，要学好 Java 语言，首先需要熟悉它的基本语法。

相关知识

一、基础语言要素

1. Java 代码的基本格式

Java 中的程序代码都必须放在一个类中。类需要使用 class 关键字定义，在 class 前面可以有一些修饰符，格式如下：

```
修饰符 class 类名{
    程序代码
}
```

在编写 Java 代码时，需要特别注意下列几个关键点：

（1）Java 中的程序代码可分为结构定义语句和功能执行语句。其中，结构定义语句用于声明一个类或方法；功能执行语句用于实现具体的功能。每条功能执行语句的最后都必须用分号（;）结束。

```
System.out.println("这是第一个 Java 程序!");
```

◎注意

在程序中不要将英文的分号(;)误写成中文的分号(；)，否则编译器会报告“illegal character”（非法字符）这样的错误信息。

（2）Java语言严格区分大小写。在定义类时，不能将class写成Class，否则编译会报错。另外，Computer和computer是两个完全不同的符号，在使用时务必注意。

（3）虽然Java没有严格要求用什么样的格式来编排程序代码，但是，出于可读性的考虑，应该使编写的程序代码整齐美观、层次清晰。一般可以在两个单词或符号之间插入空格、制表符、换行符等任意的空白字符。以下两种方式都可以，但是建议使用后一种。

方式一：

```
public class HelloWorld{public static void
    main(String[
]args){System.out.println("这是第一个Java程序!");}}
```

方式二：

```
public class HelloWorld{
    public static void main(String[]args){
        System.out.println("这是第一个Java程序!");
    }
}
```

（4）Java程序中一句连续的字符串不能分开在两行中书写，例如，下面这条语句在编译时将会出错：

```
System.out.println("这是第一个
   Java程序!");
```

如果为了便于阅读，想将一个太长的字符串分在两行中书写，可以先将这个字符串分成两个字符串，然后用加号（+）将这两个字符串连起来。在加号（+）处断行，上面的语句可以修改成如下形式：

```
System.out.println("这是第一个"+
    "Java程序!");
```

2. 标识符

标识符是程序员为自己定义的类、方法或者变量等起的名称，例如，任务一程序中的HelloWorld和main都是标识符，其中HelloWorld是类名，main是方法名。除此之外，还可以是变量名、类型名、数组名等。

在Java语言中规定标识符由大小写字母、数字、下画线（_）和美元符号（$）组成，但是不能以数字开头。例如，HelloWorld、Hello_World、$HelloWorld都是合法的标识符。但是，如下几种就不是合法的标识符：555HelloWorld（以数字开头）；￥HelloWorld（具有非法字符￥）。

◎说明

标识符不能使用Java语言中的关键字。

正确的标识符不一定是一个好的标识符。在一个大型的程序中，经常要定义上百个标识符，如果没有好的标识符命名习惯，就很可能造成混乱。所以，标识符的命名要表达含义，例如定义一个学生类，就使用Student来进行命名，而不要为了省事定义为SD。除此之外，还有一些不同标识符定义的习惯。

（1）包名：使用小写字母。

（2）类名和接口名：通常定义为由具有含义的单词组成，所有单词的首字母大写。

（3）方法名：通常也是由具有含义的单词组成，第一个单词首字母小写，其他单词的首字母都大写。

（4）变量名：成员变量和方法相同，局部变量全部使用小写。

（5）常量名：全部使用大写，最好使用下画线分隔单词。

本书中，由于前面的程序大部分都非常简单，所以命名也很简单。但是，读者一定要从开始就养成好的命名习惯，这样才能在后面的团队开发中适应工作要求。

3. 关键字

在 Java 中是不能使用关键字作为标识符的，这些关键字只能由系统来使用。在程序中，关键字具有特殊的意义，Java 平台根据关键字来执行程序操作。

在很多 Java 书中讲解关键字时都是给出一个表格，然后告诉读者这些是关键字，一定要深刻记忆这些关键字。其实没有几个读者会认真地看完这几十个关键字，更别提记忆了。这里简单地给这些关键字分一下类，并进行简单的讲解。在后面的讲解中还要对大部分关键字进行详细的讲解。

（1）访问修饰符关键字

在 HelloWorld 程序中出现的第一个单词就是 public，它就是一个访问修饰符关键字。修饰符关键字包括如下几种：

- public：所修饰的类、方法和变量是公共的，其他类可以访问该关键字修饰的类、方法或者变量。
- protected：用于修饰方法和变量。这些方法和变量可以被同一个包中的类或者子类进行访问。
- private：同样用于修饰方法和变量，但方法和变量只能由所在类进行访问。

（2）类、方法和变量修饰符关键字

- class：告诉系统后面的单词是一个类名，从而定义一个类。
- interface：告诉系统后面的单词是一个接口名，从而定义一个接口。
- implements：让类实现接口。
- extends：用于继承。
- abstract：抽象修饰符。
- static：静态修饰符。
- new：实例化对象。

还有几种并不常见的类、方法和变量修饰符，例如 native、strictfp、synchronized、transient 和 volatile 等。

（3）流程控制关键字

流程控制语句包括 if...else 语句、switch...case...default 语句、for 语句、do...while 语句、break 语句、continue 语句和 return 语句，这都是流程控制关键字。还有一个关键字 instanceof 也应该包

括在流程控制关键字中，用于判断对象是否是类或者接口的实例。

（4）异常处理关键字

异常处理的基本结构是 try...catch...finally，这 3 个单词都是关键字；异常处理中还包括 throw 和 throws 这两个关键字；assert 关键字用于断言操作中，也算是异常处理关键字。

（5）包控制关键字

包控制关键字只有两个：import 和 package。import 关键字用于将包或者类导入到程序中；package 关键字用于定义包，并将类定义到这个包中。

（6）数据类型关键字

Java 语言中有 8 种基本数据类型，每一种都需要一个关键字来定义。除布尔型（boolean）、字符型（char）、字节型（byte）外，还有数值型。数值型又分为 short、int、long、float 和 double。

（7）特殊类型和方法关键字

super 关键字用于引用父类，this 关键字用于引用当前类对象，void 关键字用于定义一般方法，该方法没有任何返回值，在 HelloWorld 程序中的 main()方法前就有该关键字。

（8）没有使用的关键字

在关键字家族中有两个另类：const 和 goto。前面已经介绍，关键字是系统使用的单词，但是对于这两个关键字，系统并没有使用它们，这是初学者应特别注意的。

◎注意

所有的关键字都是小写的，如果采用了大写，那就肯定不是关键字。

4. 注释

注释添加在代码中，起解释说明作用，当系统运行程序时，注释会被越过不执行。在 Java 语言中提供了完善的注释机制，具有 3 种注释方式：单行注释（//）、多行注释（/*…*/）和文档注释（/**…*/）。具有良好的注释习惯是一个优秀程序员不可缺少的职业素质。

（1）单行注释（//）

单行注释通常用于对程序中的某一行代码进行解释，用符号“//”表示，“//”后面为被注释的内容。例如：

```
int c=10;       //定义一个整型变量
```

在 Eclipse 中默认快捷键是【Ctrl+/】。

（2）多行注释（/*…*/）

多行注释顾名思义就是在注释中的内容可以为多行，它以符号“/*”开头，以符号“*/”结尾。例如：

```
/*  int c=10;
    int x=5;   */
```

在 Eclipse 中默认快捷键是【Ctrl+Shift+/】。

（3）文档注释（/**…*/）

文档注释以“/**”开头，并在注释内容末尾以“*/”结束。文档注释是对一段代码概括性的解释说明，可以使用 javadoc 命令将文档注释提取出来生成帮助文档。

在 Eclipse 中直接输入，按【Enter】键即可自动生成文档注释。

本书中将主要采用单行注释来对开发的程序进行注释，实际应用时读者可以根据自己需要进行选择。

二、变量和常量

在正式学习 Java 中的基本数据类型前，先学习一下数据类型的载体：常量和变量。

从名称上就可以看出常量和变量的不同，常量是指整个运行过程中不再发生变化的量，例如数学中的 $\pi = 3.1415$……在程序中需要设置成常量。而变量是指程序的运行过程中发生变化的量，通常用来存储中间结果，或者输出临时值。

变量的声明也指变量的创建。执行变量声明语句时，系统根据变量的数据类型在内存中开辟相应的存储空间并赋予初始值。变量有一个作用范围，超出其声明语句所在的语句块就无效。

【例 2-1】 一个计算圆面积的程序 YuanMianJi.java

```
public class YuanMianJi {
    public static void main(String[ ] args) {
        final double PI=3.14;      //定义一个表示 PI 的常量
        int R=5;                   //定义一个表示半径的变量
        double ymj=PI*R*R;         //计算圆的面积
        System.out.println("圆的面积等于"+ymj);
    }
}
```

```
程序运行结果:
圆的面积等于 78.5
```

程序解析：在求圆的面积时需要两个值，分别是 PI 和半径。其中，PI 是一个固定的值，可以使用常量来表示，也就是该程序的第 3 行代码，从而知道定义常量需要 final 这个关键字。圆的半径是变化的，所以需要使用一个变量来表示。在上面代码中的常量和变量前有一个关键字 double 或 int，用于声明数据类型。

三、数据类型及其转换

Java 是一门强类型的编程语言，它对变量的数据类型有严格的限定。在定义变量时必须声明变量的类型，在为变量赋值时必须赋予和变量同一种类型的值，否则程序会报错。

Java 编程语言定义了 8 种基本的数据类型（见表 2-1），共分为 4 类：整型(byte、short、int、long)、字符型(char)、浮点型(double、float)和布尔型(boolean)。

表 2-1 Java 中的数据类型

基本数据类型	数值型	整型（byte、short、int、long）
		浮点型（float、double）
	字符型（char）	—
	布尔型（boolean）	—
引用数据类型	类（class）	—
	接口（interface）	—
	数组（array）	—
	枚举（enum）	—
	注解（annotation）	—

1. 整型

在 Java 中用户存放整数的数据类型称为整型。整型根据占用的内存空间位数不同可以分为 4 种，分别是 byte（字节型）、short（短整型）、int（整型）和 long（长整型），定义数据时默认为 int 类型。内存空间位数决定了数据类型的取值范围，表 2-2 中所示为整型的位数和取值范围的关系。

表 2-2 整型的位数和取值范围

整　型	位　数	取 值 范 围
byte	8	$-2^{7}\sim2^{7}-1$
short	16	$-2^{15}\sim2^{15}-1$
int	32	$-2^{31}\sim2^{31}-1$
long	64	$-2^{63}\sim2^{63}-1$

◎注意

在面试或者考试中并不会直接问某一类型的取值范围，而是问具体某一实际例子该使用什么类型，例如，表示全球人口该使用什么数据类型。

在 Java 中可以通过 3 种方法来表示整数，分别是十进制、八进制和十六进制。其中，十进制读者已经非常熟悉。八进制是使用 0~7 来进行表示的，在 Java 中，使用八进制表示整数必须在该数的前面加一个“0”。

【例 2-2】十进制和八进制数值进行比较的程序 JinZhi_1.java。

```
public class JinZhi_1 {
    public static void main(String[ ] args) {
        int a10=12;             //定义一个十进制数值
        int a8=012;             //定义一个八进制数值
        System.out.println("十进制 12 等于"+a10);
        System.out.println("八进制 12 等于"+a8);
    }
}
```

程序运行结果：
十进制 12 等于 12
八进制 12 等于 10

程序解析：在程序中定义了两个整型的变量，值分别是 12 和 012，如果认为这两个数值相同，那就错了。当一个数值以“0”开头时，则表示该数值是一个八进制数值，从运行结果中也可以看到该值为十进制的 10。

除了十进制和八进制外，整数的表示方法还有十六进制。表示十六进制数值除了 0~9 外，还使用 a~f 分别表示 10 ~ 15 的数值。表示十六进制时，字母是不区分大小写的，也就是 a 表示 10，A 也表示 10。十六进制同八进制一样，也有一个特殊的表示方式，那就是以“0X”或者“0x”开头。

【例 2-3】使用十六进制表示整数的程序 JinZhi_2.java。

```
public class JinZhi_2 {
    public static void main(String[ ] args) {
        int a1=0X12;            //定义一个以数字表示的十六进制整数
        int a2=0xcafe;          //定义一个以字母表示的十六进制整数
        System.out.println("第一个十六进制数值等于"+a1);
        System.out.println("第二个十六进制数值等于"+a2);
    }
}
```

程序运行结果：
第一个十六进制数值等于 18
第二个十六进制数值等于 51966

程序解析：该程序中的 0xcafe 很容易让人迷惑，在一些面试中经常使用这样的程序来考程序员的细心程度。读者一定要了解它就是一个使用十六进制表示的整数。

在使用 3 种进制表示整数时，都被定义为 int 类型，也可以定义为其他几种整数类型。但这里需要注意的是如果定义为 long 类型，则需要在数值后面加上 L 或者 l，例如定义长整型的数值 12，则应该为 12L。

2. 浮点型

浮点型和整型一样，也是用来表示数值的。整型用于表示整数，而浮点型表示的是小数，在 Java 中不称为小数，而称为浮点数。浮点型就是表述 Java 中的浮点数。Java 中的浮点型分为两种：单精度浮点型和双精度浮点型。表 2-3 给出了两种浮点型的取值范围。

表 2-3　两种浮点型的取值范围

类　型	位　数	取值范围
单精度浮点类型	32	1.4e-45~3.4e+38
双精度浮点类型	64	4.9e-324~1.7e+308

在前面学习计算圆面积时，已经使用到了双精度浮点型，Java 中默认的浮点型也是双精度浮点型。当使用单精度浮点型时，必须在数值后面跟上 F 或者 f，这和 long 型是一样的。在双精度浮点型中，也可以使用 D 或者 d 为后缀，但它不是必需的，因为双精度浮点型是默认形式。

【例 2-4】定义浮点型的程序 FuDian.java。

```
public class FuDian {
    public static void main(String[ ] args){
        float f=1.23f;          //定义一个单精度浮点型
```

```
        double d1=1.23;      //定义一个不带后缀的双精度浮点型
        double d2=1.23D;     //定义一个带后缀的双精度浮点型
        System.out.println("单精度浮点型数值等于"+f);
        System.out.println("双精度浮点型数值等于"+d1);
        System.out.println("双精度浮点型数值等于"+d2);
    }
}
```

```
程序运行结果:
单精度浮点型数值等于 1.23
双精度浮点型数值等于 1.23
双精度浮点型数值等于 1.23
```

程序解析：在该程序中，如果将定义单精度浮点型数值后的 f 去掉，该程序就会发生错误。从定义的是否带 D 后缀的两个双精度浮点型数值结果可以看出，定义双精度浮点型时，是否有后缀对结果是没有影响的。

3. 字符类型

在开发中，经常要定义一些字符，例如"A"，这时就要用到字符型。在 Java 中，字符型就是用于存储字符的数据类型。在 Java 中，有时会使用 Unicode 码来表示字符。在 Unicode 码中定义了至今人类语言的所有字符集，Unicode 码是通过“\uxxxx”来表示的，x 表示的是十六进制数值。Unicode 编码字符是用 16 位无符号整数表示的，即有 2^{16} 个可能值，也就是 0~65 535。

【例 2-5】定义字符类型的程序 ZiFu.java。

```
public class ZiFu {
    public static void main(String[ ] args){
        char a='A';
        char b='\u003a';
        System.out.println("第一个字符类型的值等于"+a);
        System.out.println("第二个字符类型的值等于"+b);
    }
}
```

```
程序运行结果:
第一个字符类型的值等于 A
第二个字符类型的值等于:
```

程序解析：从程序可以看到，定义字符类型数值时，可以直接定义一个字符，也可以使用 Unicode 码来进行定义。由于 Unicode 码表示的是全人类字符，所以大部分是看不懂的。还有一些是受操作系统的影响不能显示的，通常会显示为一个问号，所以当显示问号时，可能该 Unicode 表示问号，也有可能是因为该 Unicode 所表示的字符不能正确显示造成的。

在运行结果中，会有一些内容不能显示，例如回车、换行等效果。在 Java 中为了解决这个问题，定义了转义字符。转义字符通常使用“\”开头，表 2-4 中列出了 Java 中的部分转义字符。

表 2-4 Java 中的部分转义字符

转　义	说　明	转　义	说　明
\'	单引号（撇号）字符	\n	换行(LF)，将当前位置移到下一行开头
\"	双引号字符	\f	换页(FF)，将当前位置移到下页开头

续表

转　　义	说　　明	转　　义	说　　明
\\	反斜杠字符	\t	水平制表(HT)，跳到下一个 TAB 位置
\r	回车(CR) ，将当前位置移到本行开头	\b	退格(BS) ，将当前位置移到前一列
\?	问号字符	\0	空字符（NULL）
\ddd	1 到 3 位八进制数所代表的任意字符	\xhh	1～2 位十六进制所代表的任意字符

在 Java 中，单引号和双引号都表示特定的作用，所以如果想在结果中输入这两个符号，就需要使用转义字符。由于转义字符使用的符号是斜杠，所以如果想输出斜杠时，就需要使用双斜杠。。

【例 2-6】使用转义字符的程序 ZhuanYiZiFu.java。

```
public class ZhuYiZiFu{
    public static void main(String[ ] args){
        System.out.println("Hello \n World");
        System.out.println("Hello \\n World");
    }
}
```

程序运行结果:

```
Hello
World
Hello \n World
```

程序解析：从运行结果中可以看到，当把“\n”放到一个字符中输出时，并不是作为字符串输出，而是起到换行的作用。但是，如果想直接输出“\n”时，同样需要使用转义字符，先输出一个“\”，然后后面跟上“n”，这样就输出“\n”这个字符。

4. 布尔型

在 C 语言或者其他一些编程语言中，使用数字来表示 true 和 false。在 Java 中，为 true 和 false 这两个值单独定义了一种数据类型，那就是布尔型。布尔型是用于判断逻辑值真假的数据类型。

所有的关系运算的返回类型都是布尔型。布尔型也大量应用在控制语句中。运算符和控制语句将在后面的介绍中进行讲解。

5. 数据类型转换

Java 是一门强数据类型语言，所以当遇到不同数据类型同时操作时，就需要进行数据类型转换。数据类型转换要满足一个最基础的要求，那就是数据类型要兼容。例如，将一个布尔型转换成整型是肯定不能成功的。在 Java 中，有两种数据类型转换方式：自动类型转换和强制类型转换。

（1）自动类型转换

在前面学习计算圆面积时已经看到，在程序中定义了半径为 int 类型，而计算的面积为 double 类型，这里就用到了自动类型转换。自动类型转换除了前面讲过的数据类型要兼容外，还需要转换前的数据类型的位数要低于转换后的数据类型。

【例 2-7】自动类型转换 ZiDongZhuanHuan.java。

```
public class ZiDongZhuanHuan {
```

```
    public static void main(String[ ] args) {
        short s=3;                  //定义一个 short 类型变量
        int i=s;                    //short 自动类型转换为 int
        float f=1.0f;               //定义一个 float 类型变量
        double d1=f;                //float 自动类型转换为 double
        long l=234L;                //定义一个 long 类型变量
        double d2=l;                //long 自动类型转换为 double
        System.out.println("short 自动类型转换为 int 后的值等于"+i);
        System.out.println("float 自动类型转换为 double 后的值等于"+d1);
        System.out.println("long 自动类型转换为 double 后的值等于"+d2);
    }
}
```

程序运行结果:

```
short 自动类型转换为 int 后的值等于 3
float 自动类型转换为 double 后的值等于 1.0
long 自动类型转换为 double 后的值等于 234.0
```

程序解析：从该程序中可以看出位数低的类型数据可以自动转换成位数高的类型数据。例如，short 数据类型的位数为 16，就可以自动转换为位数为 32 的 int 类型。同样，float 数据类型的位数为 32，就可以自动转换为 64 位的 double 型。

由于整型和浮点型的数据都是数值，它们之间也是可以互相转换的，从而有了 long 型自动转换为 double 型。需要注意的是，转换后的值相同，但是表示上一定要在后面加上小数位，这样才能表示为 double 类型。

◎注意

整型转换成浮点型值可能会发生变化，这是由浮点型的本身定义决定的。计算机内部是没有浮点数的，浮点数是靠整数模拟计算出来的，例如，0.5 其实就是 1/2，所以这样的换算过程难免存在误差。

【例 2-8】一个整型自动转换为浮点型的程序 ZiDongZhuanHuan_2.java。

```
public class ZiDongZhuanHuan_2 {
    public static void main(String[ ] args) {
        int l=234234234;     //定义一个 int 型变量
        float d=l;           //int 自动类型转换为 float 型
        System.out.println("int 自动类型转换为 float 后的值等于"+d);
    }
}
```

程序运行结果:

```
int 自动类型转换为 float 后的值等于 2.3423424E8
```

程序解析：从程序和运行结果中可以看到，程序定义的 int 类型为 234234234，而自动转换后的 float 类型为 2.3423424E8。

在前面学习字符型时，已经知道字符型占 16 个数据位，而且也可以使用 Unicode 码来表示，因此字符型也可以自动转换为 int 型，从而还可以自动转换为更高位的 long 型，以及浮点型。

【例 2-9】字符型自动型转换为 int 型的程序 ZiDongZhuanHuan_3.java。

```
public class ZiDongZhuanHuan_3 {
```

```
    public static void main(String[ ] args){
        char c1='a';        //定义一个 char 类型
        int i1=c1;          //char 自动类型转换为 int
        System.out.println("char 自动类型转换为 int 后的值等于"+i1);
        char c2='A';        //定义一个 char 类型
        int i2=c2+1;        //char 类型和 int 类型计算
        System.out.println("char 类型和 int 类型计算后的值等于"+i2);
    }
}
```

程序运行结果:

```
char 自动类型转换为 int 后的值等于 97
char 类型和 int 类型计算后的值等于 66
```

程序解析：从程序中可以看到，定义的字符型数据显示出 97 这个数值，这里就是进行了自动转换。而且字符型还可以作为数值进行计算，学习下面的强制类型转换内容，对 97 这个数值进行强制类型转换后，会发现输出的结果是 B 这个字符。

（2）强制类型转换

自动类型转换是从低位数转换为高位数。那么，高位数的数据是否能转换为低位数的数据？这是可以的，这就要用到强制类型转换。强制类型转换的前提条件也是转换的数据类型必须兼容。强制类型转换的固定语法格式如下：

```
(type)value
```

其中，type 就是强制类型转换后的数据类型。

【例 2-10】 进行强制类型转换的程序 QiangZhiZhuanHuan_1.java。

```
public class QiangZhiZhuanHuan_1{
    public static void main(String[ ] args){
        int i1=123;             //定义一个 int 型
        byte b=(byte)i1;        //强制类型转换为 byte
        System.out.println("int 强制类型转换 byte 后值等于"+b);
    }
}
```

程序运行结果:

```
int 强制类型转换 byte 后值等于 123
```

程序解析：这是一个简单的强制类型转换的程序，其中将一个 int 型的数据强制转换为一个比它位数低的 byte 类型。由于是高位数转换为低位数，也就是大范围转换为小范围，当数值很大时，转换就可能造成数据的丢失。例如，已经知道 byte 范围的最大值为 127，而其中定义的 int 类型为 128，这时候强制类型转换就会发生问题，看下面的程序。

【例 2-11】 进行强制类型转换的程序 QiangZhiZhuanHuan_2.java。

```
public class QiangZhiZhuanHuan_2{
    public static void main(String[ ] args){
        int i1=128;            //定义一个 int 型
        byte b=(byte)i1;    //强制类型转换为 byte
        System.out.println("int 强制类型转换 byte 后值等于"+b);
        double d=123.456;   //定义一个 double 型
        int i2=(int)d;      //强制类型转换为 int
```

```
            System.out.println("double强制类型转换int后值等于"+i2);
        }
    }
```

程序运行结果：

```
int强制类型转换byte后值等于-128
double强制类型转换int后值等于123
```

程序解析：在程序中发生了两种数据丢失的现象，首先是 int 型强制类型转换为 byte 型，由于是整型，所以采用截取的方式进行转换，这是由计算机的二进制表示方法决定的，有兴趣的读者可以自己研究一下，对于 Java 初学者只要知道这样会丢失精度就可以了；第二种情况是浮点型强制转换为整型，这种情况下会丢失小数部分。

在学习自动类型转换时，已经知道字符型是可以自动转换为数值型的，相反数值型也可以强制类型转换为字符型。

【例 2-12】 进行强制类型转换的程序 QiangZhiZhuanHuan_3.java。

```
public class QiangZhiZhuanHuan_3 {
    public static void main(String[ ] args) {
        char c1='A';          //定义一个char 类型
        int i=c1+1;           //char类型和int 类型计算
        char c2=(char)i;      //进行强制类型转换
        System.out.println("int强制类型转后为char 后的值等于"+c2);
    }
}
```

程序运行结果：

```
int强制类型转后为char 后的值等于B
```

程序解析：在该程序中，将计算后所得到的 int 型强制类型转换为 char 型，从而得到结果 B 字符。从这里也可以看出，在 Unicode 码中所有的字母都是依次排列的。大写字母和小写字母是不同的，都有自己对应的 Unicode 码。

（3）隐含强制类型转换

在 Java 中有一个特殊的机制，那就是隐含自动类型转换机制。在前面学习整型时，已经知道整数的默认类型是 int，而程序中经常会出现如下代码：

```
byte b=123;
```

在这行代码中，123 数据的类型是 int 型，而定义的 b 这个变量是 byte 型。按照前面的理论，这是需要进行强制类型转换的。Java 提供了隐含强制类型转换机制，这项工作不再由程序来完成，而是 Java 系统自动完成。

浮点型是不存在这种情况的，因为定义 float 型时必须在数值后面跟上 F 或者 f。

四、运算符和表达式

Java 常用的运算符分为五类：算术运算符、赋值运算符、关系运算符、布尔逻辑运算符、位运算符。位运算符除了简单的按位操作外，还有移位操作。按位操作返回布尔值。

表达式是由常量、变量、对象、方法调用和操作符组成的式子。表达式必须符合一定的规范，才可被系统理解、编译和运行。表达式的值就是对表达式自身运算后得到的结果。表达式可以简单地认为是数据和运算符的结合。

根据运算符的不同，表达式相应地分为以下几类：算术表达式、关系表达式、逻辑表达式、赋值表达式，这些都属于数值表达式。

1. 算术运算符和算术表达式

算术运算符就是用于计算的运算符，包括加（+）、减（-）、乘（*）、除（/）等数学中最基本的运算，也包括数学中没有的求余运算（%）。算术运算符的使用非常简单，需要特别说明一下加（+）和减（-），它们不但可以用于基本运算，而且也可以作为正数和负数的前缀，这和数学中一样。并且，加（+）不但可以用于数字相加，而且可被重载为用于字符串之间的相加。

【例 2-13】算术运算符应用程序 SuanShu.java。

```
public class SuanShu{
    public static void main(String[ ] args){
        String s1="Hello ";    //定义两个字符串
        String s2=" World";
        String s3=s1+s2;       //使用加运算
        System.out.println(s3);
    }
}
```

程序运行结果：

```
Hello World
```

程序解析：从运行结果可以看出，使用加运算可以将两个字符串连到一起。这里只要了解这些即可，字符串的定义以及其他操作会在后面进行讲解。

2. 自增自减运算符和自增自减表达式

自增自减运算符可以算是一种特殊的算术运算符。在算术运算符中需要两个操作数来进行运算，而自增自减运算符是一个操作数，自增运算符表示该操作数递增加 1，自减运算符表示该操作数递增减 1。

【例 2-14】使用自增自减运算符的程序 ZiZengJian_1.java。

```
public class ZiZengJian_1{
    public static void main(String[ ] args){
        int a=3;               //定义一个变量
        int b=++a;             //进行自增运算
        int c=3;               //定义一个变量
        int d=--c;             //进行自减运算
        System.out.println("进行自增运算后的值等于"+b);
        System.out.println("进行自减运算后的值等于"+d);
    }
}
```

程序运行结果：

```
进行自增运算后的值等于 4
进行自减运算后的值等于 2
```

程序解析：从程序和运行结果可以看出，使用自增运算符后，结果的数值增加 1；使用自减运算符后，结果的数值减小 1。

在前面学习类型转换时已经知道，当两个不同类型的数据进行运算时，低位的数据会自动提升为高位的数据。例如，一个 byte 型的数据和一个 int 型的数据相加，最后的结果肯定是一个 int 型，但是这一点在自增自减运算中是有所不同的。

【例 2-15】自增减运算程序 ZiZengJian_2.java。

```
public class ZiZengJian_2 {
    public static void main(String[ ] args) {
        byte b1=5;                  //定义一个 byte 型的变量
        byte b2=(byte)(b1+1);    //进行强制类型转换
        System.out.println("使用加运算符的结果是"+b2);
        byte b3=5;      //定义一个 byte 型的变量
        byte b4=++b3;              //进行自增运算，不需要类型转换
        System.out.println("使用自增运算符的结果是"+b4);
    }
}
```

程序运行结果:
```
使用加运算符的结果是 6
使用自增运算符的结果是 6
```

程序解析：在该程序中，当对 byte 型执行加 1 运算时，由于 Java 默认整型为 int，所以 1 为 int 型，加运算后的结果也为 int 型，从而需要进行强制类型转换。而在使用自增运算时，并不需要强制类型转换。使用自增自减运算符时，并不进行类型的提升，操作前数值是什么类型，操作后的数值仍然是什么类型。

在上面的讲解中，所有的自增自减运算符都放在操作数的前面，自增自减运算符也可以放在操作数的后面。这两种方法都可以对操作数进行自增自减操作，只是执行的顺序不同。

（1）前缀方式：先进行自增或者自减运算，再进行表达式运算。

（2）后缀方式：先进行表达式运算，后进行自增或者自减运算。

通过下面的程序来演示这两种方式的不同。

【例 2-16】自增减运算程序 ZiZengJian_3.java。

```
public class ZiZengJian_3 {
    public static void main(String[ ] args) {
        int a=5;            //定义两个值相同的变量
        int b=5;
        int x=2*++a;       //自增运算符前缀
        int y=2*b++;       //自增运算符后缀
        System.out.println("自增运算符前缀运算后 a="+a+"表达式 x="+x);
        System.out.println("自增运算符后缀运算后 b="+b+"表达式 y="+y);
    }
}
```

程序运行结果:
```
自增运算符前缀运算后 a=5 表达式 x=12
自增运算符后缀运算后 b=5 表达式 y=10
```

程序解析：从运行结果中首先可以看到，自增运算符不管是前缀还是后缀，最后的结果都增

加 1，但是表达式结果完全不同。在计算 x 值时，首先执行前缀操作，a 的值变为 6，再执行乘操作，从而得到结果为 12；而计算 y 值时，先进行乘运算操作，得到结果 10，然后复制给 y，从而得到结果为 10。然后再进行自增操作，从而得到 b 的值为 6。

◎注意

从操作中可以看到，自增自减运算符是比较复杂的，而且有很多需要注意的问题。所以，在开发中，不是非常必要的时候，不要使用自增自减运算符。

3. 赋值运算符和赋值表达式

赋值运算符的作用就是将常量、变量或表达式的值赋给某一个变量，表 2-5 中列出了 Java 中的赋值运算符及用法。

表 2-5　赋值运算符及用法

运 算 符	说　明	范　例	结　果
=	赋值	a=3;b=2;	a=3;b=2;
+=	加等于	a=3;b=2;a+=b	a=5;b=2;
-=	减等于	a=3;b=2;a-=b	a=1;b=2;
*=	乘等于	a=3;b=2;a*=b	a=6;b=2;
/=	除等于	a=3;b=2;a/=b	a=1;b=2;
%=	模等于	a=3;b=2;a%=b	a=1;b=2;

在赋值运算符的使用中，需要注意以下几个问题：

（1）在 Java 中可以通过一条赋值语句对多个变量进行赋值

```
int x,y,z;
x=y=z=5;           //为 3 个变量同时赋值
int x=y=z=5;       //这样写是错误的
```

（2）除了“=”，其他的都是特殊的赋值运算符，以“+=”为例，x += 3 就相当于 x = x + 3，首先会进行加法运算 x+3，再将运算结果赋值给变量 x。-=、*=、/=、%=赋值运算符依此类推。

（3）在为变量赋值时，当两种类型彼此不兼容，或者目标类型取值范围小于源类型时，需要进行强制类型转换。然而，在使用+=、-=、*=、/=、%= 运算符进行赋值时，强制类型转换会自动完成，程序不需要做任何显式的声明。

4. 关系运算符和关系表达式

关系运算符用于计算两个操作数之间的关系，其结果是布尔类型。关系运算符包括等于(==)、不等于（!= ）、大于（>）、大于等于（>=）、小于（< ）和小于等于（<=）。首先讲解等于运算符和不等于运算符，它们可用于所有的基本数据类型和引用类型。由于目前只学过基本数据类型，所以这里以基本数据类型为例进行讲解。

【例 2-17】关系运算符应用程序 GuanXi.java。

```
public class GuanXi {
    public static void main(String[ ] args) {
```

```
        int i=5;                   //定义一个 int 型变量
        double d=5.0;              //定义一个 double 型变量
        boolean b1=(i==d);         //运用关系运算符的结果
        System.out.println("b1 的结果为: "+b1);
        char c='a';                //定义一个 char 型变量
        long l=97L;                //定义一个 long 型变量
        boolean b2=(c==l);         //运用关系运算符的结果
        System.out.println("b2 的结果为: "+b2);
        boolean bl1=true;          //定义一个 boolean 型变量
        boolean bl2=false;         //定义一个 boolean 型变量
        boolean b3=(bl1==bl2);     //运用关系运算符的结果
        System.out.println("b3 的结果为: "+b3);
    }
}
```

程序运行结果:

```
b1 的结果为: true
b2 的结果为: true
b3 的结果为: false
```

程序解析：从程序和运行结果中可以看出，int 型和 double 型之间、char 型和 long 型之间、两个 boolean 型之间都可以使用关系运算符进行比较。

进行关系运算符操作时，自动进行了类型转换，当两个类型兼容时，就可以进行比较。因此，boolean 型和其他类型是不能使用关系运算符操作的，只能进行两个 boolean 型间的比较。

除了等于和不等于关系运算符外，其他 4 种关系运算符都是同理的。唯一不同就是，boolean 型之间是不能进行大小比较的，只能进行是否相等比较。

5. 位运算符和位表达式

在计算机中，所有的整数都是通过二进制进行保存的，即由一串 0 或者 1 数字组成，每一个数字占一个比特位。位运算符就是对数据的比特位进行操作，只能用于整型。位运算符有如下 4 种：

（1）与（&）：如果对应位都是 1，则结果为 1，否则为 0。

（2）或（|）：如果对应位都是 0，则结果为 0，否则为 1。

（3）异或（^）：如果对应位值相同，则结果为 0，否则为 1。

（4）非（~）：将操作数的每一位按位取反。

6. 移位运算符和移位表达式

移位运算符和位运算符一样都是对二进制数的比特位进行操作的运算符，因此移位运算符也是只对整数进行操作。移位运算符是通过移动比特位的数值来改变数值大小的，最后得到一个新数值。移位运算符包括左移运算符（<<）、右移运算符（>>）和无符号右移（>>>）。

（1）左移运算符

左移运算符用于将第一个操作数的比特位向左移动第二个操作数指定的位数，右边空缺的位用 0 来补充。

【例 2-18】 使用左移运算符的程序 YiWei_1.java。

```
public class YiWei_1 {
    public static void main(String[ ] args) {
        int i=6<<1;     //将数值 6 左移 1 位
        System.out.println("6 左移 1 位的值等于"+i);
    }
}
```

程序运行结果：
6 左移 1 位的值等于 12

程序解析：这是一个简单的使用左移运算符的程序，下面通过步骤来进行讲解。首先将数值 6 转换为二进制表示：

0000 0000 0000 0000 0000 0000 0000 0110

然后执行移位操作，向左移 1 位，则二进制表示为：

0000 0000 0000 0000 0000 0000 0000 1100

最后将该二进制转换为十进制，则数值为 12，也就是运行结果。从运行结果中也可以看出左移运算相当于执行乘 2 运算。

（2）右移运算符

右移运算符用于将第一个操作数的比特位向右移动第二个操作数指定的位数。在二进制中，首位是用来表示正负的，0 表示正，1 表示负。如果右移运算符的第一个操作数是正数，则填充 0；如果为负数，则填充 1，从而保持正负不变。

【例 2-19】使用右移运算符的程序 YiWei_2.java。

```
public class YiWei_2{
    public static void main(String[ ] args){
        int i=7>>1;     //将数值 7 右移 1 位
        System.out.println("7 右移 1 位的值等于"+i);
    }
}
```

程序运行结果：
7 右移 1 位的值等于 3

程序解析：同样一步步来分析该程序的运行过程。首先将数值 7 转换为二进制表示：

0000 0000 0000 0000 0000 0000 0000 0111

然后执行移位操作，向右移 1 位，因为这是一个正数，所以前面使用 0 填充，二进制表示为：

0000 0000 0000 0000 0000 0000 0000 0011

将该二进制转换为十进制，则数值为 3 ，也就是运行结果。从运行方式上可以看出，当第一操作数 X 为奇数时，相当于（X-1）/2 操作；当第一操作数 X 为偶数时，相当于 X/2 操作。

（3）无符号右移运算符

无符号右移运算符和右移运算符的规则是一样的，只是填充时，不管原数是正还是负，都使用 0 来填充。对于正数而言，使用无符号右移运算符是没有意义的，因为都使用 0 来填充。

【例 2-20】一个对负数使用无符号右移运算符的程序 YiWei_3.java。

```
public class YiWei_3 {
    public static void main(String[ ] args){
```

```
        int i=-8>>>1;      //将数值-8 无符号右移 1 位
        System.out.println("-8 无符号右移 1 位的值等于"+i);
    }
}
```

程序运行结果:

```
-8 无符号右移 1 位的值等于 2147483644
```

程序解析：从运行结果中可以看出，对一个负数无符号右移得到一个很大的正数，下面同样进行分步讲解。首先将-8 转换为二进制表示：

1111 1111 1111 1111 1111 1111 1111 1000

然后执行移位操作，向右移 1 位，左侧使用 0 填充，二进制表示为：

0111 1111 1111 1111 1111 1111 1111 1100

将该二进制转换为十进制就是结果中的 2147483644 。

7. 逻辑运算符和逻辑表达式

逻辑运算符（见表 2-6）用于对产生布尔型数值的表达式进行计算，结果为一个布尔型。逻辑运算符和位运算符很相似，它也是包括与、或和非，只是各自操作数的类型不同。逻辑运算符可以分为两大类，分别是短路和非短路。

表 2-6 逻辑运算符

运算符	运算	运算符	运算
&	与	!	非
|	或	&&	短路与
^	异或	||	短路或

（1）非短路逻辑运算符

非短路逻辑运算符包括与（&）、或（|）和非（!）。与逻辑运算符表示当运算符两边的操作数都为 ture 时，结果为 ture，否则都为 false。或逻辑运算符表示当运算符两边的操作数都为 false 时，结果为 false，否则都为 ture。非逻辑运算符表示对操作数的结果取反，当操作数为 true 时，则结果为 false；当操作数为 false 时，则结果为 true。

【例 2-21】使用非短路逻辑运算符的程序 LuoJi_1.java。

```
public class LuoJi_1 {
    public static void main(String[ ] args) {
        int a=5;                    //定义两个变量
        int b=3;
        boolean b1=(a>4)&(b<4);     //使用与逻辑运算符
        boolean b2=(a<4)|(b>4);     //使用或逻辑运算符
        boolean b3=!(a>4)           //使用非逻辑运算符
        System.out.println("使用与逻辑运算符的结果为"+b1);
        System.out.println("使用或逻辑运算符的结果为"+b2);
        System.out.println("使用非逻辑运算符的结果为"+b3);
    }
}
```

```
程序运行结果:
使用与逻辑运算符的结果为 true
使用或逻辑运算符的结果为 false
使用非逻辑运算符的结果为 false
```

程序解析：本程序利用关系运算符，计算出布尔值类型的结果，然后使用逻辑运算符进行运算，得出最终结果，并输出显示。

（2）短路逻辑运算符

使用与逻辑运算符时，当两个操作数都为 true 时，结果才为 true。要判断两个操作数，但是当得到第一个操作为 false 时，其结果就必定是 false，这时再判断第二个操作时就没有任何意义。。

【例 2-22】使用短路逻辑运算符的程序 LuoJi_2.java。

```
public class LuoJi_2 {
    public static void main(String[ ] args) {
        int a=5;                              //定义一个 int 变量
        boolean b=(a<4)&&(a++<10); //使用逻辑运算符
        System.out.println("使用短路逻辑运算符的结果为"+b);
        System.out.println("a 的结果为"+a);
    }
}
```

```
程序运行结果:
使用短路逻辑运算符的结果为 false
a 的结果为 5
```

程序解析：在该程序中，使用到了短路逻辑运算符（&&）。首先判断 a<4 的结果，则该结果为 false，则 b 的值肯定为 false。这时就不再执行短路逻辑运算符后面的表达式，也就是不再执行 a 的自增操作，从而 a 的结果没有变，仍然是 5。

8. 三元运算符和三元表达式

Java 中有一个特殊的三元运算符，它支持条件表达式，当需要进行条件判断时可用它来替代 if...else 语句。其一般式如下：

```
expression?statement1:statement2
```

其中，expression 是一个可以计算出 boolean 值的表达式。如果 expression 的值为真，则执行 statement1 的语句，否则执行 statement2 的语句。

【例 2-23】三元运算符示例 SanYuan.java。

```
public class SanYuan {
    public static void main(String args[ ]) {
        //声明一系列的 int 类型变量
        int i,k;
        i=5;
        // 使用三元运算符对 k 进行赋值操作
        k=(i>=0?i:-i);
        System.out.println("the absolute of "+i+"  is  "+k);
        i=-5;
        k=(i>=0?i:-i);
        System.out.println("the absolute of "+i+"  is  "+k);
```

```
        }
    }
```

程序运行结果:

```
the absolute of 5  is  5
the absolute of -5  is  5
```

程序解析：该程序的作用是求数的绝对值。当 i 变量的值为大于等于 0 时，得到的是 i 变量本身；如果 i 变量的值小于 0，则得到的是对 i 取负的值。

9. 运算符的优先级

在一个表达式中可能含有多个运算符，它们之间是有优先级关系的，这样才能有效地把它们组织到一起进行复杂的运算，表 2-7 所示为 Java 中运算符的优先级。

表 2-7 运算符的优先级

<table>
<tr><td>最高优先级</td><td>()</td><td>[]</td><td>.</td><td></td></tr>
<tr><td rowspan="13">↓</td><td>++</td><td>--</td><td>~</td><td>!</td></tr>
<tr><td>*</td><td>/</td><td>%</td><td></td></tr>
<tr><td>+</td><td>-</td><td></td><td></td></tr>
<tr><td>>></td><td>>>></td><td><<</td><td></td></tr>
<tr><td>></td><td>>=</td><td><</td><td><=</td></tr>
<tr><td>==</td><td>!=</td><td></td><td></td></tr>
<tr><td>&</td><td></td><td></td><td></td></tr>
<tr><td>^</td><td></td><td></td><td></td></tr>
<tr><td>|</td><td></td><td></td><td></td></tr>
<tr><td>&&</td><td></td><td></td><td></td></tr>
<tr><td>||</td><td></td><td></td><td></td></tr>
<tr><td>?:</td><td></td><td></td><td></td></tr>
<tr><td>最低优先级</td><td>=</td><td>+=</td><td>-=</td><td>*=</td></tr>
</table>

在所有的运算符中，圆括号的优先级最高，所以适当地使用圆括号可以改变表达式的含义。例如：

```
i=a+b*c;
i=(a+b)*c;
```

两条语句表达的意思是不同的。此外，适当地使用括号，可使表达式读起来清晰易懂。

任务实施

输入 3 个学生的学号、姓名和成绩，求出总分和平均分。

1. 实现思路

（1）学生的信息包括：学号、姓名、成绩。

（2）对学生信息的存储需要用不同名称、不同数据类型的变量来实现。

（3）学生信息需要逐条添加，每次添加之前系统会有输入提示。

（4）输入学生的信息，需要使用Scanner类。以下代码能够从键盘输入中读取一个字符串：

```
Scanner in=new Scanner(System.in);
String str=in.next();
```

（5）学生总成绩和平均成绩的计算，需要使用算术运算符。

2. 实现代码

（1）定义变量，存储学生信息。

```
int number1,number2,number3;
String name1,name2,name3;
float score1,score2,score3;
float total,average;
```

（2）定义Scanner对象，通过键盘输入学生信息，并存储在相应的变量中。

```
Scanner scan=new Scanner(System.in);
System.out.println("请输入第 1 个学生的学号：");
number1=scan.nextInt();
System.out.println("请输入第 1 个学生的姓名：");
name1=scan.next();
System.out.println("请输入第 1 个学生的成绩：");
score1=scan.nextFloat();
System.out.println("请输入第 2 个学生的学号：");
number2=scan.nextInt();
System.out.println("请输入第 2 个学生的姓名：");
name2=scan.next();
System.out.println("请输入第 2 个学生的成绩：");
score2=scan.nextFloat();
System.out.println("请输入第 3 个学生的学号：");
number3=scan.nextInt();
System.out.println("请输入第 3 个学生的姓名：");
name3=scan.next();
System.out.println("请输入第 3 个学生的成绩：");
score3=scan.nextFloat();
```

（3）计算学生总成绩和平均成绩。

```
total=score1+score2+score3;
average=total/3;
```

（4）将学生信息输出并显示在屏幕上。

```
System.out.println("        学生成绩表          ");
System.out.println("====================");
System.out.println("学号              姓名            成绩");
System.out.println(number1+"     "+name1+"     "+score1);
System.out.println(number2+"     "+name2+"     "+score2);
System.out.println(number3+"     "+name3+"     "+score3);
System.out.println("====================");
System.out.println("学生成绩总分："+total+"，平均分："+average);
```

任务小结

本任务介绍了 Java 的标识符、变量和常量、数据类型及其转换、运算符和表达式等相关内容，在 Java 语言中，标识符是赋予变量、类和方法等的名称。标识符由编程者自己指定，但需要遵循一定的语法规范，所以读者需要按照语句规范，灵活编写代码，这是编程的基础。另外，在实际运用中表达式是非常关键的，通过表达式将各种数据合理有效地结合在一起，是使程序高效、简洁的秘诀所在。希望读者认真阅读，为以后的学习打下良好的基础。

自测题

一、选择题

1. 下列（　　）是合法的标识符。

A. 12class　　B. void　　C. −5　　D. _blank

2. 下列（　　）不是 Java 中的保留字。

A. if　　B. sizeof　　C. private　　D. null

3. 下列（　　）不是合法的标识符。

A. $million　　B. $_million　　C. 2$_million　　D. $2_million

4. 下列选项中，（　　）不属于 Java 语言的基本数据类型。

A. 整数型　　B. 数组　　C. 浮点型　　D. 字符型

5. 下列关于基本数据类型的说法中，不正确的一项是（　　）。

A. boolean 类型变量的值只能取真或假

B. float 是带符号的 32 位浮点数

C. double 是带符号的 64 位浮点数

D. char 是 8 位 Unicode 字符

6. 下列关于基本数据类型的取值范围的描述中，正确的是（　　）。

A. byte 类型的取值范围是−128～128　　B. boolean 类型的取值范围是真或假

C. char 类型的取值范围是 0～65 536　　D. short 类型的取值范围是−32 767～32 767

7. 下列关于 Java 语言简单数据类型的说法中，正确的一项是（　　）。

A. 以 0 开头的整数代表八进制整型常量

B. 以 0x 或 0X 开头的整数代表八进制整型常量

C. boolean 类型的数据作为类成员变量时，相同默认的初始值为 true

D. double 类型的数据占计算机存储的 32 位

8. 下列 Java 语句中，不正确的一项是（　　）。

A. $e, a, b = 10;　　B. char c, d = 'a';

C. float e = 0.0d;　　D. double c = 0.0f;

9. 在编写 Java 程序时，如果不为类的成员变量定义初始值，Java 会给出它们的默认值，下列说法中不正确的是（　　）。

A. byte 的默认值是 0　　B. boolean 的默认值是 false

C. char 类型的默认值是'\0'　　D. long 类型的默认值是 0.0L

10. 下列语句中不正确的是（　　）。

A. float f = 1.1f;　　B. byte b = 128;

C. double d = 1.1/0.0;　　D. char c = (char)1.1f;

11. 下列表达式 1+2+ "aa"+3 的值是（　　）。

A. "12aa3"　　B. "3aa3 "　　C. "12aa"　　D. "aa3"

12. 已知 y=2, z=3, n=4，则经过 n=n+ -y*z/n 运算后 n 的值为（　　）。

A. 3　　B. −1　　C. −12　　D. −3

13. 已知 a=2, b=3，则表达式 a%b*4%b 的值为（　　）。

A. 2　　B. 1　　C. −1　　D. −2

14. 已知 x=2, y=3, z=4，则经过 z- = --y - x--运算后，z 的值为（　　）。

A. 1　　B. 2　　C. 3　　D. 4

15. 表达式(12==0) && (1/0 < 1)的值为（　　）。

A. true　　B. false　　C. 0　　D. 运行时抛出异常

16. 设有类型定义 short i=32; long j=64; 下面赋值语句中不正确的是（　　）。

A. j=i;　　B. i=j;　　C. i=(short)j;　　D. j=(long)i;

17. 现有 1 个 char 类型的变量 c1=66 和 1 个整型变量 i=2，当执行 c1=c1+(char)i;语句后，c1 的值为（　　）。

A. 'd'　　B. 'D'　　C. 68　　D. 语句在编译时出错

18. 下列说法中，正确的一项是（　　）。

A. 字符串"\\abcd"　的长度为 6　　B. False 是 Java 的保留字

C. 123.45L 代表单精度浮点型　　D. False 是合法的 Java 标识符

19. 以下的变量定义语句中，合法的是（　　）。

A. float _*5 = 123.456F;　　B. byte $_b1 = 12345;

C. int _long_ = 123456L;　　D. double d = Double.MAX_VALUE;

20. 下列关于运算符优先级的说法中，不正确的是（　　）。

A. 运算符按照优先级顺序表进行运算

B. 同一优先级的运算符在表达式中都是按照从左到右的顺序进行运算的

C. 同一优先级的运算符在表达式中都是按照从右到左的顺序进行运算的

D. 括号可以改变运算的优先次序

二、填空题

1. 变量是 Java 程序的基本存储单元之一，变量的主要类型包括两大类：________和________。

2. Java 语言的整型变量和常量一样，各自都包括 4 种类型的数据，分别是 byte、________、________和 long。

3. ________ 类型数据不可以做类型转换。

4. 在 Java 语言的基本数据类型中，占存储空间最少的类型是________，该类型占用的存储空间为________位。

5. Java 语言中的________具有特殊意义和作用，不能作为普通标识符使用。

6. 在 Java 语言中，浮点型数据属于实型数据，可以分为________和________两种。

7. char 类型的数据可以表示的字符数共为________。

8. 定义初始值为 10 的 8 次方的长整型变量 iLong 的语句是________。

9. Java 语言中的数据类型转换包括________和________两种。

10. Java 中的字符采用的是 16 位的________编码。

11. 数据类型中存储空间均为 64 位的两种数据类型是________和________。

12. 表达式 9*4/ −5%5 的值为________。（十进制表示）

13. 表达式 5&2 的值为________。（十进制表示）

14. 表达式 42<<4 的值为________。（十进制表示）

15. 表达式 11010011>>>3 的值为________。（二进制表示）

16. 表达式 7|3 的值为________。（十进制表示）

17. 表达式 10^2 的值为________。（十进制表示）

18. Java 语言中的逻辑与（&&）和逻辑或（||）运算采用________方式进行运算。

19. 若 a、b 为 int 型变量，并且已分别赋值为 5 和 10，则表达式(a++)+(++b)+a*b 的值为________。

20. 假设 i=10, j=20, k=30，则表达式 !(i<j+k) || !(i+10<=j) 的值为________。

三、编程题

1. 编写一个 Java Application 类型的程序，定义一个 byte 类型的变量 b，并从键盘上给它赋值为−100 和 100 时，输出该变量的值。

2. 编写一个 Java Application 类型的程序，从键盘上输入三角形的三条边的长度，计算三角形的面积和周长并输出。根据三角形边长求面积的公式如下：

area = $\sqrt{s*(s-a)*(s-b)*(s-c)}$，其中 a、b、c 为三角形的三条边，$s=(a+b+c)/2$。

3. 编写一个 Java Application 类型的程序，从键盘上输入摄氏温度 C，计算华氏温度 F 的值并输出。其转换公式如下：

$$F = (9 / 5) * C + 32$$

4. 已知圆球的体积公式为 $4/3\pi r^3$，编写程序，输入圆球半径，计算并输出球的体积。

拓展实践——商城库存清单程序设计

编写一个模拟商城库存清单的程序，打印出库存中每种商品的详细信息以及所有商品的汇总信息。每种商品的详细信息包括：品牌型号、尺寸、价格、配置和库存数，所有商品的汇总信息包括总库存数和库存商品总金额。

参考代码见本书配套资源 StoreList.java 文件。

面试常考题

1. 简述&和&&的区别。
2. 用最有效率的方法算出 2 乘以 8 等于几。
3. 请设计一个一百亿的计算器。

任务三　学生信息的处理

任务描述

对于学生信息管理系统中的学生信息，如果仅用简单变量是无法存储大量数据的，同时还要经常对学生的信息进行录入、查看、删除等操作。本任务就是通过数组来存储学生信息，并通过对学生信息的处理来介绍 Java 语言中的流程控制语句，掌握各种流程控制语句的执行过程，并且应用流程控制语句解决实际问题。

技术概览

Java 程序的执行必须遵循一定的流程，流程是程序执行的顺序。

流程控制语句是控制程序中各语句执行顺序的语句，是程序中非常关键和基本的部分。流程控制语句可以把单个的语句组合成有意义的、能够完成一定功能的小逻辑块。程序由一系列语句组成。

尽管现实世界的问题是复杂的、千变万化的，但与之相对应的计算机算法流程，只有 3 种基本结构：顺序结构、选择结构、循环结构。每种结构都是单入口、单出口的；每一部分都会被执行到；没有死循环，即使创造了一个死循环，也要设置结束循环的条件。

当定义一个变量时可以使用一个变量名表示，但是如果出现很多变量分别起变量名会比较麻烦，为了解决这样的问题采用数组的形式表示，使用下标表示每个变量。数组对于每一门编程语言来说都是重要的数据结构之一，Java 语言中提供的数组是用来存储固定大小的同类型元素。数组可以分为一维数组、二维数组、多维数组。

相关知识

一、语句概述

Java 语言中的语句可分为以下 5 类。

1. 方法调用语句

方法调用表达式之后接上分号：

```
方法调用;
```

该表达式语句虽未保留方法调用的返回值，但方法调用会引起实参向形参传递信息和执行方法体，将使变量获得输入数据；调用输出方法使程序输出计算结果等。例如：

```
System.out.println("Hello");
```

2．表达式语句

在赋值表达式、自增自减表达式之后加上分号即变成语句，称为表达式语句。例如，表达式“k++”，写成 “k++;”就是一个表达语句。最典型的表达式语句是赋值表达式构成的语句，例如：

```
x=123;
x++;
```

赋值表达式语句在程序中经常使用，习惯又称为赋值语句。

3. 复合语句

可以用一对花括号把一些语句括起来，构成复合语句。例如：

```
{
    x=12;
    y=34;
    System.out.println( “x+y=” +(x+y));
}
```

4. 流程控制语句

流程控制语句包括分支语句、循环语句、跳转语句和异常处理语句。分支语句、循环语句、跳转语句在本任务中会详细分析，异常处理语句将在后面的任务中再做详解。

另外，在流程控制语句中有一个比较特殊的语句——空语句。空语句是只有一个分号的语句，其形式为

```
;
```

实际上，空语句是什么也不做的语句。语言引入空语句是出于以下实用上的考虑，例如，循环控制结构的句法需要一个语句作为循环体，当要循环执行的动作由循环控制部分完成时，就不需要有一个实际意义的循环体，这时就需要用一个空语句作为循环体。另外，语言引入空语句使语句序列中连续出现多个分号不再是一种错误，编译系统遇到这种情况，就认为单独的分号是空语句。

5．package 语句和 import 语句

package 语句是声明包的语句；import 语句是引用包的语句。例如：

```
package helloworld;
import java.io.InputStream;
```

从结构化程序设计角度出发，程序有 3 种结构：

（1）顺序结构：顺序结构程序是按语句在程序中的先后顺序逐条执行，没有分支，没有转移，在前面的例子中介绍的都是顺序结构程序。

（2）选择结构：选择结构程序是根据程序中设置的不同条件，去执行不同分支中的语句，通过条件语句实现。

（3）循环结构：循环结构程序是根据程序中设置的条件，使同一组语句重复执行多次或一次也不执行，通过循环语句实现。

二、条件语句

条件语句是指根据程序运行时产生的结果或者用户的输入条件执行相应的代码。在 Java 中有两种条件语句可以使用，分别是 if 语句和 switch 语句。下面对这两种形式的语句进行介绍。

1. if 语句

（1）基本 if 语句

if 语句是最简单的条件语句，作为条件分支语句，它可以控制程序在两个不同的路径中执行。if 语句的一般形式如下：

```
if(条件)
{
   //语句块 1
}
else
{
   //语句块 2
}
```

条件可以是一个 boolean 值，也可以是一个 boolean 类型的变量，或者一个返回值为 boolean 类型的表达式。当需要必须执行该语句时，可以把条件设为 true 。当条件为真或其值为真时执行语句块 1 的内容，否则执行语句块 2 的内容。图 3-1 所示为 if...else 语句的执行过程。

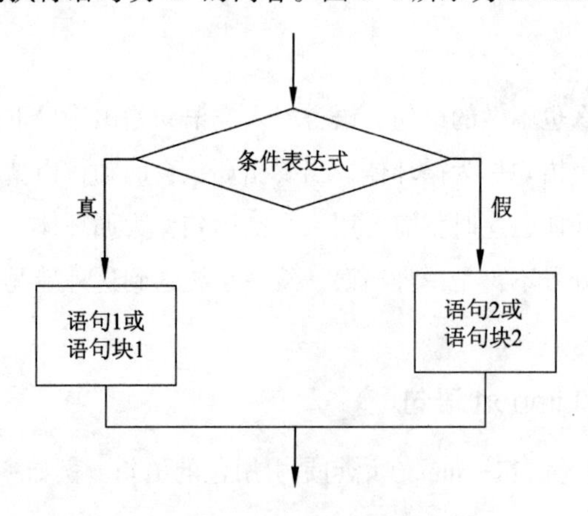

图 3-1　if...else 语句流程控制

【例 3-1】 基本 if 语句示例 TestIF1.java。

```
public class TestIF1{
   public static void main(String[] args){
      int score=65;
      if(score>=60)
         System.out.println(“及格”);
      else
         System.out.println(“不及格”);
```

```
    }
}
```

程序运行结果:
及格

程序解析：首先定义一个整型变量 score 并赋值为 65，通过 if 语句的执行，符合 score>=60 的分支执行条件，因此执行语句 "System.out.println("及格");"，输出结果 "及格"。

（2）嵌套 if 语句

当某一情况下，无法使用一次判断选择结果时，就要使用到嵌套形式进行多次判断。if 条件语句可以嵌套使用，有一个原则是 else 语句总是和其最近的 if 语句相搭配，当然前提是这两个部分必须在一个块中。使用格式如下：

```
if( 条件 1)
{
    //语句块 1
    if(条件 2)
    {
        //语句块 2
    }
    else
    {
        //语句块 3
    }
}
else
{
    //语句块 4
}
```

当条件 1 值为 true 时，会执行其下面紧跟着的花括号内的语句块，即语句块 1；如果条件 1 的值为 false ，就会直接执行语句块 4 。执行语句块 1 的时会先判断条件 2 ，然后根据条件 2 的真假值情况选择执行语句块 2 还是语句块 3 。

当条件有多个运行结果时，上面的两种形式就不能满足要求，可以使用 if...else 嵌套的形式来进行多个条件选择。格式如下：

```
if( 条件 1)
{
    //语句块 1
}
else if( 条件 2)
{
    //语句块 2
}
else if( 条件 3)
{
    //语句块 3
}
else if( 条件 4)
{
```

```
        //语句块4
    }
    else
        语句块5
```

上面的程序执行过程是首先判断条件1的值，如果为true，执行语句块1，跳过下面的各个语句块。如果为false，执行条件2的判断，如果条件2的值为true，就会执行语句块2，跳过下面的语句……依此类推。如果所有的4个条件都不能满足就执行语句块5的内容。

【例3-2】 嵌套if语句示例TestIF2.java。

```
public class TestIF2
{
    public static void main(String[ ] args)
    {
        //用score表示成绩
        int k=87;
        //用str存放成绩评价
        String str=null;
        if(k<0|k>100)
            str="成绩不合法";
        else if(k<60)
            str="成绩不及格";
        else if(60<k&k<75)
            str="成绩合格";
        else if(k>=75&k<85)
            str="成绩良好";
        else
            str="成绩优秀";
        System.out.println("分数: "+k+str);
    }
}
```

程序运行结果:

分数: 87成绩优秀

程序解析：程序首先声明了一个int型的变量score来存放成绩，String类型的变量str是用来存放对其评价的，然后通过if...else阶梯的形式来判断成绩是优秀、良好、及格还是其他，最后把成绩评定打印出来。

2. switch语句

上面的示例使用了 if...else 阶梯的形式进行多路分支语句的处理，但这样处理的过程太过复杂，Java 提供了一种简单的形式，即用 switch 语句来处理，格式如下：

```
switch(表达式)
{
    case value1:
        //程序语句
        break;
    case value2:
        //程序语句
        break;
```

```
    case value3:
        //程序语句
        break;
    case value4:
        //程序语句
        break;
  ...
    default:
        //程序语句
}
```

其中，表达式必须是 byte、short、int 或者 char 类型。在 case 后边的 value 值必须是与表达式类型一致的类型或者可以兼容的类型，不能出现重复的 value 值。

switch 语句的执行过程：首先计算表达式的值，然后根据值来匹配每个 case，找到匹配的 case 值就执行该 case 的程序语句；如果没有匹配的 case 值，就执行 default 的语句块。

执行完该 case 的语句块后，使用 break 语句跳出 switch 语句，如果没有 break 语句，程序会执行下一个 case 的语句块，直到碰到 break 语句为止。

【例 3-3】使用 Switch 语句找出数字的汉字表达形式 TestSwitch1.java。

```
public class TestSwitch1
{
    public static void main(String[ ] args)
    {
        int num=5;
        String str="num="+num+"的汉字形式是: ";
        //switch 语句的使用
        switch (num) {
            case 1:
                str+="一";
                break;
            case 2:
                str+="二";
                break;
            case 3:
                str+="三";
                break;
            case 4:
                str+="四";
                break;
            case 5:
                str+="五";
                break;
            case 6:
                str+="六";
                break;
            case 7:
                str+="七";
                break;
            case 8:
```

```
                str+="八";
                break;
            case 9:
                str+="九";
                break;
            case 0:
                str+="零";
                break;
            default:
                str="数字超出 10";
                break;
        }
        System.out.println(str);
    }
}
```

```
程序运行结果:
num=5 的汉字形式是: 五
```

程序解析：程序的功能是根据数字来判断其汉字表达形式，如果数字大于 10 则表示非法，执行 default 语句。

break 语句在 switch 中是十分重要的，一定不能省略。

在 JDK7 中，switch 语句的判断条件增加了对字符串类型的支持。由于字符串的操作在编程中使用频繁，这个新特性的出现为 Java 编程带来了便利。

【例 3-4】 在 switch 语句中使用字符串进行匹配 TestSwitch2.java。

```
public class  TestSwitch2
{
    public static void main(String[] args)
    {
        String week="Friday";
        switch(week){
            case "Sunday":
                System.out.println("星期日");
                break;
            case "Monday":
                System.out.println("星期一");
                break;
            case "Tuesday":
                System.out.println("星期二");
                break;
            case "Wednesday":
                System.out.println("星期三");
                break;
            case "Thursday":
                System.out.println("星期四");
                break;
            case "Friday":
                System.out.println("星期五");
                break;
```

```
            case "Saturday":
                System.out.println("星期六");
                break;
            default:
                System.out.println("你的输入不正确...");
        }
    }
}
```

程序运行结果:
星期五

程序解析：switch 语句条件表达式的值为 Friday，与 case 条件中的字符串 Friday 相匹配，因此打印出“星期五”。

三、循环语句

在程序语言中，循环语句是指需要重复执行的一组语句，直到遇到让循环终止的条件为止。Java 中常用的循环有 3 种形式：for、while 和 do...while 循环。

1. while 语句

（1）while 循环语句

各个循环语句之间的区别是不大的，但是也有本质的区别。

while 循环语句是 Java 最基本的循环语句，格式如下：

```
while(条件)
{
    //循环体
}
```

当条件为真时会一直执行循环体的内容，直到条件的值为假为止。其中，条件可以是 boolean 值、boolean 变量、表达式，也可以是一个能获得布尔类型结果的方法。如果条件为假，则会跳过循环体执行下面的语句。

【例 3-5】While 语句示例 WhileTest.java。

```
public class WhileTest
{
    public static void main(String[ ] args)
    {
        //定义一个 int 型变量
        int n=10;
        //使用 while 循环，条件是 n>0
        while(n>0)
        {
            System.out.println("n="+n);
            //把 n 的值减 1
            n--;
        }
    }
}
```

程序运行结果:
```
n=10
n=9
n=8
n=7
n=6
n=5
n=4
n=3
n=2
n=1
```

程序解析：在程序中有一个循环，当 n 的值大于零时，会执行循环体的内容，把当前 n 的值打印出来，并对它进行自减操作，即每执行一次循环，n 的值都将减 1，当 n 的值为 0 时，(n>0) 这个表达式的结果就为 false，这时就不再执行循环，从而出现上面的结果。

有时程序中需要一些语句一直执行，可以把条件的值直接设为 true。

（2）do...while 循环语句

while 语句虽然可以很好地进行循环操作，但它也是有缺陷的。如果控制 while 循环的条件为假，循环体就不会执行循环体的内容，但是有时需要循环体至少执行一次，即使表达式为假也执行，这时就需要在循环末尾给出测试条件。Java 提供了另一种形式的循环，do...while 循环，其一般格式如下：

```
do
{
    //循环体
}
while(条件);
```

do...while 循环首先会执行循环体，然后计算条件，如果该条件为真就继续执行循环体，否则就终止循环。下面用 do…while 循环的形式重写例 3-5 的程序。

【例 3-6】do...while 语句示例 doWhileTest.java。

```
public class doWhileTest
{
    public static void main(String[ ] args)
    {
        int n=10;
        //do…while 语句的使用
        do {
                System.out.println("n="+n);
                n--;
        } while (n>0);
    }
}
```

程序运行结果:
```
n=10
n=9
n=8
n=7
```

```
n=6
n=5
n=4
n=3
n=2
n=1
```

程序解析：程序首先执行一遍循环体，打印出 n 的值，然后对 n 进行自减操作，最后根据 n 值判断是否继续进行循环操作。

do...while 循环在处理简单菜单时很有用，菜单会被至少打印出一次，然后根据选择决定是否会继续使用菜单。

2．for 语句

有时在使用 while 循环和 do...while 循环时会感觉到其功能不够强大。Java 中还提供了 for 循环来增强循环语句的功能，其一般格式如下：

```
for(初始化;条件;迭代运算)
{
    //循环体
}
```

当执行 for 循环时，第一次先执行循环的初始化，通过它设置循环控制变量值，然后计算条件。条件必须是一个布尔表达式，如果为真，就继续执行循环，否则跳出循环；然后，执行的是迭代运算，通常情况下迭代运算是一个表达式，可以增加或者减小循环控制变量；最后，再根据计算结果判断是否执行循环体，如此往复直到条件为假为止。

一般情况下，程序控制变量只需要在控制程序的时候使用，没有必要在循环外声明。下面使用 for 循环来计算 1～100 各个整数的和，程序的具体实现如下：

【例 3-7】计算 1～100 各个整数的和 forTest1.java。

```
public class forTest1
//本程序用于计算 1～100 各个整数的和
{
    public static void main(String[ ] args)
    {
        int sum=0;
        for(int n=100;n>0;n--)
        {
           sum+=n;
        }
        System.out.println("1～100 各个整数的和:"+sum);
    }
}
```

程序运行结果:

```
1 到 100 各个整数的和:5050
```

程序解析：程序利用 for 循环，从 1 ~ 100 中间依次取出一个数，并与存储着总和的变量 sum 相加，最终得到 1 ~ 100 的总和，并打印出来。

在 Java 中支持使用多个变量来控制循环的执行，各个变量之间通过逗号隔开。可通过下面的程序来理解这种形式。

【例 3-8】 使用多个变量控制循环程序 forTest2.java。

```
public class forTest2
{
   public static void main(String[ ] args)
   {
      //使用多个 int 变量来控制 for 循环
      for(int n=20,i=0;i<n;i++,n--)
         System.out.println("n="+n+" i="+i);
   }
}
```

程序运行结果：

```
n=20 i=0
n=19 i=1
n=18 i=2
n=17 i=3
n=16 i=4
n=15 i=5
n=14 i=6
n=13 i=7
n=12 i=8
n=11 i=9
```

程序解析：在循环中有两个循环控制变量 n 和 i，条件是 i 小于 n 时，在迭代的过程中 i 自加，n 自减，自加自减是在一次迭代中执行的。

for 循环的使用是很灵活的，因为它由 3 部分控制，初始化部分、条件测试和迭代运算，使用起来都是很灵活的。

【例 3-9】 几种 for 语句的使用示例 forTest3.java。

```
public class forTest3
{
 public static void main(String[ ] args)
 {
      boolean b=true;
      System.out.println("循环 1");
      for(int i=0;b;i++)       //循环条件一直为 true
      {
         if(i==5)              // 当 i 的值为 5 时
         b=false;              // 改变循环条件为 false
         System.out.println("i="+i);
      }
      int i=0;
      b=true;
      System.out.println("循环 2");
      for(;b;)                 // 没有起始条件
      {
         System.out.println("i="+i);
         if(i==5)
         b=false;
```

```
            i++;
        }
        System.out.println("循环 3");
        for(;;)                  // 没有任何条件的 for 循环
        {
        }
    }
}
```

```
程序运行结果:
循环 1
i=0
i=1
i=2
i=3
i=4
i=5
循环 2
i=0
i=1
i=2
i=3
i=4
i=5
循环 3
```

程序解析：第一个循环中把一个 boolean 类型的变量作为其条件表达式；第二个循环把循环控制变量的声明放在外部，把循环迭代的语句放在了程序循环体中；第三个循环语句是空的，只有格式没有任何内容，实际上它是一个死循环，程序进入它会永远执行循环无法跳出来，直到强行终止程序，该程序才能结束。

◎注意

程序一直没有执行结束。

四、跳转语句

跳转语句是指打破程序的正常运行，跳转到其他部分的语句。在 Java 中支持 3 种跳转语句：break 语句、continue 语句和 return 语句。这些语句将程序从一部分跳到程序的另一部分，这对于程序的整个流程是十分重要的。

1. break 语句

break 语句主要有 3 种用途：第一，可以用于跳出 switch 语句，前面的 switch 语句已经使用了该语句；第二，可以用于跳出循环；第三，可以用于大语句块的跳出。

现在介绍一下如何使用 break 语句跳出循环，关于使用 break 跳出大语句块的知识，有兴趣的读者可以自行查阅资料进行学习。

使用 break 语句，可以强行终止循环，即使在循环条件仍然满足的情况下也会跳出循环。使用 break 语句跳出循环后，循环被终止，并从循环后的下一句处继续执行程序。

break 循环仅用于跳出其所在的循环语句，如果该循环嵌入在另一个循环中，只是跳出一个循环，另一个循环还会继续执行。

【例 3-10】break 语句应用示例 breakTest.java。

```
public class breakTest
{
    public static void main(String[ ] args)
    {
        System.out.println("使用 break 的例子");
        //外循环 for 语句
        for(int k=0;k<3;k++)
        {
            System.out.println("第"+(++k)+"次外循环");
            k--;
            //内循环
            for(int i=0;i<50;i++)
            {
                System.out.println("内循环: "+"i="+i);
                if(i==3)
                    break;
            }
        }
        System.out.println("循环跳出");
    }
}
```

```
程序运行结果:
使用 break 的例子
第 1 次外循环
内循环: i=0
内循环: i=1
内循环: i=2
内循环: i=3
第 2 次外循环
内循环: i=0
内循环: i=1
内循环: i=2
内循环: i=3
第 3 次外循环
内循环: i=0
内循环: i=1
内循环: i=2
内循环: i=3
循环跳出
```

程序解析：程序中有一个 for 循环，它会被执行 3 次，在该循环中有一个嵌套循环语句，该循环会在执行第四次的时候跳出循环。

◎注意

为了使程序的输出结果便于理解，虽然 k 的值为 0、1、2，但程序在输出结果中表现为 1、2、3，使用的方式如下：

```
System.out.println("第"+(++k)+"次外循环");
k--;
```

2. continue 语句

虽然 break 语句可以跳出循环，但有时要停止一次循环剩余的部分，同时还要继续执行下次循环，这时需要使用 continue 语句来实现。示例程序如下：

【例 3-11】continue 语句应用示例 continueTest.java。

```
public class continueTest
{
   public static void main(String[ ] args)
   {
      for(int i=1;i<51;i++)
      {
         System.out.print(i+" ");
         if(i%5!=0)
            //当 n 不能整除 5 时继续进行循环
            continue;
         else
            System.out.println("*****");
      }
   }
}
```

程序运行结果：

```
1      2      3      4      5      *****
6      7      8      9      10     *****
11     12     13     14     15     *****
16     17     18     19     20     *****
21     22     23     24     25     *****
26     27     28     29     30     *****
31     32     33     34     35     *****
36     37     38     39     40     *****
41     42     43     44     45     *****
46     47     48     49     50     *****
```

程序解析：在程序中每 5 个数换一行。当 i 除以 5 不等于零时，继续执行下一次循环；当能整除时则换行。

3. return 语句

获得方法的返回值，需要借助 return 语句。return 语句只能出现在方法体中，用于一个方法显示的返回，return 语句的执行将结束方法的执行，将程序的控制权返回到方法调用处，该语句在方法中会经常被用到。return 语句有两种形式：

```
return ; 或 return 表达式;
```

第一种形式只用于不返回结果的方法体中；第二种形式用于有返回结果的方法体中。执行第二种形式的 return 语句时，方法在返回前先计算 return 后的表达式，并以该表达式的值作为方法返回值，带回到方法调用处继续计算。

由于现在还没有对方法的内容进行讲解，这里先举一个简单的例子来演示其应用。

【例 3-12】return 应用示例 returnTest.java。

```
public class returnTest
{
    public static void main(String[ ] args)
    {
        for(int i=0;i<10;i++)
        {
            if(i<5)
                System.out.println("第"+i+"次循环");
            else if(i==5)
                return;
            //下面的语句永远不会执行
            else
                System.out.println("第"+i+"次循环");
        }
    }
}
```

程序运行结果:

```
第 0 次循环
第 1 次循环
第 2 次循环
第 3 次循环
第 4 次循环
```

程序解析: 在程序中有一个循环，当循环执行 5 次后就执行 return 语句，这时当前方法结束。由于该方法是主方法，所以程序退出。

五、数组

数组保存的是一组有顺序的、具有相同类型的数据。在一个数组中，所有数据元素的数据类型都是相同的。可以通过数组下标来访问数组，数据元素根据下标的顺序，在内存中按顺序存放。

1. 数组的创建与访问

Java 的数组可以看作一种特殊的对象，准确地说是把数组看作同种类型变量的集合。在同一个数组中的数据都有相同的类型，用统一的数组名，通过下标来区分数组中的各个元素。

数组在使用前需要进行声明，然后对其进行初始化，最后才可以存取元素。下面是声明数组的两种基本形式:

```
ArrayType ArrayName[ ];
ArrayType[ ] ArrayName;
```

其中，符号“[]”说明声明的是一个数组对象。这两种声明方式没有区别，但是第二种可以同时声明多个数组，使用起来较为方便，所以程序员一般习惯使用第二种形式。下面声明 int 类型的数组，格式如下:

```
int array1[ ];
int[ ] array2,array3;
```

在第一行中，声明了一个数组 array1，它可以用来存放 int 类型的数据。第二行中，声明了两个数组 array2 和 array3，效果和第一行的声明方式相同。

上面的语句只是对数组进行了声明，还没有对其分配内存，所以不可以存放数据，也不能访问它的任何元素。这时，可以用 new 对数组分配内存空间，格式如下：

```
array1=new int[5];
```

这时数组就有了以下 5 个元素：

```
array[0]  array[1]  array[2]  array[3]  array[4]
```

◎注意

在 Java 中，数组的下标是从 0 开始的，而不是从 1 开始。这意味着最后一个索引号不是数组的长度，而是比数组的长度小 1。

数组是通过数组名和下标来访问的。例如下面的语句，把数组 array1 的第一个元素赋值给 int 型变量 a。

```
int a=array1[1];
```

Java 数组下标从 0 开始，到数组长度-1 结束，如果下标值超出范围，小于下界或大于上界，程序也能通过编译，但是在访问时会抛出异常。下面是一个错误的示例：

```
public class ArrayException
{
    public static void main(String args[ ])
    {
        //声明一个容量为 5 的数组
        int[ ] array1=new int[5];
        // 访问 array1[5]
        System.out.println(array1[5]);
    }
}
```

程序运行结果：

```
Exception in thread "main" java.lang.ArrayIndexOutOfBoundsException: 5
at ArrayException.main(ArrayException.java:4)
```

程序解析：程序首先声明了一个大小为 5 的 int 型数组，前面已经讲到，它的下标最大只能是 4。但在程序中却尝试访问 array1[5]，显然是不正确的。程序会正常通过编译，但是在执行时会抛出异常。

异常是 Java 中一种特殊的处理程序错误的方式，在后面章节会详细讲解。读者这里只需要知道访问数组下标越界时会产生 ArrayIndexOutOfBoundsException 异常即可。

2. 数组初始化

数组在声明创建之后，就可以访问其中的各个元素，这是因为在创建数组时，自动给出了相应类型的默认值。默认值根据数组类型的不同而有所不同。数组元素的默认初始化值如表 3-1 所示。

表 3-1 数组元素的默认初始化值

数 据 类 型	默认初始化值
byte、short、int、long	0
float、double	0.0
char	一个空字符，即'\u0000'
boolean	false
引用数据类型	null，表示变量不引用任何对象

数组元素的初始化有两种方式：一种方式是使用赋值语句来进行数组初始化。格式如下：

```
int[ ] array1 =new int[5];
array1[0]=1;
array1[1]=2;
array1[2]=3;
array1[3]=4;
array1[4]=5;
```

通过上面的语句，数组的各个元素就会获得相应的值，如果没有对所有的元素进行赋值，它会自动被初始化为某个值(如前面所述)。另一种方式是在数组声明时直接进行初始化，格式如下：

```
int[ ] array1={1,2,3,4,5};
```

该语句同上面的语句作用是一样的。在声明数组时直接对其进行赋值，按括号内的顺序赋值给数组元素，数组的大小被设置成能容纳花括号内给定值的最小整数。

Java 中的数组是一种对象，它会有自己的实例变量。事实上，数组只有一个公共实例变量，即 length 变量，这个变量指的是数组的长度。例如，创建下面一个数组：

```
int[ ] array1=new int[10];
```

那么 array1 的 length 的值就为 10。有了 length 属性，在使用 for 循环时就可以不用事先知道数组的大小，而写成如下形式：

```
for(int i=0;i<arrayName.length;i++)
```

【例 3-13】输入一周内每天的天气情况，然后计算这一周内的平均气温，并得出哪些天高于平均温度，哪些天低于平均温度 AverageTemperaturesDemo.java。

```
public class AverageTemperaturesDemo
{
    public static void main(String args[ ])
    {
        //声明用到的变量
        int count;
        double sum,average;
        sum=0;
        double[ ]temperature=new double[7];
        // 创建一个 Scanner 类的对象，用它来获得用户的输入
        Scanner sc=new Scanner(System.in);
              System.out.println(" 请输入七天的温度: ");
        for(count=0;count<temperature.length;count++)
        {
           //读取用户输入
           temperature[count]=sc.nextDouble();
```

```
            sum+=temperature[count];
        }
        average=sum/7;
        System.out.println("平均气温为: "+average);
        // 比较各天气温与平均气温
        for(count=0;count<temperature.length;count++)
        {
            if(temperature[count]<average)
                System.out.println(" 第"+(count+1)+"天气温低于平均气温");
            else if(temperature[count]>average)
                System.out.println("第"+(count+1)+"天气温高于平均气温");
            else
                System.out.println("第"+(count+1)+"天气温等于平均气温");
        }
    }
}
```

```
程序运行结果:
请输入七天的温度:
32
30
28
34
27
29
35
平均气温为: 30.714285714285715
第 1 天气温高于平均气温
第 2 天气温低于平均气温
第 3 天气温低于平均气温
第 4 天气温高于平均气温
第 5 天气温低于平均气温
第 6 天气温低于平均气温
第 7 天气温高于平均气温
```

程序解析：程序声明一个 double 型数组来存放每天的温度，求得平均温度后，用每天的平均温度与平均温度比较，得到比较结果。

3. 数组的深入使用

（1）数组复制

数组复制可以直接把一个数组变量复制给另一个数组，这时，数组都指向同一个数组。假如有两个数组 array1 和 array2 ，执行下面语句：

```
array1=array2;
```

这时候两个数组类型变量都指向同一个数组，即原来的 array2 所指向的数组。

【例 3-14】数组应用示例 ArrayCopy.java。

```
public class ArrayCopy{
    public static void main(String args[ ]){
        // 创建两个数组
        int[ ] array1={1,2,3};
```

```
        int[ ] array2={4,5,6};
        System.out.println(" 两个数组的初值: ");   //打印出两个数组的初值
        for(int i=0;i<array1.length;i++)
           System.out.println ("array1["+i+"]="+array1[i]);
        for(int i=0;i<array2.length;i++)
           System.out.println(" array2["+i+"]="+array2[i]);
        array1=array2;      // 数组复制语句
        // 打印出两个数组的元素
        System.out.println(" 执行数组复制后两个数组的值: ");
        for(int i=0;i<array1.length;i++)
           System.out.println ("array1["+i+"]="+array1[i]);
        for(int i=0;i<array2.length;i++)
           System.out.println(" array2["+i+"]="+array2[i]);
        System.out.println(" 改变 array2[0] 的值");
        array2[0]=10;       // 改变 array2 的一个元素
        // 打印出改变后的元素值
        System.out.println("array1[0]="+array1[0]);
        System.out.println(" array2[0]="+array2[0]);
    }
}
```

程序运行结果:

```
两个数组的初值:
array1[0]=1
array1[1]=2
array1[2]=3
array2[0]=4
array2[1]=5
array2[2]=6
执行数组复制后两个数组的值:
array1[0]=4
array1[1]=5
array1[2]=6
array2[0]=4
array2[1]=5
array2[2]=6
改变 array2[0] 的值
array1[0]=10
array2[0]=10
```

程序解析：该程序首先声明两个数组 array1 和 array2 ，并对它们直接进行初始化，访问它们各个元素的值，然后执行下面语句：

```
array1=array2;
```

再访问两个数组各个元素的值，发现现在 array1 的值跟 array2 的值是一样的。执行下面语句：

```
array2[0]=10;
```

改变 array2 的第一个元素的值，可以发现 array1 和 array2 的第一个元素的值都改变了。执行下面语句：

```
array1=array2;
```

该语句会把 array1 和 array2 都指向同一个数组。

如果程序只是想把一个数组的值复制给另一个数组，显然该方法并不合适。可以使用 System

类中的 arraycopy()方法。其使用方式如下：

```
System.arraycopy(fromArray ,fromIndex,toArray,toIndex,length)
```

从指定源数组 fromArray 中的位置 fromIndex 处开始复制若干元素，到目标数组 toArray 的位置 toIndex 处开始存储，复制 length 个元素。

◎注意

目标数组必须有足够的空间来存放复制的数据，如果空间不足，会抛出异常，并且不会修改该数组。

（2）冒泡排序

冒泡排序也是一种交换排序算法。冒泡排序的过程，是把数组元素中较小的看作是“较轻”的，对它进行“上浮”操作。从底部开始，反复地对数组进行“上浮”操作 n 次，最后得到有序数组。

冒泡排序算法的原理如下：

- 比较相邻的元素。如果左边的元素比右边的元素大，就交换他们两个。
- 对每一对相邻元素做同样的工作，从开始第一对到结尾的最后一对。在这一点，最后的元素应该会是最大的数。
- 针对所有的元素重复以上的步骤，除了最后一个。
- 每一轮比较次数减 1，持续每一轮对越来越少的元素重复上面的步骤，直到没有任何一对数字需要比较。

首先介绍它的伪代码。

```
void sort()
// 冒泡排序，数组的长度为n
{
    for(int i=0;i<n-1;i++)          //外循环为排序次数，数组长度为 n，循环 n-1 次
        for(int j=0;j<n-1-i;j++)    //内循环为每次比较的次数，第 i 次比较 n-1-i 次
            if(a[j]>a[j+1])         //相邻元素比较，若左边的元素大于右边的元素则交换
                swap(a[j],a[j+1]);  // 交换两个元素的操作
}
```

具体的代码程序如下。

【例 3-15】BubbleSort.java

```
public class BubbleSort{
    public static void main(String args[ ]){
        int [ ]intArray={ 12,11,45,6,8,43,40,57,3,20};
        System.out.println(" 排序前的数组:");
        for(int i=0;i<intArray.length;i++)
            System.out.print(intArray[i]+" ");
        System.out.println();
        int temp;
        for(int i=0;i<intArray.length-1;i++)
        {
            for(int j=0;j<intArray.length-1-i;j++)
            {
```

```
                if(intArray[j]>intArray[j+1])
                {
                    temp=intArray[j];
                    intArray[j]=intArray[j+1];
                    intArray[j+1]=temp;
                }
            }
        }
        System.out.println(" 排序后的数组:");
        for(int i=0;i<intArray.length;i++)
            System.out.print(intArray[i]+"  ");
    }
}
```

程序首先声明了一个数组，输出其排序前的内容。然后，对数组进行冒泡排序，再输出排序后的数组内容。

```
程序运行结果:
排序前的数组:
12    11    45    6    8    43    40    57    3    20
排序后的数组:
3    6    8    11    12    20    40    43    45    57
```

程序解析：本程序首先定义一个数组 intArray 并赋初始值，然后利用内外两层 for 循环，将所有相邻元素进行逐对比较，由于最终要求升序排列，因此 intArray[j]<intArray[i]时，交换二者的位置，循环结束即完成排序。

4. 多维数组

（1）多维数组基础

多维数组用多个索引来访问数组元素，适用于表示表或其他更复杂的内容。

声明多维数组时需要一组方括号来制定它的下标。下面的语句是声明一个名为 twoD 的 int 型二维数组：

```
int[ ][ ]twoD=new int[5][5];
```

上面的语句声明了一个 5 行 5 列的二维数组，数组的初始化有以下两种方法。例如，一维数组直接赋值的方法。

```
twoD={
      {1,2,3,4,5},
      {6,7,8,9,10},
      {11,12,13,14,15},
      {16,17,18,19,20},
      {21,22,23,24,25}
};
```

也可以使用循环访问数组的每个元素的方法对数组元素进行赋值。

```
for(int i=0;i<twoD2.length;i++)
  for(int j=0;j<twoD2[i].length;j++)
    twoD2[i][j]=k++;
```

在上面的两个 for 循环中，twoD2.length 表示的是数组的行数，而 twoD2[i].length 表示的则是数组的列数。

（2）内存中的多维数组

在 Java 中实际上只有一维数组，多维数组可看作是数组的数组。例如，声明如下一个二维数组。

```
int[ ][ ]twoD=new int[5][6];
```

二维数组 twoD 的实现是数组类型变量指向一个一维数组，这个数组有 5 个元素，而这 5 个元素都是一个有 6 个整型数的数组。

twoD[i]表示指向第 i 个子数组，它也是一个数组类型，甚至可以将它赋值给另一个相同大小、相同类型的数组。

【例 3-16】多维数组应用示例 TwoD.java。

```
public class TwoD{
    public static void main(String args[ ]){
        // 创建一个二维数组
        int[ ][ ] twoD1={
            {1,2,3,4,5},
            {6,7,8,9,10},
            {11,12,13,14,15},
            {16,17,18,19,20},
            {21,22,23,24,25}
        };
        //创建一个一维数组作为中间变量
        int[ ]array1=new int[5];
        //把 twoD 的第一行赋值给 array1
        array1=twoD1[0];
        //交换二维数组的两行
        twoD1[0]=twoD1[4];
        twoD1[4]=array1;
        System.out.println("得到的一维数组 array1");
        for(int i=0;i<array1.length;i++)
            System.out.print(array1[i]+"  ");
        System.out.println();
        System.out.println("交换后的二维数组 twoD1");
        // 使用双重循环访问数组
        for(int i=0;i<twoD1.length;i++)
        {
            for(int j=0;j<twoD1[i].length;j++)
                System.out.print(twoD1[i][j]+"  ");
            System.out.println();
        }
    }
}
```

程序运行结果:

```
得到的一维数组 array1
1          2          3          4          5
交换后的二维数组 twoD1
21         22         23         24         25
```

```
6          7         8         9         10
11         12        13        14        15
16         17        18        19        20
1          2         3         4         5
```

程序解析：本程序首先声明了一个二维数组 twoD1，然后把这个二维数组的第一行赋值给另一个数组 array1，并且交换这个二维数组 twoD1 的第一行和最后一行。

（3）用二维数组来表示银行账单

使用二维数组可以表示银行账单，如表 3-2 所示，需要首先有一个一维数组来记录各种不同的利率，初始化第一年相同的金额为 1000，然后计算不同年份的额度。

表 3-2　各种利率投资增长

金额 利率 年数	5.00%	5.05%	6.00%	6.05%
1	1050	1055	1060	1065
2	1103	1113	1124	1134
…	…	…	…	…

【例 3-17】用二维数组表示银行账单示例 BankBalance.java。

```
public class BankBalance{
    public static void main(String args[ ]){
        // 用一个一维数组来表示利率
        double rate[ ]={5.00/100, 5.05/100,6.00/1 00,6.05/100};
        // 表示账单的二维数组
        int[ ][ ] balance=new int[10][4];
        for(int i=0;i<bal ance[0].length;i++)
            balance[0][i]=1000;
        // 计算账单的值
        for(int i=1;i<balance.length;i++)
            for(int j=0;j<rate.length;j++)
            {
                double inc=balance[i-1][j]*rate[j];
                balance[i][j]=(int)(balance[i-1][j]+inc);
            }
        // 打印出结果
        System.out.print("years"+"  ");
        System.out.println("5.00%"+" "+ "5.05%"+" "+"6.00%"+" "+"6.05%");
        for(int i=0;i<balance.length;i++)
        {
            System.out.print(i+"  ");
            for(int j=0;j<balance[i].length;j++)
                System.out.print(balance[i][j]+" ");
            System.out.println();
        }
    }
}
```

程序运行结果:

```
years    5.00%   5.05%   6.00%   6.05%
0        1000    1000    1000    1000
1        1050    1050    1060    1060
2        1102    1103    1123    1124
3        1157    1158    1190    1192
4        1214    1216    1261    1264
5        1274    1277    1336    1340
6        1337    1341    1416    1421
7        1403    1408    1500    1506
8        1473    1479    1590    1597
9        1546    1553    1685    1693
```

程序解析：程序首先定义了一个一维的 double 型数组 rate，用来存储不同的利率，然后定义了一个描述 10 行 4 列账单用的数组，再把该数组的第一行初始化为 1000，表示本金。计算每年在不同的利率下本金利息总额，并且放入相应的数组中存储，最后从数组中取出输出。

（4）For...Each 循环语句

For...Each 循环是 for 循环的一种缩略形式，通过它可以简化复杂的 for 循环结构。For...Each 循环主要用在集合（如数组）中，按照严格的方式，从开始到结束循环，使用非常方便。

在前面获取数组中的所有元素时，通常使用 for 循环来获取，在新版本的 Java 中也可以使用 For...Each 循环来进行获取，其相对简单得多。For...Each 循环的一般格式如下：

```
for( 数据类型  变量  :  集合)
语句块
```

在 for 关键字后面的括号里先是集合的数据类型，接着是一个元素用于进行操作，它代表了当前访问的集合元素，然后是一个冒号，最后是要访问的集合。

【例 3-18】For...Each 应用示例 ForEach.java。

```
public class ForEach
{
   public static void main(String[ ] args)
   {
      int sum=0;
      int[ ]nums={1,2,3,4,5,6,7,8,9,0};
      for(int i:nums)
      {
         System.out.println("数组元素:"+i);
         sum+=i;
      }
      System.out.println("数组元素和:"+sum);
   }
}
```

程序运行结果:

```
数组元素:1
数组元素:2
数组元素:3
数组元素:4
数组元素:5
```

```
数组元素:6
数组元素:7
数组元素:8
数组元素:9
数组元素:0
数组元素和:45
```

程序解析：本程序利用 For...Each 循环语句将数组 nums 中的元素一一取出，并求出数组元素的总和。

任务实施

1. 实现思路

（1）学生的信息包括：学号、姓名、性别、成绩。对学生信息的处理包括：录入、删除、修改、查看等操作。

（2）对学生信息的存储需要用数组来实现。

（3）学生信息的逐条访问和条件判断需要使用循环语句和条件语句来实现。

（4）从键盘输入学生的信息，需要使用 Scanner 类。以下代码能够从键盘输入中读取一个字符串：

```
Scanner in=new Scanner(System.in);
String str=in.next();
```

（5）为了便于功能的区分，将具有增、删、改、查功能的代码分别书写到不同的条件中，将完整独立的功能分离出来，在实现项目时只需要判断用户选择的编号即可。

2. 实现代码

（1）定义数组，用于存储学号、姓名、性别、成绩等信息，并规定数组元素的上限。

```
int maxcount=100;
int[] number=new int[maxcount];
String[] name=new String[maxcount];
String[] sex=new String[maxcount];
float[] score=new float[maxcount];
```

（2）定义变量用于记录学生的序号，并实现添加学生信息的程序。

```
int n=0;
while(n<maxcount){
    System.out.println("请输入学号（输入 0 退出）: ");
    int studentNumber=sc.nextInt();
    if (studentNumber==0) {
        break;
    }
    boolean isExist=false;
    for (int i=0; i<n; i++) {
        if (studentNumber==number[i]) {
            System.out.println("学号重复！请重新输入: ");
            isExist=true;
            break;
```

```
        }
    }
    if (!isExist){
        System.out.println("请输入姓名：");
        String studentName=sc.next();
        System.out.println("请输入性别：");
        String studentSex=sc.next();
        System.out.println("请输入分数：");
        float studentScore=sc.nextFloat();
        number[n]=studentNumber;
        name[n]=studentName;
        sex[n]=studentSex;
        score[n]=studentScore;
        n++;
    }
}
```

（3）实现删除学生信息的程序。

```
System.out.println("请输入要删除的学生的学号：");
int studentNumber_d=sc.nextInt();
int index_d=-1;
for(int i=0; i<n; i++){
    if(number[i]==studentNumber_d){
        index_d=i;
        break;
    }
}
if(index_d==-1) {
    System.out.println("你要删除的学生不存在！");
}else {
    for (int i=index_d+1; i<n; i++){
        number[i-1]=number[i];
        name[i-1]=name[i];
        sex[i-1]=sex[i];
        score[i-1]=score[i];
    }
    n--;
    System.out.println("删除成功！");
}
```

（4）实现显示所有学生信息的程序。

```
System.out.println("*******************");
System.out.println("*****  学生信息   *****");
System.out.println("*******************");
System.out.println("学号\t\t姓名\t\t性别\t\t分数");
for(int i=0;i<n;i++){
    System.out.println(number[i]+"\t\t"+name[i]+"\t\t"+sex[i]+"\t\t"+score[i]);
}
```

（5）实现修改学生信息的程序。

```
System.out.println("请输入要修改的学生的学号：");
int studentNumber_m=sc.nextInt();
```

```
int index_m=-1;
for(int i=0;i<n;i++){
    if (number[i]==studentNumber_m){
        index_m=i;
        break;
    }
}
if(index_m==-1){
    System.out.println("你要修改的学生不存在！");
}else {
    System.out.println("找到学生信息：");
    System.out.println("学号\t\t姓名\t\t性别\t\t分数");
    System.out.println(number[index_m]+"\t\t"+name[index_m]+"\t\t"+sex
     [index_m]+"\t\t"+score[index_m]);
    System.out.println("***************");
    System.out.println("*1: 修改学号                 *");
    System.out.println("*2: 修改姓名                 *");
    System.out.println("*3: 修改性别                 *");
    System.out.println("*4: 修改成绩                 *");
    System.out.println("*0: 退出                     *");
    System.out.println("***************");
    int choice_m=sc.nextInt();
    switch (choice_m) {
    case 1:
        System.out.println("请输入新的学号：");
        studentNumber_m=sc.nextInt();
        number[index_m]=studentNumber_m;
        System.out.println("修改成功！");
        break;
    case 2:
        System.out.println("请输入新的姓名：");
        String studentName_m=sc.next();
        name[index_m]=studentName_m;
        System.out.println("修改成功！");
        break;
    case 3:
        System.out.println("请输入新的性别：");
        String studentSex_m=sc.next();
        sex[index_m]=studentSex_m;
        System.out.println("修改成功！");
        break;
    case 4:
        System.out.println("请输入新的成绩：");
        float studentScore_m=sc.nextFloat();
        score[index_m]=studentScore_m;
        System.out.println("修改成功！");
        break;
        case 0:
        break;
    }
}
```

（6）实现查询并显示学生信息的程序。

```
System.out.println("请输入要查找的学生学号：");
int studentNumber_s=sc.nextInt();
int index_s=-1;
for (int i=0; i<n; i++){
    if (number[i]==studentNumber_s){
        index_s=i;
        break;
    }
}
if (index_s!=-1) {
    System.out.println("找到学生：");
    System.out.println("学号\t\t 姓名\t\t 性别\t\t 分数");
    System.out.println(number[index_s]+"\t\t"+name[index_s]+"\t\t"+sex
    [index_s]+"\t\t"+score[index_s]);
}else {
    System.out.println("你要查找的学生不存在！");
}
```

（7）实现退出学生信息管理系统的程序。

```
System.exit(0);
```

任务小结

本任务介绍了 Java 的数组和流程控制语句，数组是 Java 中非常重要的数据结构，流程控制语句是程序语言的灵魂，灵活地使用流程控制语句可使程序清晰地按照要求来执行。所以，读者需要认真体会各种语句的使用方法，灵活使用数组，这是编程的基础。

自测题

一、选择题

1. 下列（　　）不属于 Java 语言流程控制结构。

A. 分支语句　　B. 跳转语句　　C. 循环语句　　D. 赋值语句

2. 假设 a 是 int 类型的变量，并初始化为 1，则下列（　　）是合法的条件语句。

A. if(a){}　　B. if(a<<=3){}　　C. if(a=2){}　　D. if(true){}

3. 下列说法中，不正确的是（　　）。

A. switch 语句的功能可以由 if...else if 语句来实现

B. 若用于比较的数据类型为 double 型，则不可以用 switch 语句来实现

C. if ...else if 语句的执行效率总是比 switch 语句高

D. case 子句中可以有多条语句，并且不需要花括号{}括起来

4. 设 a、b 为 long 型变量，x、y 为 float 型变量，ch 为 char 类型变量且它们均已被赋值，则下列语句中正确的是（　　）。

A. switch(x+y) {}　　B. switch(ch+1) {}　　C. switch ch {}　　D. switch(a+b); {}

5. 下列循环体执行的次数是（　　）。

```
int y=2, x=4;
while(--x != x/y){ }
```

A. 1　　B. 2　　C. 3　　D. 4

6. 下列循环体执行的次数是（　　）。

```
int x=10, y=30;
do{ y -= x;  x++;   }while(x++<y--);
```

A. 1　　B. 2　　C. 3　　D. 4

7. 已知如下代码：

```
switch(m){
   case 0: System.out.println("Condition 0");
   case 1: System.out.println("Condition 1");
   case 2: System.out.println("Condition 2");
   case 3: System.out.println("Condition 3");break;
   default:System.out.println("Other Condition");
}
```

当 m 的值为（　　）时，输出 Condition 3。

A. 2　　B. 0、1　　C. 0、1、2　　D. 0、1、2、3

二、填空题

1. 跳转语句包括________、________、________和________。

2. switch 语句先计算 switch 后面的________的值，再和各________语句后的值做比较。

3. if 语句合法的条件值是________类型。

4. continue 语句必须使用于________语句中。

5. break 语句有两种用途：一种从________语句的分支中跳出；另一种是从________内部跳出。

6. do...while 循环首先执行一遍________，而 while 循环首先判断________。

7. 与 C++语言不同，Java 语言不通过________语句实现跳转。

8. 每一个 else 子句都必须和它前面的一个距离它最近的________子句相对应。

9. 在 switch 语句中，完成一个 case 语句块后，若没有通过 break 语句跳出 switch 语句，则会继续执行后面的________语句块。

10. 在 for 循环语句中可以声明变量，其作用域是________。

三、写出下列程序的运行结果

```
1. public class X3_3_1{
public static void main(String[] args){
    for(int i=0; i<10; i++){
        if(i==5) break;
        System.out.print(i);
    }
  }
}
2. public class X3_3_2 {
public static void main(String[] args){
    int i=5, j=2;
    while(j<i--) j++;
```

```
    System.out.print(j);
}
}
3. public class X3_3_3 {
public static void main(String[] args){
    int i=4;
    while(--i>0){    }
    System.out.print(i);
}
}
4. public class X3_3_4 {
public static void main(String[] args){
    int j=0;
    for(int i=3; i>0; i--){
        j+=i;
        int x=2;
        while(x<j){
        x += 1;
        System.out.print(x);
        }
    }
}
}
5. public class X3_3_5{
public static void main(String[] args){
    int i=8, j=2;
    while(j<--i)
        for(int k=0; k<4; k++) j++;
    System.out.print(j);
}
}
6. public class X3_3_6 {
public static void main(String[] args){
    int a=0, b=1;
    do{
        if(b%2==0)
            a+= b;
    b++;
   }while(b<=100);
    System.out.print(a);
 }
}
7. public class X3_3_7 {
public static void main(String[] args){
    for(int i=1; i<=10; i++){
        if(i<=5) continue;
    System.out.print(i + " ");
   }
}
}
8. public class X3_3_8 {
public static void main(String[] args){
```

```
        char ch='7';
        int r=10;
        switch(ch+1){
            case '7': r+=7;
            case '8': r+=8;
            case '9': r+=9;
        default:
        }
       System.out.print(r);
    }
    }
```

四、编写程序

1. 利用 if 语句，根据下列函数编写一个程序，当从键盘输入 x 值时，求出并输出 y 的值。

$$y=\begin{cases} x & (x\leqslant=1) \\ 3x-2 & (1<x<10) \\ 4x & (x\geqslant 10) \end{cases}$$

2. 利用 switch 语句将学生成绩分级，当从键盘中输入学生成绩在 100～90 范围时，输出“优秀”，在 89～80 范围时输出“良好”，在 79～70 范围时输出“中等”，在 69～60 范围时输出“及格”，在 59～0 范围时输出“不及格”，在其他范围时输出“成绩输入有误!”。

3. 利用 for 循环，计算 $1+3+7+\cdots+(2^{20}-1)$ 的和。

4. 已知 $S=1-\frac{1}{2}+\frac{1}{3}-\frac{1}{4}+\cdots+\frac{1}{n-1}-\frac{1}{n}$，利用 while 循环编程求解 $n=100$ 时的 S 值。

5. 利用 do...while 循环，计算 1!+2!+3! +…+100!的和。

6. 编程序，求 $\sum_{k=1}^{10}k^3$。

7. 编写打印“九九乘法口诀表”的程序。

8. 水仙花数是指其个位、十位和百位 3 个数的立方和等于这个 3 位数本身，求出所有的水仙花数。

9. 编写一个程序，接受用户输入的两个数据为上、下限，然后输出上、下限之间的所有素数。

拓展实践——随机点名器

编写一个随机点名的程序，使其能够在全班同学中随机点中某一名同学的名字。随机点名器具备 3 个功能，包括存储全班同学的姓名、总览全班同学姓名和随机点取其中一人姓名。例如，随机点名器首先分别向班级存入 3 个同学的名字，然后总览全班同学的姓名，打印出这 3 位同学的名字，最后在这 3 位同学中随机选择一位，并打印出该同学的名字，至此随机点名成功。

参考代码见本书配套资源 CallName.java 文件。

面试常考题

1. switch 语句能否作用在 byte 上？能否作用在 long 上？能否作用在 String 上？

2. “short s1=1;　s1=s1+1;”正确吗？“short s1=1;　s1+=1;”正确吗？

3. char 类型变量中能否存储一个中文汉字？为什么？

项目实现

通过前面 3 个任务所学的知识，完成学生信息管理系统中的所有功能。

（1）通过 Scanner 类的使用，实现获取键盘输入的操作。

（2）定义并初始化变量 maxcount，用以规定能够存储的记录上限。同时，定义并初始化变量 n，用以对当前已存储的记录条数进行计数。

（3）定义数组 number、name、sex、score，用以存储学生的信息，诸如学号、姓名、性别、成绩。数组的长度由 maxcount 变量的值来规定。

（4）通过 System.out.println();语句，实现学生信息管理系统主界面的显示。

（5）编写程序，实现录入学生信息的功能。

（6）编写程序，实现删除学生信息的功能。

（7）编写程序，实现显示学生信息的功能。

（8）编写程序，实现修改学生信息的功能。

（9）编写程序，实现查找学生信息的功能。

（10）编写程序，实现退出学生信息管理系统的功能。

项目参考代码见本书配套资源“学生信息管理系统.java”文件。

项目总结

通过本项目的学习，读者将能够对 Java 语言以及相关特性有一个概念上的认识，掌握 Java 程序的基本语法、格式以及变量和运算符的使用；能够掌握流程控制语句的使用方式；能够掌握数组的声明、初始化和使用等知识。

项目二

汽车租赁管理系统

技能目标

- 能熟练设计和定义类的属性和方法。
- 能熟练使用类的特性编写实用程序。
- 具备面向对象程序设计的思想和能力。

知识目标

- 了解面向对象的概念与三大特点。
- 熟悉类、对象的概念及定义方式。
- 熟练掌握类的继承机制。
- 掌握数据类型、运算符和表达式。
- 掌握抽象类和接口的使用方法。
- 掌握包的引入机制。
- 掌握访问修饰符的使用。

项目功能

这是一个基于控制台的汽车租赁管理系统，目的是通过本项目的设计与实现过程，使读者掌握面向对象的基本知识。

在本系统中，为了简便，汽车租赁管理系统的信息包括车型、日期、车牌号码、型号、座位号，也可以根据需要增加其他信息。

系统主要实现的功能包括：建立汽车父类与子类、创建汽车业务类、汽车租赁管理类、根据用户的租车条件去查找相应车辆，找到符合用户条件车辆后返回。

任务四　创建汽车的种类

任务描述

在本任务中，要求创建租车系统中所提供的各种型号的汽车类，根据提供的车型不同而定义不同的汽车类。其中，每个汽车类中要求包括品牌、日租金、车牌号成员属性，包括一个无参的构造方法和一个有品牌、日租金、车牌号 3 个参数的构造方法，还包括一个根据用户租车的天数计算租金的方法，最后要求在控制台打印输出不同车型、不同天数所需要的租车金额。

技术概览

面向对象是一种现在最流行的程序设计方法，最早的面向对象的概念是由 IBM 提出的，并在 20 世纪 70 年代的 Smaltalk 语言中进行了应用。随着网络的发展和技术的改进，各种编程语言随之产生，Java 语言就是其中之一。Java 语言的诞生解决了网络程序的安全、健壮、平台无关、可移植等很多难题。

相关知识

一、面向对象编程概述

与面向过程的语言相比,面向对象程序设计语言使得目前的软件开发工作变得更加简单快捷。类和对象是面向对象程序设计语言的灵魂，也是学习 Java 语言的核心内容之一。

1. 面向对象的基本概念

面向对象是一种符合人类思维习惯的编程思想。现实生活中存在各种形态不同的事物，这些事物之间存在着各种各样的联系。在程序中使用对象来映射现实中的事物，使用对象的关系来描述事物之间的联系。

2. 面向对象的编程思想

在面向对象编程之前，广泛采用的是面向过程，面向过程是一种以事件为中心的编程思想，操作是以程序的基本功能实现为主；而面向对象，是一种以事物为中心的编程思想，更多的是要进行模块化设计，每一个模块都需要单独存在，并且可以被重复利用，所以，面向对象的开发更像是一个具备标准的开发模式。下面以一个例子来说明两种不同的编程思想。

对于“面向过程”，汽车启动是一个事件，汽车到站是另一个事件。在编程序时所关心的是某一个事件，而不是汽车本身。

“面向对象”需要建立一个汽车的实体，由实体引发事件。人们关心的是由汽车类抽象成的对象，这个对象有自己的属性，如车型、颜色等；同时该对象还有自己的方法，如启动、行驶等行为。使用时需要建立一个汽车对象，然后进行调用方法应用。

3. 面向对象的基本特性

面向对象的基本特性概括为封装性、继承性和多态性，下面对这 3 种特性进行简单介绍。

（1）封装性。封装是面向对象的核心思想，将对象的属性和行为封装起来，不需要让外界知道具体实现的细节。例如，用户开汽车，只需要手握转向盘，脚踩加速踏板和制动踏板，无须知道汽车内部发动机如何工作，即使用户知道汽车的驾驶原理，在使用时，也并不完全依赖汽车工作原理。

（2）继承性。继承性主要描述的是类与类之间的关系，通过继承，可以在无须重新编写原有类的情况下，对原有类的功能进行扩展。例如，一个汽车类，在该类中描述了汽车的普通特性和功能，而轿车的类中不仅应该包含汽车的特性和功能，还应该增加轿车特有的功能，这时，可以让轿车类继承汽车类，在轿车类中单独添加轿车特性的方法即可。继承不仅增强了代码复用性，提高了开发效率，而且为程序的修改补充提供了便利。

（3）多态性。多态性是指在程序中允许出现重名现象，它指在一个类中定义的属性和方法被其他类继承后，它们可以具有不同的数据类型或表现出不同的行为，这使得同一个属性和方法在不同的类中具有不同的语义。例如，听到 Cut 这个单词，理发师的行为是剪发，演员的行为是停止表演，不同的对象，所表现的行为是不一样的。

二、类

1. 类的定义

在面向对象的思想中最核心的就是对象，为了在程序中创建对象，首先需要定义一个类。类是对象的抽象，用于描述一组对象的共同的特征和行为。下面通过一个案例说明如何定义一个类。

【例 4-1】定义类 Example01.java。

```
public class Example01 {
String name;            //定义一个 string 类型的变量 name 来表示车名
//定义一个 run ( ) 方法
void run(){
   System.out.println("这是一辆全新的"+name+"车。");
}
}
```

由上面这个例子可以看出类的定义分为两部分：类的声明和类的主体。

```
Class  <类名>              //类的声明
{
   成员变量的定义          //类的主体
   成员方法的定义
}
```

2. 成员变量

在例 4-1 中，Example01 是类名，name 是成员变量，成员变量用于描述对象的特征，如车名、型号、颜色等，也被称为属性。Java 中的变量有两类：成员变量和局部变量。

（1）成员变量：在类体的变量定义部分定义的变量，称为成员变量。

（2）局部变量：在方法的方法体内定义的变量和方法的参数，称为局部变量。

从定义上看，成员变量是在方法外部定义的变量，局部变量是在方法内部定义的变量。

（1）不管是成员变量还是局部变量，都可以是任一种合法的数据类型，变量名必须符合标识符的命名规则。习惯上，变量名由小写字母表示，如果变量名由多个单词构成，则第一个单词的第一个字母是小写的，从第二个单词开始，每个单词的第一个字母都是大写的例如，carName。

（2）关于变量的初值，在前面介绍的所有例子中用到的变量都是局部变量，如果变量没有赋值，是不能使用它的值的。换句话说，局部变量如果没有赋值，它的值是未知的，不能直接使用。

对于成员变量，如果没有赋值，是有默认值的。整型的默认值是 0，浮点型的默认值是 0.0，字符型的默认值是'\0'，逻辑型的默认值是 false，引用类型的默认值是 null。

【例 4-2】 变量赋值示例 Example02.java。

```
public class Example02 {
int a;
void run(){
    int x;
    System.out.println(x);        //报错，x 没有赋值，不能输出
    System.out.println(a);        //成员变量，默认值为 0
}
}
```

程序运行结果：

```
D:\programs\Java\workspace\ChapterAuth4\src>javac -d . Example02.java
Example02.java:6: 错误: 可能尚未初始化变量x
                System.out.println(x);//报错，x没有赋值，不能输出
                                   ^
1 个错误
```

程序解析：程序编译时报错，该程序中，在 run()方法中，定义的局部变量 x 没有赋值，不能直接进行调用，所以在 println()方法中调用时会报错。

（3）关于变量的作用域，对于成员变量来说，在该类的每个方法中都可以访问，而局部变量只在定义它的方法中可以访问。成员变量的作用域与它在类中定义的位置无关，但不建议把成员变量的定义写在方法之间或者类的最后，习惯上先定义成员变量，再定义方法。而局部变量的作用域与它在方法中定义的位置有关，在定义之前是不能使用局部变量的。

【例 4-3】 定义变量示例 Example03.java。

```
public class Example03 {
int a;
void f(){
    int x=12;
    System.out.println(a);
    System.out.println(x);
```

```
    }
    void g(){
        int y;
        y=x;                        //报错，在方法 g()中没有定义变量 x
        System.out.println(a);      //a 是成员变量，每个方法中都可以访问
        System.out.println(y);
    }
    }
```

程序运行结果：

```
D:\programs\Java\workspace\ChapterAuth4\src>javac -d . Example03.java
Example03.java:11: 错误: 找不到符号
                y=x;//报错，在方法g () 中没有定义变量x
                 ^
  符号:   变量 x
  位置: 类 Example03
1 个错误
```

程序编译时报错，从上面编译结果可以看出，没有定义 x 变量而直接使用，在编译时会报错。

（4）如果在方法内定义了和成员变量同名的局部变量，在局部变量的作用域内，成员变量不起作用。这时如果想在该方法内使用成员变量，可以使用 this 关键字，这个知识点在 4.3.3 节中详细介绍。

3. 成员方法

在例 4-1 中，其中 Example01 是类名。run()是成员方法。成员方法用于描述对象的行为，例如，车能跑、拉货、载人等，也被称为方法。

方法从返回类型上可分为有返回值和无返回值两类。当不需要返回值时把方法用关键字 void 修饰，表示该方法无返回值。如果有返回值，方法的类型定义必须和方法的返回值相同。例如，想要方法返回一个字符串类型，就要有如下声明：

```
public String returnString(){
//方法体
return "a String";
}
```

当然修饰符是根据需要确定的。如果方法需要返回一个 int 型，方法的类型也必须为 int 型，否则程序编译会报错。有时需要给方法传递参数，就需要使用带参数的方法。在 Java 中，声明一个方法的具体语法格式如下：

```
修饰符  返回值类型 方法名(参数类型 参数 1,参数类型 参数 2…){
    //方法体
[return[返回值];]
}
```

对于上面的语法格式具体说明如下：

（1）修饰符：方法的修饰符比较多，有对访问权限进行限定的，有静态修饰符 static，还有最终修饰符 final 等，这些修饰符在后面学习过程中会逐步介绍。

（2）返回值类型：用于限定方法返回值的数据类型。

（3）参数类型：用于限定调用方法时传入参数的数据类型。

（4）参数名：是一个变量，用于接收调用方法时传入的数据。

（5）return 关键字：用于结束方法以及方法指定类型的值。

在定义方法时，方法中“参数类型 参数 1，参数类型 参数 2”被称作参数列表，或称为形式参数，简称形参，通常形参以变量或对象的形式给出，用来接收值。调用方法时，方法名后面括号内的参数称为实在参数，简称实参，通常实参是以常量、变量（对象）或表达式的形式给出，用来传递值。

在调用方法时，是将实参的值传递给对应的形参，因此实参与形参在个数、类型和顺序上必须保持一致。如果方法不需要接收任何参数，则参数列表为空，即（ ）内不写任何内容。方法的返回值必须为方法声明的返回值类型，如果方法中没有返回值，返回值类型要声明为 void，此时，方法中 return 语句可以省略。

【例 4-4】方法的定义及调用过程 Example04.java。

```
public class Example04 {
    public static int sum(int a,int b){
        int sum=0;
        return sum=a+b;
    }
    public static void main(String[] args) {
    int c=sum(3,5);
    System.out.println("c="+c);
    }
}
```

程序运行结果：

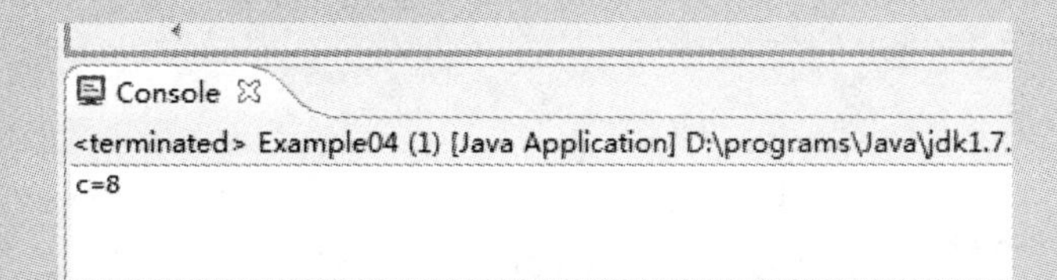

程序解析：在 Example04 类中定义了一个求两个整数和的方法 sum()，参数列表 int a,int b 分别为形式参数，用来接收传进的值，在 main()中调用该方法，调用时向该方法中传入两个整数 3 和 5，也称为实际参数。从运行结果可以看出，打印输出的方法中返回值也为整数。

◎注意

在成员方法中，根据方法是否被 static 修饰而分为静态方法（类方法）和实例方法两种。类方法可以直接通过类名来访问，而实例方法必须通过实例来访问，不能通过类名直接访问。具体关于静态方法和实例方法的访问在 4.3.3 节会详细介绍。

4. 类的封装

例如，在定义一个汽车类时，类中包括了价格属性，如果在对价格属性赋值时，将其赋值为负数，这在程序中不会有任何问题，但在现实生活中明显是不合理的。为了解决类似这样的问题，在设计一个类时，应该对成员变量的访问做出一些限定，不允许外界随意访问，这就需要实现类的封装。

类的封装是指在定义一个类时，将类中的属性私有化，即使用 private 关键字来修饰。私有属性只能在它所在类中被访问，如果外界想要访问私有属性，需要提供一些使用 public 修饰的公有方法，其中包括用于获取属性值的 getXxx()方法和设置属性值的 setXxx()方法。

【例 4-5】 实现类的封装示例 Example05.java。

```
class Vehicle {
    //品牌、日租金、车牌号
    private String brand;
    private int perRent;
    private String vehicleId;
    public String getBrand(){
        return brand;
    }
    public void setBrand(String brand){
        this.brand=brand;
    }
    public int getPerRent(){
        return perRent;
    }
    public void setPerRent(int perRent){
        //下面是对传入的参数进行检查
        if(perRent<=0)
        {
            System.out.println("日租金不合法");
        }
            else{
            this.perRent=perRent;
        }
    }
    public String getVehicleId(){
        return vehicleId;
    }
    public void setVehicleId(String vehicleId){
        this.vehicleId=vehicleId;
    }
}
public class Example05 {
    public static void main(String[] args) {
        Vehicle v1=new Vehicle();
        v1.setPerRent(-200);
    }
}
```

程序运行结果:

```
Console
<terminated> Example05 [Java Application] D:\programs\Java\jdk1.7.0_51\bin\javaw.exe (
日租金不合法
```

程序解析：在该例中，使用 private 关键字将属性 brand、perRent 和 vehicleId 声明为私有，对外界提供了几个公有的方法，其中 getBrand()方法用于获取 brand 属性的值，setBrand()方法用于设置 brand 属性的值，同理，getPerRent()和 setPerRent()方法用于获取和设置 perRent 属性值，getVehicleId()和 setVehicleId()方法用于获取和设置 vehicleId 属性值。若在 main()方法中创建了一个 Vehicle 对象，并调用 setPerRent()方法传入一个负数-200，在 setPerRent()方法中对参数 perRent 的值进行检查，由于当前传入的值小于 0，因此在运行程序后会打印“日租金不合法”的信息，perRent 属性没有被赋值，仍为默认初始值 0。

5. 方法重载

在 Java 中支持两个或多个同名的方法，但是它们的参数个数和类型必须有差别。这种情况就是方法重载（ O verloading ）。重载是 Java 实现多态的方式之一。

当调用这些同名的方法时，Java 根据参数类型和参数的数目来确定到底调用哪一个方法，注意返回值类型并不起区别方法的作用。

【例 4-6】方法重载的示例 Example06.java。

```
class Example06{
public static  float fun(float s){
   return s*s;
}
public static  float fun(float x,int y){
   return x*x+y*y;
}
public static  float fun(int x,float y){
   return x*x+y*y;
}
public static float fun(float x,float y){
return x*x+y*y;
}
}
```

通过例 4-6 可以看到，类 Example06 的 4 个 fun()方法或因参数个数不同，或因参数的类型及顺序不同，是典型的重载方法。

编译器将根据方法调用时的参数个数和参数类型及顺序确定调用的是哪一个方法。例如，调用方法 fun()时，如果提供一个 float 参数，则是调用第一个 fun()方法，如果参数有两个，且第一个是 float 参数，第二个是 int 参数，则是调用第二个 fun()方法。方法参数的名称不能用来区分重载方法。

三、对象

1. 对象的创建

对象是类的一个实例，创建对象的过程也称类的实例化。对象是以类为模板来创建的，要想使用一个对象，需要首先创建它。创建一个对象实际上分为两步来完成。

首先，声明一个该类类型的变量，这个变量并不是对象本身，而是通过它可以引用一个实际的对象。然后，获得类的一个实例对象把它赋值给该变量，这个过程是通过 new 运算符和类的构造方法完成的。new 运算符完成的实际工作是为对象分配内存。

在 Java 程序中，上面的两个过程可表示如下，例如要创建 Car 类的一个对象，假设一辆车 c1，创建一个对象存放该车的信息。

```
Car  c1
c1=new Car();
```

第一行声明一个 Car 类的变量 c1，第二行通过 new 运算符获得一个对象实例并为其分配内存，获得对象实例赋值给 c1。创建对象时，系统会自动调用相应的构造方法。上面的过程可以合并为一个语句：

```
Car  c1= new Car();
```

由此可见，对象的创建格式如下：

```
类名 对象名;
对象名=new 类名();
```

或

```
类名 对象名=new 类名();
```

2. 对象的使用

对象的使用通过“.”运算符实现，对象可以实现成员变量的访问和对成员方法的调用。具体实现格式如下：

```
对象名.成员变量名
对象名.方法名(<参数列表>)
```

下面以一个简单的程序演示下对象的声明以及使用。

【例 4-7】对象的声明及使用 Example07.java。

```
class Car {
    String brand;
    String type;
    String addr;
    public void run(){
    System.out.println("车可以跑。");
    }
}
public class Example07{
    public static void main(String[] args){
        Car c1=new Car();     //创建一个对象
        c1.brand="红旗";       //对对象的实例变量赋值
        c1.type="轿车";
        c1.addr="长春";
        System.out.println("车名: "+c1.brand);
        System.out.println("型号: "+c1.type);
        System.out.println("产地: "+c1.addr);
        c1.run();
        }
    }
```

程序运行结果:

```
Console
<terminated> Example07 (2) [Java Application] D:\programs\Java\jdk1.7.0_51\bin\javaw.
型号：轿车
产地：长春
车可以跑。
```

程序解析：在 Car 类中定义了 3 个属性，分别为车名、型号及产地，接着定义了一个无参数的 run()方法，该方法为在控制台打印输出“车可以跑”这句话；在测试类的 main()函数声明一个 Car 类的变量 c1 并通过 new 运算符获得一个对象实例并为其分配内存，获得对象实例赋值给 c1，这样获得的对象就包含 3 个实例变量来描述这个对象的信息，在调用 run()方法时通过“.”运算符实现，该语句执行的结果是在控制台打印出“车可以跑”。

3. 构造方法

（1）构造方法的定义

在上面创建对象时，我们使用的语句如下：Car c1=new Car();

实际上在实例化对象时调用了一个方法，这个方法是系统自带的方法，由于这个方法被用来构造对象，所以将其称为构造方法。构造方法的作用是生成对象的同时对对象的属性进行赋值。系统自带的默认构造方法把所有的数字变量设为 0，把所有的 boolean 型变量设为 false，把所有的对象变量都设为 null。Car 类的默认构造方法如下：

```
Car(){
    brand=null;
    type=null;
    addr=null;
}
```

下面通过例 4-8 的程序进行验证。

【例 4-8】构造方法应用示例 Example08.java。

```
class Car01 {
    String name;
    String type;
    String addr;
    public void run(){
    System.out.println("车可以跑。");
    }
}
public class Example08 {
    public static void main(String[] args) {
        Car01 c1=new Car01();//创建一个 Car 类的对象 c1
        //打印出 c1 的属性的默认值
        System.out.println("车名默认值: "+c1.name);
        System.out.println("车型默认值: "+c1.type);
        System.out.println("产地默认值: "+c1.addr);
    }
}
```

程序运行结果：

```
Console
<terminated> Example08 (2) [Java Application] D:\programs\Java\jdk1.7.0_51\bin\javaw.e
车名默认值：null
车型默认值：null
产地默认值：null
```

程序解析：在实例化 Car01 类的对象时，系统自动调用了构造方法，Car01 类中属性 brand、type、addr 都为 String 类型，系统自动将所有的对象属性都设为 null。

通过上面的例子可以看到，在一个类中定义的方法如果同时满足以下 3 个条件，则该方法称为构造方法。具体格式要求如下：

① 方法名与类名相同。

② 方法没有返回值类型的声明，也没有返回值。

③ 方法中不能使用 return 语句返回一个值。

下面是 Car 类一个简单的构造方法。

```
public Car(){
name=null;
type=null;
addr=null;
}
```

把构造方法加入类中，类的完整定义如例 4-9 所示。

【例 4-9】将构造方法加入类中示例 Example09.java。

```
class Car02 {
    String name;
    String type;
    String addr;
    public Car02(){
        System.out.println("无参的构造方法被调用");
    }
    public void run(){
    System.out.println("车可以跑。");
}
}
public class Example09 {
    public static void main(String[] args) {
        Car02 c1=new Car02();      //实例化 Car 对象
    }
}
```

程序运行结果：

```
Console
<terminated> Example09 [Java Application] D:\programs\Java\jdk1.7.0_51\bin\javaw.exe (2
无参的构造方法被调用
```

程序解析：在例 4-9 中 Car02 类中定义了一个无参的构造方法 Car02()，从运行结果可以看出，Car02 类中无参的构造方法被调用了。这是因为在实例化 Car02 对象时会自动调用类的构造方法，

new Car02()语句的作用除了会实例化 Car02 对象，还会调用构造方法 Car02()。

构造方法的主要作用是用来对对象属性赋值。如果不想把它们都初始化为默认值，就需要自己编写构造方法，通过有参数的构造方法可以把值传递给对象的变量。

【例 4-10】定义 Car 类的构造方法 Example10.java。

```
class Car03 {
    String brand;
    String type;
    String addr;
public Car03(String cBrand,String cType,String cAddr){
    brand=cBrand;
    type=cType;
    addr=cAddr;
}
public void run(){
System.out.println("车名为: "+brand+",车型为: "+type+",产地为: "+addr+",车可以跑。");
}
}
public class Example10 {
    public static void main(String[] args) {
        Car03 c1=new Car03("金杯", "客车", "沈阳");//实例化Car对象
        c1.run();
    }
}
```

程序运行结果:

```
Console
<terminated> Example10 (1) [Java Application] D:\programs\Java\jdk1.7.0_51\bin\javaw.ex
车名为：金杯,车型为：客车,产地为：沈阳,车可以跑。
```

程序解析：在例 4-10 中，类 Car03 中定义了有参的构造方法 Car03(String cBrand,String cType,String cAddr)，在该例中实例化对象的同时调用了有参的构造方法，并传入了参数"金杯"、"客车"、"沈阳"。在构造方法中，将这些参数赋值给对象的属性 brand、type、addr，通过运行结果可以看出，Car03 类对象在调用 run()方法时，其属性已经被赋值。

（2）构造方法的重载

与普通方法一样，构造方法也可以重载，在一个类中可以定义多个构造方法，只要每个构造方法的参数类型或参数个数不同即可。在创建对象时，可以通过调用不同的构造方法为不同的属性赋值。下面通过一个案例来学习构造方法的重载。

【例 4-11】构造方法的重载 Example11.java 。

```
class Car04 {
    String brand;
    String type;
    String addr;
    public Car04(String cBrand){
        brand=cBrand;        //为brand属性赋值
    }
```

```
    public Car04(String cBrand,String cType,String cAddr){
            brand=cBrand;    //为 brand 属性赋值
            type=cType;      //为 type 属性赋值
            addr=cAddr;      //为 addr 属性赋值
        }
    public void run(){
    System.out.println("车名为: "+brand+",车型为: "+type+",产地为: "+addr+",车可
以跑。");
}
}
public class Example11 {
    public static void main(String[] args) {
        Car04 c1=new Car04("红旗");
        Car04 c2=new Car04("金杯", "客车", "沈阳");
        c1.run();
        c2.run();
    }
}
```

程序运行结果：

```
Console
<terminated> Example11 (1) [Java Application] D:\programs\Java\jdk1.7.0_51\bin\javaw.exe
车名为：红旗,车型为：null,产地为：null,车可以跑。
车名为：金杯,车型为：客车,产地为：沈阳,车可以跑。
```

程序解析：在例 4-11 中，Car04 类中定义了两个构造方法，它们构成了重载。在创建 c1 对象和 c2 对象时，根据传入参数的不同，分别调用不同的构造方法。从程序的运行结果可以看出，两个构造方法对属性赋值的情况是不一样的，其中一个参数的构造方法只针对 brand 属性进行赋值，这时 type 属性和 addr 属性为默认值 null。

◎注意

在 Java 中每个类都至少有一个构造方法，如果在一个类中没有定义构造方法，系统会自动为这个类创建一个默认的构造方法，这个默认的构造方法没有参数，在其方法体中没有任何代码，即什么也不做。

下面程序中 Bus 类的两种写法效果是完全一致的。

第一种写法：

```
class Bus
{
}
```

第二种写法：

```
class Bus
{
public Bus(){
}
}
```

对于第一种写法，类中虽然没有声明构造方法，但仍然可以用 new Bus()来创建 Bus 类的实例

对象。由于系统提供的构造方法往往不能满足需求，因此，可以自己在类中定义构造方法。一旦为该类定义了构造方法，系统就不再提供默认的构造方法，下面通过一个测试程序来验证。

【例 4-12】定义构造方法示例 Example12.java。

```
class Bus
{
public Bus(String brand,String BusID){  //定义一个有参的构造方法
   System.out.println("这是Bus类的有参构造方法");
}
}
public class Example12 {
   public static void main(String[] args) {
      Bus b1=new Bus();  //实例化Bus对象，调用无参构造方法
   }
}
```

程序运行结果:

```
Console
<terminated> Example12 (1) [Java Application] D:\programs\Java\jdk1.7.0_51\bin\javaw.exe (20
Exception in thread "main" java.lang.Error: Unresolved compilation problem:
	The constructor Bus() is undefined

	at Example12.main(Example12.java:10)
```

程序解析：程序编译报错，从该例中可以看出程序在编译时报错，其原因是调用了 newBus() 创建 Bus 类的实例对象时，调用了无参的构造方法，而我们并没有定义无参的构造方法，只是定义了带有两个参数的有参构造方法，系统将不再自动生成无参的构造方法，所以在编译运行时报错。为了避免出现上面的错误，在一个类中定义了有参的构造方法时，最好再定义一个无参的构造方法。

4. this 关键字

在例 4-11 中使用变量表示车名，构造方法中用的是 cBrand，成员变量使用的是 brand，这样的程序可读性很差。这时需要将一个类中表示车名的变量进行统一的命名，例如都用 brand 来声明。但是，这样做会产生新的问题，会使成员变量和局部变量的名称冲突，在方法中将无法访问成员变量。为了解决这个问题，Java 中提供了一个关键字 this，用于在方法中访问对象的其他成员。下面介绍 this 关键字在程序中的两种常见用法。

（1）通过 this 关键字可以明确地访问一个类的成员变量，解决与局部变量名称冲突的问题。

【例 4-13】this 关键字应用示例 Example13.java。

```
class Car05 {
   String brand;
   String type;
   String addr;
   public Car05(String brand){
      this.brand=brand;                //为brand属性赋值
      System.out.println("这是一辆"+this.brand+"车");    //调用brand成员变量
   }
```

```
    public Car05(String brand,String type,String addr){
        this.brand=brand;               //为 brand 属性赋值
        this.type=type;                 //为 type 属性赋值
        this.addr=addr;                 //为 addr 属性赋值
    }
}
public class Example13 {
    public static void main(String[] args) {
        Car05 c1=new Car05("红旗");  //实例化 Car05 对象，调用一个参数的构造方法
    }
}
```

程序运行结果：

```
Console
<terminated> Example13 (1) [Java Application] D:\programs\Java\jdk1.7.0_51\bin\javaw.exe
这是一辆红旗车
```

程序解析：在上面的代码中，构造方法的参数被定义为 brand、type、addr，这些是局部变量；在类中还定义了一个成员变量，名称也是 brand、type、addr。在构造方法中如果使用 brand 则是访问局部变量，但如果使用 this.brand，则是访问成员变量。

（2）通过 this 关键字调用成员方法，将例 4-13 的代码进行修改，如例 4-14 所示。

【例 4-14】通过 this 关键字调用成员方法 Example14.java。

```
class Car06 {
    String brand;
    String type;
    String addr;
    public Car06(String brand){
        this.brand=brand;     //为 brand 属性赋值
        System.out.println("这是一辆"+this.brand+"车");//调用 brand 成员变量
    }
    public Car06(String brand,String type,String addr){
        this.brand=brand;     //为 brand 属性赋值
        this.type=type;       //为 type 属性赋值
        this.addr=addr;       //为 addr 属性赋值
        }
    public void run(){
        System.out.println("车名为: "+this.brand+",车型为: "+type+",产地为:
"+addr+",车可以跑。");
        }
    public void check(){
        this.run();
        System.out.println("汽车需要定期保养维护");
        }
    }
public class Example14 {
    public static void main(String[] args) {
```

```
        Car06 c1=new Car06("红旗","家庭轿车","长春");   //实例化Car05对象，调用3个
                                                     //参数的构造方法
        c1.check();
    }
}
```

程序运行结果：

```
Console
<terminated> Example14 [Java Application] D:\programs\Java\jdk1.7.0_51\bin\javaw.exe
车名为：红旗,车型为：家庭轿车,产地为：长春,车可以跑。
汽车需要定期保养维护
```

程序解析：在上面的check()方法中，使用this关键字调用run()方法。注意，此处的this关键字可以不写，也就是说上面的this.run()这行代码写成run()，效果是完全一样的。

5. static关键字

在Java中，定义一个static关键字，用于修饰类的成员，如成员变量、成员方法以及代码块等。被static修饰的成员具备一些特殊性，下面对static关键字的特性逐一进行说明。

（1）静态变量

在定义一个类时，只是在描述某类事物的特征和行为，并没有产生具体的数据。只有通过new关键字创建类的实例对象后，系统才会为每个对象分配空间，存储各自的数据。有时，我们希望某些特定的数据在内存中只有一份，而且能够被一个类的所有实例对象共享。例如，一个汽车生产公司所有的汽车共享同一个产地，此时不必在每辆汽车对象所占用的内存空间中都定义一个变量来表示汽车产地，可以在对象以外的空间定义一个表示产地的变量让所有的对象共享。

在一个Java类中，可以使用static关键字来修饰成员变量，该变量称为静态变量。静态变量被所有实例共享，可以使用“类名.变量名”的形式来访问。

【例4-15】静态变量应用示例Example15.java。

```
class Car07 {
    public static String addr="上海通用汽车生产基地";
}
public class Example15 {
    public static void main(String[] args) {
        Car07 c1=new Car07();
        Car07 c2=new Car07();
        System.out.println("雪佛兰的产地是: "+c1.addr);
        System.out.println("别克的产地是: "+c2.addr);
        }
}
```

程序运行结果:

```
Console
<terminated> Example15 (1) [Java Application] D:\programs\Java\jdk1.7.0_51\bin\ja
雪佛兰的产地是：上海通用汽车生产基地
别克的产地是：上海通用汽车生产基地
```

程序解析：在上述程序中 Car07 中定义了一个静态变量 addr，用于表示汽车生产地，它被所有的实例共享。由于 addr 是静态变量，因此可以直接使用 Car07.addr 的方式调用，也可以通过 Car07 类的实例对象进行调用，如 c1.addr。在 Car07 类中将变量 addr 赋值为“上海通用汽车生产基地”，通过上面运行结果可以看出，Car07 对象 c1 和 c2 的 addr 属性均为“上海通用汽车生产基地”。

（2）静态方法

有时候我们希望在不创建对象的情况下就可以调用某个方法，也就是使该方法不必和对象绑在一起。要实现这样的效果，只需要在类中定义的方法前面加上 static 关键字即可，称这种方法为静态方法。同静态变量一样，静态方法可以使用“类名.方法名”的方式来访问，也可以通过类的实例对象来访问。

【例 4-16】 静态方法应用示例 Example16.java。

```
class Car08 {
    public static void run(){   //定义一个静态方法
        System.out.println("车可以跑");
    }
}
public class Example16 {
    public static void main(String[] args) {
        Car08.run();   //调用静态方法
    }
}
```

程序运行结果:

```
Console
<terminated> Example16 [Java Application] D:\programs\Java\jdk1.7.0_51\bin\javaw.ex
车可以跑
```

程序解析：在上述程序中 Car08 中定义了一个静态方法 run()，在测试程序中通过 Car08.run() 的方式调用了该静态方法。通过上面运行结果可以看出，静态方法不需要创建对象就可以调用。

◎注意

静态方法内部不能直接访问外部非静态的成员，在静态方法内部，只能通过创建该类的对象来访问外部的非 static 的方法。在静态方法中，不能使用 this 关键字。

（3）单例模式

在编写程序时经常会遇到一些典型的问题或者需要完成某种特定需求，设计模式就是针对这些问题和需求，在大量的实践中总结和理论化之后优选的代码结构、编程风格以及解决问题的思考方式。

单例模式是 Java 中的一种设计模式，它是指在设计一个类时，需要保证在整个程序运行期间针对该类只存在一个实例对象。下面通过编写一个 Single 类实现单例模式，具体代码如下：

```
public class Single {
//自己创建一个对象
```

```
    private static Single INSTANCE=new Single();
    private Single(){} //私有化构造方法
       public static Single getInstance(){ //提供返回该对象的静态方法
          return INSTANCE;
       }
    }
```

上面 Single 类就实现了单例模式，它具备如下的特点：

- 类的构造方法使用 private 修饰，声明为私有，这样就不能在类的外部使用 new 关键字来创建实例对象。
- 在类的内部创建一个该类的实例对象，并使用静态变量 INSTANCE 引用该对象，由于变量应用禁止外界直接访问，因此使用 private 修饰，声明为私有成员。
- 为了让类的外部能够获得类的实例对象，需要定义一个静态方法 getInstance()，用于返回该类实例 INSTANCE。由于方法是静态的，外界可以通过“类名.方法名”的方式来访问。

下面通过一个案例来对 Single 类进行测试，如例 4-17 所示。

【例 4-17】Single 类测试程序 Example17.java。

```
class Single {
//自己创建一个对象
    private static Single INSTANCE=new Single();
    private Single(){} //私有化构造方法
       public static Single getInstance(){ //提供返回该对象的静态方法
          return INSTANCE;
       }
    }
public class Example17 {
    public static void main(String[] args) {
        Single s1=Single.getInstance();      //实例化 Single 对象
        Single s2=Single.getInstance();      //实例化 Single 对象
        System.out.println(s1==s2);
    }
}
```

程序运行结果:

```
Console ✕
<terminated> Example17 (1) [Java Application] D:\programs\Java\jdk1.7.0_51\bin\javaw.e
true
```

程序解析：从运行结果可以看出，变量 s1 和 s2 值相等，这说明变量 s1 和 s2 引用同一个对象。也就是说，两次调用 getInstance()方法获得的是同一个对象，而 getInstance()方法是获得 Single 类实例对象的唯一途径，因此 Single 类是一个单例的类。

任务实施

1. 实现思路

（1）创建 Vehicle 类，该类中包括品牌、日租金、车牌号 3 个属性，并且对其属性进行封装，其中要求日租金值为正数，且传入小于零的参数时提示参数有误。

（2）Vehicle 类中定义两个构造方法，其中一个为无参的构造方法，一个为有品牌、日租金、车牌号 3 个参数的构造方法。

（3）在 Vehicle 类中定义 2 个针对不同类车的计算租金的方法，要求根据用户租车的天数计算租金。

（4）在 main()函数中实例化不同车型的对象，并调用计算租金的方法，分别在控制台打印输出不同车型、不同天数的租车金额。

2. 实现代码

（1）定义 Vehicle 类，先定义品牌、日租金、车牌号 3 个属性。

```
public class Vehicle{ }          //定义 Vehicle 类，注意在其花括号内定义属性、方法等
内容
private String brand;
    private int perRent;
    private String vehicleId;
    public String getBrand(){
        return brand;
    }
    public void setBrand(String brand){
        this.brand=brand;
    }
    public int getPerRent(){
        return perRent;
    }
    public void setPerRent(int perRent){
        //下面是对传入的参数进行检查
        if(perRent<=0)
        {
            System.out.println("日租金不合法");
        }
        else{
            this.perRent=perRent;
        }
    }
    public String getVehicleId(){
        return vehicleId;
    }
    public void setVehicleId(String vehicleId){
        this.vehicleId=vehicleId;
    }
```

（2）定义两个构造方法，其中一个为无参构造方法，一个为带有品牌、日租金、车牌号 3 个参数的构造方法。

```
    public MotoVehicle(){} //无参的构造方法
    public MotoVehicle(String brand, int perRent, String vehicleId) {
    //带有 3 个参数的构造方法
        this.brand=brand;
        this.perRent=perRent;
        this.vehicleId=vehicleId;
    }
```

（3）在 Vehicle 类中分别定义两种车的计算租金的方法，实现不同车型的租金计算功能。

```
// 计算轿车租金:
/*
* days>7 天 9 折 days>30 天 8 折 days>150 天 7 折
*/
public float calcRentcar(int days){
    float price=this.getPerRent() * days;
    if (days>7 && days<=30){
    price=price * 0.9f;
    } else if (days>30 && days<=150){
    price=price*0.8f;
    } else if (days>150){
    price=price*0.7f;
    }
    return price;
}
// 计算客车租金:
/*
* days>=3 天 9 折 days>=7 天 8 折 days>=30 天 7 折 days>=150 天 6 折
*/
public float calcRentbus(int days){
    float price=this.getPerRent()*days;
    if (days>=3&&days<7){
    price=price*0.9f;
    } else if (days>=7&&days<30){
    price=price*0.8f;
    } else if (days>=30&&days<150){
    price=price*0.7f;
    } else if (days>=150) {
    price=price*0.6f;
    }
    return price;
}
```

（4）在 main()方法中分别实例化轿车与客车对象，分别调用计算租金方法，在控制台打印输出每种车型的租金金额。

```
public static void main(String[] args){
    Vehicle c1=new Vehicle("红旗",200,"鲁 Y12345");
    Vehicle b1=new Vehicle("金杯", 400, "鲁 Y11111");
    float carRent=c1.calcRentcar(5);
    float busRent=b1.calcRentbus(7);
    System.out.println("车牌为:  鲁 Y12345 的红旗轿车的租金是: "+carRent);
    System.out.println("车牌为: 鲁 Y11111 的金杯客车的租金是: "+busRent);
    }
```

程序运行结果：

```
Console
<terminated> Vehicle (1) [Java Application] D:\programs\Java\jdk1.7.0_51\bin\javaw.exe (2
车牌为： 鲁Y12345的红旗轿车的租金是：1000.0
车牌为：鲁Y11111的金杯客车的租金是：2240.0
```

任务小结

本任务介绍了向对象的 3 个特征、类和对象的创建与使用、类的封装特性、构造方法的定义和重载、this 和 static 关键字的使用，通过任务的学习，旨在让学生了解面向对象的编程思想，并且让学生掌握面向对象中的基本知识内容，这是后续进行 Java 编程的基础。

自测题

一、选择题

1. 下列（　　）类成员修饰符修饰的变量只能在本类中被访问。

   A. protected　　B. public　　C. default　　D. private

2. 在 Java 语言中，（　　）包中的类是自动导入的。

   A. java.lang　　B. java.awt　　C. java.io　　D. java.applet

3. 给出下面的程序代码：

```
public class X {
   private float a;
   public static void m( ){    }
}
```

（　　）可使成员变量 a 被方法 m( )访问。

   A. 将 private float a 改为 protected float a　　B. 将 private float a 改为 public float a
   C. 将 private float a 改为 static float a　　D. 将 private float a 改为 float a

4. 有一个类 B，下面为其构造方法的声明，正确的是（　　）。

   A. void B(int x) {　　}　　B. B(int x) {　　}
   C. b(int x) {　　}　　D. void b(int x) {　　}

5. 下面关于类的说法，不正确的是（　　）。

   A. 类是同种对象的集合和抽象　　B. 类属于 Java 语言中的复合数据类型
   C. 类就是对象　　D. 对象是 Java 语言中的基本结构单位

6. 下面关于方法的说法，不正确的是（　　）。

   A. Java 中的构造方法名必须和类名相同
   B. 方法体是对方法的实现，包括变量声明和合法语句
   C. 如果一个类定义了构造方法，也可以用该类的默认构造方法
   D. 类的私有方法不能被其他类直接访问

7. 关于内部类，下列说法不正确的是（　　）。

   A. 内部类不能有自己的成员方法和成员变量
   B. 内部类可用 private 或 protected 修饰符修饰
   C. 内部类可以作为其他类的成员，而且可访问其所在类的成员
   D. 除 static 内部类外，不能在类内声明 static 成员

8. 定义外部类时不能用到的关键字是（　　）。

A. final　　B. public　　C. protected　　D. abstract

9. 为AB类定义一个无返回值的方法f()，使得使用类名就可以访问该方法，该方法头的形式为（　　）。

A. abstract void f()　　B. public void f()

C. final void f()　　D. static void f()

10. 定义一个公有double型常量PI，（　　）语句最好。

A. public final double PI;　　B. public final static double PI=3.14;

C. public final static double PI;　　D. public static double PI=3.14;

二、填空题

1. ________是对事物的抽象，而________是对对象的抽象和归纳。

2. 从用户的角度看，Java源程序中的类分为两种：________和________。

3. 一个类主要包含两个要素：________和________。

4. 创建包时需要使用关键字________。

5. 类中的________方法是一个特殊的方法，该方法的方法名和类名相同。

6. 如果用户在一个自定义类中未定义该类的构造方法，系统将为这个类定义一个________构造方法。这个方法没有________，也没有任何________，不能完成任何操作。

7. 静态数据成员被保存在类的内存区的________单元中，而不是保存在某个对象的内存区中。因此，一个类的任何对象访问它时，存取到的都是________（相同/不同）的数值。

8. 静态数据成员既可以通过________来访问，也可以通过________直接访问它。

9. 定义常量时要用关键字________，同时需要说明常量的________并指出常量的________。

10. 方法体内定义变量时，变量前不能加________；局部变量在使用前必须________，否则编译时会出错；而类变量在使用前可以不用赋值，它们都有一个________的值。

11. static方法中只能引用________类型的数据成员和________类型的成员方法；而非static类型的方法中既可以引用________类型的数据成员和成员方法，也可以引用非________类型的数据成员和成员方法。

12. 引用static类型的方法时，可以使用________做前缀，也可以使用________做前缀。

13. 定义类时需要________关键字，继承类时需要________关键字，实现接口时需要关键字________。

三、编程题

1. 编一个程序，程序中包含以下内容：

（1）一个圆类(Circle)，包含：

属性：圆半径radius；常量：PI。

方法：构造方法；求面积方法area()；求周长方法：perimeter()。

（2）测试类(Test)，包含：

主方法 main()，在主方法中创建圆类的对象 c1 和 c2 进行初始化，c1 的半径为 100，c1 的半径为 200，然后分别显示两个圆的面积和周长。

2. 编一个程序，程序中包含以下内容：

（1）一个学生类（Student），包含：

属性：学号 s_No，姓名 s_Name，性别 s_Sex，年龄 s_Age。

方法：构造方法，显示学号方法 showNo()，显示姓名方法 showName()，显示性别方法 showSex()，显示年龄方法 showAge()，修改年龄方法 modifyAge()。

（2）测试类(Test)，包含：

主方法 main()，在其中创建两个学生对象 s1 和 s2 并进行初始化，两个对象的属性自行确定，然后分别显示这两个学生的学号、姓名、性别、年龄，修改 s1 的年龄并显示修改后的结果。

拓展实践——超市购物程序设计

去超市购物是人们日常生活的重要事情之一。在超市中有很多日常生活的用品，如水果、蔬菜、洗衣机、电冰箱等。现要求使用所学知识编写一个超市购物程序，实现超市购物功能。购物时，如果购物者所需要的商品在超市中有，则提示购物者买到了某商品；如果超市中没有购物者所需的商品，则提示购物者稍后再来购物。

参考代码见本书配套资源 SupermarketShopping 文件夹。

面试常考题

1. 一个“java”源文件中是否可以包括多个类（不是内部类）？有什么限制？
2. 使用 final 关键字修饰一个变量时，是引用不能变，还是引用的对象不能变？
3. “==”和 equals 方法有什么区别？

任务五 实现汽车的租赁

任务描述

根据用户不同的租车要求，需要创建汽车类的子类，包括轿车类和客车类，其中父类中计算租金的方法需定义成抽象类，根据子类不同重写父类计算租金方法；创建汽车业务类，定义存储车信息数组，轿车包括品牌、日租金、车牌号、型号信息，客车包括品牌、日租金、车牌号、座位数信息；定义提供租赁服务的方法，根据用户的租车条件去查找并返回相应车辆，其中用户的租车条件是以品牌、车型、座位为方法的参数；定义测试类汽车租赁管理类，根据用户输入不同的租车条件，调用提供租赁服务的方法，分别在控制台打印输出不同车型、不同天数的租车金额。

技术概览

继承是从已有的类中派生出新的类，Java 继承是使用已存在的类作为基础来建立新类的技术，新类的定义可以增加新的数据或新的功能，也可以用父类的功能。这种技术使得复用以前的代码非常容易，能够大大缩短开发周期，降低开发费用。

继承避免了对一般类和特殊类之间的共同特征进行重复描述。同时，通过继承可以清晰地表达每一项共同特征所应用的范围——在一般类中定义的属性和操作适应于这个类本身以及它以下的每一层子类的全部对象。运用继承原则可使系统模型更简练、更清晰。

相关知识

一、继承

面向对象语言的一个重要特性就是继承。继承是指声明一些类，可以再进一步声明这些类的子类，而子类具有父类已经拥有的一些方法和属性，这跟现实中的父子关系是十分相似的。所以，面向对象把这种机制称为继承，子类称为派生类。例如，轿车和客车都属于汽车，在程序中可以描述为轿车和客车继承自汽车。同理，红旗轿车和别克轿车继承自轿车，而金杯客车和大宇客车继承自客车。这些车之间就会形成一个继承体系，如图 5-1 所示。

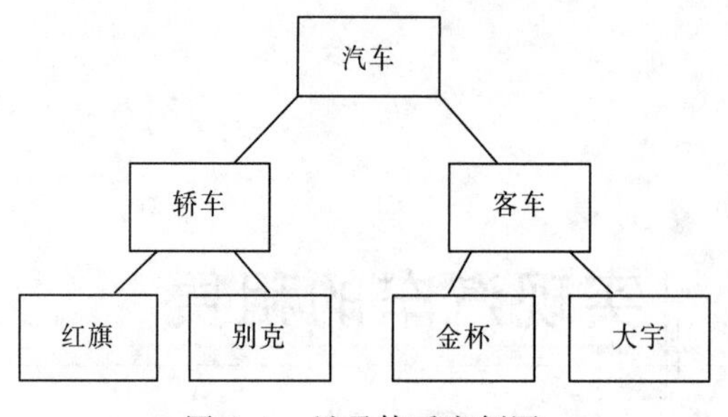

图 5-1　继承体系实例图

1. 子类的创建

在 Java 中，类的继承是指在一个现有类的基础上去构建一个新的类，构建出来的新类称作子类，现有类称作父类，子类会自动拥有父类所有可继承的属性和方法。在程序中，如果想声明一个类继承另一个类，需要使用 extends 关键字，下面通过一个案例来学习子类的创建过程。

【例 5-1】 子类的创建示例 Example01.java。

```
//定义一个父类 Vehicle
class Vehicle {
    String brand;
    void printBrand(){
        System.out.println("这是一辆车");
    }
}
//定义一个 Bus 类继承自 Vehicle 类
class Bus extends Vehicle{
    public void printName(){
        System.out.println("name="+brand);
    }
}
//定义一个测试类
public class Example01
{
public static void main(String[] args){
    Bus b1=new Bus();
    b1.brand="金杯";
    b1.printName();
    b1.printBrand();
    }
}
```

程序运行结果：

```
Console
<terminated> Example01 (2) [Java Application] D:\programs\Java\jdk1.7.0_51\bin
name=金杯
这是一辆车
```

程序解析：在例 5-1 中，Bus 类是通过 extends 关键字继承自 Vehicle 类的子类。从运行结果不能看出，子类虽然没有定义 brand 属性和 run()方法，但是却能访问这两个成员。这就说明，子类在继承父类时，会自动拥有父类所有的成员。

在类的继承中，需要注意以下问题，具体如下：

（1）在 Java 中，类只支持单继承，不允许多重继承，也就是说一个类只能有一个直接父类。下面这种情况是不合法的：

```
class A{}
class B{}
class C extends A,B{}      //C 类不可以同时继承 A 类和 B 类
```

（2）多个类可以继承一个父类。例如下面这种情况是允许的：

```
class A{}
class B extends A{}
class C extends A{}       //类 B 和类 C 都可以同时继承类 A
```

（3）在 Java 中，多层继承是可以的，即一个类的父类可以再去继承另外的父类，例如 C 类继承自 B 类，而 B 类又可以去继承 A 类，这时，C 类也可称作 A 类的子类。下面的情况是允许的：

```
class A{}
class B extends A{}       //类 B 继承类 A，类 B 是类 A 的子类
class C extends B{}       //类 C 继承类 B，类 C 是类 B 的子类，同时也是类 A 的子类
```

（4）在 Java 中，子类和父类是一种相对概念，也就是说一个类是某个类父类的同时，也可以是另一个类的子类。例如上面的示例中，B 类是 A 类的子类，同时又是 C 类的父类。

2. 成员变量的隐藏和方法的重写

当父类和子类有相同的成员变量时，即定义了与父类相同的成员变量时，就会发生子类对父类变量的隐藏。对于子类的对象来说，父类中的同名成员变量被隐藏起来，子类会优先使用自己的成员变量。父类成员被隐藏的示例如下：

```
class A{
   String name;
}
class B extends A{
   String name;
}
```

在上面代码中，类 B 继承类 A，类 B 是类 A 的子类，A 类和 B 类中都定义了相同名字的成员变量 String name，B 类中的 name 将会覆盖从 A 类继承而来的 name。

在继承关系中，子类会自动继承父类中定义的方法，但有时在子类中需要对继承的方法进行一些修改。当子类的方法与父类的方法具有相同的名字、参数列表、返回值类型时，子类的方法就叫作重写父类的方法（也叫作方法的覆盖）。

在例 5-1 中，Bus 类从 Vehicle 类继承了 printBrand()方法，该方法在被调用时会打印“这是一辆车”，这明显不能描述具体是哪种车，Bus 类对象表示客车类，可以是金杯品牌客车，也可以是大宇品牌客车。为了解决这个问题，可以在 Bus 类中重写父类 Vehicle 中的 printBrand()方法，具体代码如例 5-2 所示。

【例 5-2】重写文类中的方法示例 Example02.java。

```
//定义一个父类
```

```
class Vehicle01{
    String brand;
    public void printBrand(){
        System.out.println("这是一辆车");
    }
}
//定义一个 Bus01 类继承自 Vehicle01 类
class Bus01 extends Vehicle01{
    public void printBrand(){
        System.out.println("这是一辆"+brand+"车");
    }
    public void run(){
        System.out.println("客车跑起来的平均时速是 90km/h");
    }
}
//定义一个测试类
public class Example02 {
    public static void main(String[] args){
    Bus01 b1=new Bus01 ();
    b1.brand="金杯";
    b1.printBrand();
    b1.run();
    }
}
```

程序运行结果：

```
Console
<terminated> Example02 (3) [Java Application] D:\programs\Java\jdk1.7.0_51\bin\javaw.exe
这是一辆金杯车
客车跑起来的平均时速是90km/h
```

程序解析：在该例中，定义了 Bus01 类并且继承自 Vehicle01 类。在子类 Bus01 中定义了一个 printBrand()方法对父类的方法进行了重写。从运行结果可以看出，在调用 Bus01 类对象的 printBrand()方法时，只会调用子类重写的方法，并不会调用父类的 printBrand()方法。

那么，在子类中如何才能访问到被隐藏的父类方法呢？如果想使用父类中被隐藏的成员变量或被重写的成员方法就要使用 super 关键字。

使用 super 关键字调用父类的成员变量和成员方法，具体格式如下：

```
super.成员变量
super.成员方法（[参数 1，参数 2…]）
```

【例 5-3】使用 super 访问父类成员变量和成员方法 Example03.java。

```
//定义一个父类
class Vehicle02{
    String brand="客车";
    public void printBrand(){
        System.out.println("这是一辆车");
    }
}
//定义一个 Bus02 类继承自 Vehicle02 类
class Bus02 extends Vehicle02{
```

```
    String brand="金杯";
    public void printBrand(){
        super.printBrand();
    //访问父类的成员方法
    }
    public void run(){
        System.out.println("这是一辆"+super.brand+"在跑");  //访问父类的成员变量
}
}
//定义一个测试类
public class Example03 {
    public static void main(String[] args) {
    Bus02 b1=new Bus02();
    b1.printBrand();
    b1.run();
    }
}
```

程序运行结果：

```
Console
<terminated> Example03 (2) [Java Application] D:\programs\Java\jdk1.7.0_51\bin\javaw
这是一辆车
这是一辆客车在跑
```

程序解析：在例 5-3 中，定义了一个 Bus02 类继承 Vehicle02 类，并重写了 Vehicle02 类的 printBrand()方法，在子类 Bus02 类的 printBrand()方法中使用 super. printBrand()调用了父类被重写的方法，在 run()方法中使用 super.brand 访问父类的成员变量。从运行结果可以看出，子类通过 super 关键字可以成功地访问父类成员变量和成员方法。

3．构造方法的继承

在继承关系下，在子类中调用父类的构造方法有两种途径：一种是在子类构造方法中显式地通过 super 关键字调用父类的构造方法。具体格式如下：

```
super([参数 1, 参数 2…])
```

【例 5-4】调用父类构造方法示例 Example04.java。

```
//定义一个父类
class Vehicle03 {
//定义父类有参的构造方法
    public Vehicle03 (String brand){
        System.out.println("这是一辆"+brand);
    }
}
//定义子类 Bus03 类继承父类
class Bus03 extends Vehicle03{
    public Bus03(){
        super("金杯客车");      //调用父类有参的构造方法
    }
}
//定义一个测试类
```

```
public class Example04 {
    public static void main(String[] args) {
    Bus03 b1=new Bus03();    //实例化子类Bus03对象
    }
}
```

程序运行结果：

```
Console
<terminated> Example04 (2) [Java Application] D:\programs\Java\
这是一辆金杯客车
```

程序解析：根据前面所学的知识，在实例化 Bus03 对象时一定会调用 Bus03 类的构造方法。从运行结果可以看出，Bus03 类的构造方法被调用时父类的构造方法也被调用了。需要注意的是，通过 super 关键字调用父类构造方法的代码必须位于子类构造方法的第一行，并且只能出现一次。

另一种是在子类的构造方法中，即使没有明确指明调用父类的默认构造方法（无参的构造方法），在实例化子类对象时，也会自动调用父类无参的构造方法。现将例 5-4 中的 Vehicle03 类进行修改，如例 5-5 所示。

【例 5-5】调用父类构造方法示例 Example05.java。

```
//定义一个父类
class Vehicle04 {
    //定义Vehicle类的无参的构造方法
    public Vehicle04(){
        System.out.println("这是一辆车");
    }
    //定义Vehicle类的有参的构造方法
    public Vehicle04(String name){
        System.out.println("这是一辆"+name);
    }
}
//定义Bus04类继承Vehicle04类
class Bus04 extends Vehicle04{
    //定义Bus类无参的构造方法
    public Bus04(){
        //方法体中无代码
    }
}
//定义一个测试类
public class Example05 {
    public static void main(String[] args) {
    Bus04 b1=new Bus04();    //实例化子类Bus04对象
    }
}
```

程序运行结果：

```
Console
<terminated> Example05 (1) [Java Application] D:\programs\Java\jdk1.7.0_51\bin\javaw.exe (
这是一辆车
```

程序解析：从运行结果可以看出来，子类在实例化时默认调用了父类无参的构造方法。通过该例可以得出一个结论，在定义一个类时，如果没有特殊需求，尽量在类中定义一个无参的构造方法，避免被继承时出现错误。

4. final 关键字

final 关键字可用于修饰类、变量和方法，具有“这是无法改变的”或者“最终”的含义，因此被 final 修饰的类、变量和方法将具有以下特性：

- final 修饰的类不能被继承。
- final 修饰的方法不能被子类重写。
- final 修饰的变量（成员变量和局部变量）是常量，只能赋值一次。

下面对 final 这些特性逐一进行讲解。

（1）final 关键字修饰类

Java 中的类被 final 关键字修饰后，该类将不可以被继承，也就是不能够派生子类。

【例 5-6】 final 关键字修饰类应用示例 Example06.java。

```
//使用 final 关键字修饰 Vehicle05 类
final class Vehicle05{
    //方法体为空
}
//Bus05 类继承 Vehicle05 类
class Bus05 extends Vehicle05{
    //方法体为空
}
public class Example06{
    public static void main(String[] args){
    Bus05 b1=new Bus05();
    }
}
```

程序运行结果：

```
Console ✕
<terminated> Example06 [Java Application] D:\programs\Java\jdk1.7.0_51\bin\javaw.exe (201
Exception in thread "main" java.lang.Error: Unresolved compilation problem:
        The type Bus05 cannot subclass the final class Vehicle05

        at Bus05.<init>(Example06.java:6)
        at Example06.main(Example06.java:11)
```

程序解析：程序编译报错，在例 5-6 中，由于 Vehicle05 类被 final 关键字所修饰，因此，当 Bus05 类关键字继承 Vehicle05 类时，编译出现了“无法从最终 Vehicle05 进行继承”的错误。由此可见，被 final 关键字修饰的类为最终类，不能被其他类继承。

（2）final 关键字修饰方法

当一个类的方法被 final 关键字修饰后，这个类的子类将不能重写该方法。

【例 5-7】 final 关键字修饰方法应用示例 Example07.java。

```
//定义 Vehicle06 类
class Vehicle06{
    //使用 final 关键字修饰 run() 方法
```

```
    public final void run(){
        //程序代码
    }
}
//定义Bus06类继承Vehicle06类
class Bus06 extends Vehicle06{
    //重写Vehicle类的run()方法
    public void run(){
        //程序代码
    }
}
//定义测试类
public class Example07{
    public static void main(String[] args){
        Bus06 b1=new Bus06();
    }
}
```

程序运行结果：

```
D:\programs\Java\workspace\ChapterAuth5\src>javac -d . Example07.java
Example07.java:11: 错误: Bus06中的run()无法覆盖Vehicle06中的run()
        public void run(){
                    ^
  被覆盖的方法为final
1 个错误
```

程序解析：程序编译报错，在 Vehicle06 类中的 run()被 final 关键字修饰后，子类 Bus06 将不能重写该方法。

（3）final 关键字修饰变量

Java 中被 final 修饰的变量为常量，它只能被赋值一次，也就是说，final 修饰的变量一旦被赋值，其值不能改变。如果再次对该变量进行赋值，则程序会在编译时报错。

【例 5-8】final 关键字修饰变量应用示例 Example08.java。

```
public class Example08 {
    public static void main(String[] args) {
    final int num=2;
    num=4;
    }
}
```

程序运行结果：

```
D:\programs\Java\workspace\ChapterAuth5\src>javac -d . Example08.java
Example08.java:5: 错误: 无法为最终变量num分配值
                num=4;
                ^
1 个错误
```

程序解析：在例 5-8 中，针对 num=4 这行代码，对 num 赋值时，编译报错。原因在于变量 num 被 final 修饰。由此可见，被 final 修饰的变量为常量，它只能被赋值一次，其值不可改变。

在例 5-8 中，被 final 关键字修饰的变量为局部变量。下面通过一个案例演示 final 修饰成员变量的情况。

【例 5-9】final 修饰成员变量示例 Example09.java。

```
//定义Car类
class Car{
    final String name;   //使用final关键字修饰name属性
    //定义print()方法，打印学生信息
    public void print(){
    System.out.println("这是一辆轿车");
    }
}
//定义测试类
public class Example09 {
    public static void main(String[] args) {
        Car c1=new Car();
        c1.print();
    }
}
```

程序运行结果：

```
D:\programs\Java\workspace\ChapterAuth5\src>javac -d . Example09.java
Example09.java:2: 错误: 可能尚未初始化变量name
class Car{
^
1 个错误
```

程序解析：例5-9中出现了编译错误，提示变量name没有初始化。这是因为使用final关键字修饰成员变量时，虚拟机不会对其进行初始化。因此，使用final修饰成员变量时，需要在定义变量的同时赋予一个初始值，下面将第3行代码进行修改为：

```
final String name="红旗";    //为final关键字修饰的name属性赋值
```

再次编译程序，程序将不会发生错误。

程序运行结果：

```
D:\programs\Java\workspace\ChapterAuth5\src>javac -d . Example09.java

D:\programs\Java\workspace\ChapterAuth5\src>java Example09
这是一辆轿车
```

5. 多态性

（1）多态的概念

在设计一个方法时，通常希望该方法具备一定的通用性。例如，要实现一个打印车型的方法，由于每种车型不同，因此可以在方法中接收一个车型的参数。当传入轿车对象时打印的就是轿车车型，传入客车车型时则打印出客车的车型。在同一个方法中，这种由于参数类型的不同而导致执行效果各异的现象称为多态。

在Java中为了实现多态，允许使用一个父类类型的变量来引用一个子类类型的对象，根据被引用子类对象特征的不同，得到不同的运行结果。

【例5-10】多态应用示例Example10.java。

```
//定义一个父类
class Vehicle07 {
    //定义Vehicle07类的无参的构造方法
    public Vehicle07(){
    }
```

```
    public void printBrand(){
        System.out.println("这是一辆车");
    }
}
//定义 Bus07 类继承 Vehicle07 类
class Bus07 extends Vehicle07{
    //定义 Bus07 类无参的构造方法
    public Bus07(){
        //方法体中无代码
    }
    public void printBrand(){
        System.out.println("这是一辆客车");
    }
}
class Car01 extends Vehicle07{
    public void printBrand(){
        System.out.println("这是一辆小轿车");
    }
}
//定义一个测试类
public class Example10{
    public static void main(String[] args){
        Vehicle07 v1=new Vehicle07();  //实例化父类 Vehicle07 ( ) 对象
        v1.printBrand();  //调用父类 Vehicle 的 printBrand ( ) 方法
        v1=new Bus07();   //实例化子类 Bus07 对象并将其赋值给父类对象 v1
        v1.printBrand();  //调用子类 Bus07 的 printBrand ( ) 方法
        v1=new Car01();   //实例化子类 Car01 对象并将其赋值给父类对象 v1
        v1.printBrand();  //调用子类 Car01 的 printBrand ( ) 方法
    }
}
```

程序运行结果：

```
Console
<terminated> Example10 (2) [Java Application] D:\programs\Java\jdk1.7.0_51\bin\javaw.exe (2
这是一辆车
这是一辆客车
这是一辆小轿车
```

程序解析：在该例中，v1=new Bus07();和 v1=new Car01(); 这两行代码实例化子类对象并将其赋值给父类对象，即实现了父类类型变量引用不同的子类对象，当引用不同子类对象后，分别调用的是子类中重写的 printBrand()方法，所以结果打印出来的是客车和小轿车。由此可见，多态不仅解决了方法同名的问题，而且还使程序变得更加灵活，从而有效地提高程序的可扩展性和可维护性。

（2）对象的类型转换

在多态的学习中，涉及将子类对象当作父类类型使用的情况，如例 5-10 中两行代码：v1=new Bus 07();和 v1=new Car01(); 将子类对象当作父类使用时不需要任何显式的声明。需要注意的是，此时不能通过父类变量去调用子类中的某些方法，下面通过例 5-11 进行说明。

【例 5-11】对象的类型转换示例 Example11.java。

```
//定义父类 Vehicle
class Vehicle08 {
    定义 Vehicle 类的无参的构造方法
    public Vehicle08(){
        System.out.println("这是一辆车");

    //定义 Vehicle 类的有参的构造方法
    public Vehicle08(String brand){
        System.out.println("这是一辆"+brand);
    }
    public void printBrand(){
        System.out.println("这是一辆车");
    }
}
//定义 Bus08 类继承 Vehicle08 类
class Bus08 extends Vehicle08{
    //定义 Bus 类无参的构造方法
    public Bus08(){
        //方法体中无代码
    }
    public void printBrand(){
        System.out.println("这是一辆客车");
    }
    public void run(){
        System.out.println("客车在跑");
    }
}
//定义一个测试类
public class Example11 {
    public static void main(String[] args) {
        Bus08 b1=new Bus08();
        vehicleRun(b1);
    }
    public static void vehicleRun(Vehicle08 v1){
        v1.printBrand();
        v1.run();
    }
}
```

程序运行结果：

```
Console
<terminated> Example11 (2) [Java Application] D:\programs\Java\jdk1.7.0_51\bin\javaw.exe (
Exception in thread "main" java.lang.Error: Unresolved compilation problem:
	The method run() is undefined for the type Vehicle08

	at Example11.vehicleRun(Example11.java:36)
	at Example11.main(Example11.java:32)
```

程序解析：在例 5-11 测试类的 main()方法中，调用 vehicleRun()方法时传入了 Bus08 类型的对象 b1，而方法的参数类型为 Vehicle08 类型，这便将 Bus08 对象当作父类 Vehicle08 类型使用。当编译器检查到 v1.run();这行代码时，发现 Vehicle08 类中并没有定义 run()方法，从而出现了运行结果的错误信息，指出找不到 run()方法。

由于传入的对象是 Bus08 类型，在 Bus08 类中定义了 run()方法，通过 Bus08 类型的对象调用 run()方法是可行的，因此可以在 vehicleRun()方法中将 Vehicle 类型的变量强转为 Bus 类型。将例 5-11 中的 vehicleRun()方法进行修改，具体代码如下：

```
public class Example11 {
    public static void main(String[] args) {
        Bus08 b1=new Bus08();
        vehicleRun(b1);
    }
    public static void vehicleRun(Vehicle08 v1){
        Bus08 b1=(Bus08)v1;
        b1.printBrand();
        b1.run();
    }
}
```

程序运行结果：

```
Console
<terminated> Example11 (2) [Java Application] D:\programs\Java\jdk1.7.0_51\bin\javaw.e
这是一辆车
这是一辆客车
客车在跑
```

程序解析：修改后再次编译，程序没有报错，通过运行结果可以看出，将传入的对象由 Vehicle08 类型转为 Bus08 类型后，程序可以成功调用 printBrand()方法和 run()方法。需要注意的是，在进行类型转换时也可能出现错误，例如在例 5-11 中调用 vehicleRun()方法时传入一个 Car 类型的对象，这时进行强制类型转换就会出现错误，如例 5-12 所示。

【例 5-12】进行强制类型转换示例 Example12.java。

```
//定义父类
class Vehicle09{
    //定义 Vehicle 类的无参的构造方法
    public Vehicle09(){
        //System.out.println("这是一辆车");
    }
    //定义 Vehicle 类的有参的构造方法
    public Vehicle09(String brand){
        System.out.println("这是一辆"+brand);
    }
    public void printBrand(){
        System.out.println("这是一辆车");
    }
}
//定义子类 Bus09 类继承自父类
class Bus09 extends Vehicle09{
    //定义 Bus 类无参的构造方法
    public Bus09(){
        //方法体中无 Vehicle09 类代码
```

```
    }
    public void printBrand(){
        System.out.println("这是一辆客车");
    }
    public void run(){
        System.out.println("客车在跑");
    }
}
//定义Car02类继承Vehicle09类
class Car02 extends Vehicle09{
    public void printBrand(){
        System.out.println("这是一辆轿车");
    }
}
//定义一个测试类
public class Example12 {
    public static void main(String[] args) {
    Car02 c1=new Car02();
    vehicleRun(c1);
    }
    public static void vehicleRun(Vehicle09 v1){
        Bus09 b1=(Bus09)v1;
        b1.printBrand();
        b1.run();
    }
}
```

程序运行结果：

```
Console
<terminated> Example12 (2) [Java Application] D:\programs\Java\jdk1.7.0_51\bin\javaw.exe (2017-10-5 上
Exception in thread "main" java.lang.ClassCastException: Car02 cannot be cast to Bus09
        at Example12.vehicleRun(Example12.java:41)
        at Example12.main(Example12.java:38)
```

程序解析：程序运行时出错，提示 Car02 类型不能转换成 Bus09 类型。出错的原因是，在调用 vehicleRun()方法时，传入一个 Car02 对象，在强制类型转换时，Vehicle09 类型的变量无法强转为 Bus09 类型。

针对这种情况，Java 中提供了一个关键字 instanceof，可以判断一个对象是否为某个类的实例或者子类实例，语法格式如下：

```
对象（或者对象引用变量）instanceof 类（接口）
```

下面对例 5-12 的 vehicleRun()方法进行修改，具体代码如下：

```
public static void vehicleRun(Vehicle09 v1){
    if(v1 instanceof Bus09){
    Bus09 b1=(Bus09)v1;
    b1.printBrand();
    b1.run();
    }else{
        System.out.println("这款车不是客车。");
    }
}
```

程序运行结果：

```
Console
<terminated> Example12 (2) [Java Application] D:\programs\Java\jdk1.7.0_51\bin\javaw.exe
这款车不是客车。
```

程序解析：在对例 5-12 修改的代码中，用 instanceof 关键字判断 vehicleRun()方法中传入的对象是否为 Bus09 类型，如果是 Bus 类型就进行强制转换，否则就打印输出“这款车不是客车。”，在该例中，由于传入的对象为 Car02 类型，因此出现该运行结果。

二、抽象类和接口

1. 抽象类

当定义一个类时，经常需要定义一些方法来描述该类的行为特征，但有时这些方法的实现方式是无法确定的。例如，前面在定义 Vehicle 类时，printBrand()方法用于打印车型，但是针对不同的车型，打印出来的车型名称也不同，因此在 printBrand()方法中无法准确地描述出各种类型的车。

针对上面描述的情况，Java 中允许在定义方法时不写方法体，不包含方法体的方法为抽象方法，抽象方法必须使用 abstract 关键字来修饰。例如：

```
abstract void printBrand();      //定义抽象方法 printBrand()
```

当一个类中包含了抽象方法时，该类必须使用 abstract 关键字来修饰，使用 abstract 关键字修饰的类称为抽象类。例如：

```
//定义抽象类 Vehilce
abstract class Vehicle{
    //定义抽象方法 printBrand()
    abstract void printBrand();
}
```

在定义抽象类时需要注意，包含抽象方法的类必须声明为抽象类，但抽象类可以不包含任何抽象方法，只需要使用 abstract 关键字来修饰即可。另外，抽象类是不可以被实例化的，因为抽象类中有可能包含抽象方法，抽象方法是没有方法体的，不可以被调用。如果想调用抽象类定义的方法，则需要创建一个子类，在子类中实现抽象类中的抽象方法。

【例 5-13】实现抽象类中的方法 Example13.java。

```
//定义一个抽象类 Vehicle10
abstract class Vehicle10{
    //定义抽象方法 printBrand()
    abstract void printBrand();
}
//定义 Car03 类继承抽象类 Vehicle10
class Car03 extends Vehicle10{
    //实现抽象方法 printBrand()
    void printBrand(){
        System.out.println("这是一辆红旗轿车");
    }
}
//定义一个测试类
```

```
public class Example13 {
    public static void main(String[] args){
        Car03 c1=new Car03();
        c1.printBrand();
    }
}
```

程序运行结果：

Console

<terminated> Example13 (2) [Java Application] D:\programs\Java\jdk1.7.0_51\bin\javaw.exe (2

这是一辆红旗轿车

程序解析：从运行结果可以看出，子类实现父类的抽象方法后，可以正常进行实例化，并通过实例化对象调用方法。

2．接口

如果一个抽象类中所有的方法都是抽象的，则可以将这个类用另外一种方式来定义，即接口。在定义接口时，需要使用 interface 关键字来声明，例如：

```
interface Vehicle{
    int ID=1;                    //定义全局常量
    void printBrand();           //定义抽象方法
    void run();                  //定义抽象方法
}
```

上面的代码中，Vehicle 即为一个接口。从示例中会发现抽象方法 printBrand()和 run()并没有用 abstract 关键字来修饰，这是因为接口中定义的方法和变量都包含一些默认的修饰符。接口中定义的方法默认使用 public abstract 来修饰，即抽象方法。接口中的变量默认使用 public static final 来修饰，即全局常量。

由于接口中的方法都是抽象方法，因此不能通过实例化对象的方式来调用接口中的方法。此时需要定义一个类，并使用 implements 关键字实现接口中所有的方法。

【例 5-14】实现接口中的方法 Example14.java。

```
//定义一个接口
interface Vehicle11{
    int ID=1;                    //定义全局常量
    void printBrand();           //定义抽象方法
    void run();                  //定义抽象方法
}
//Car 类实现了 Vehicle11 接口
class Car04 implements Vehicle11{
    //实现 printName()方法
    public void printBrand(){
        System.out.println("这是一辆红旗轿车");
    }
    //实现 run ( ) 方法
    public void run(){
        System.out.println("红旗轿车在跑");
```

```
    }
}
//定义测试类
public class Example14 {
    public static void main(String[] args){
    Car04 c1=new Car04();
    c1.printBrand();
    c1.run();
    }
}
```

程序运行结果：

```
Console
<terminated> Example14 (1) [Java Application] D:\programs\Java\jdk1.7.0_51\bin\javaw.exe (
这是一辆红旗轿车
红旗轿车在跑
```

程序解析：从运行结果可以看出，类 Car04 在实现了 Vehicle11 接口后是可以被实例化的。

在例 5-14 中演示的是类与接口之间的实现关系，在程序中，还可以定义一个接口使用 extends 关键字去继承另一个接口。下面对例 5-14 稍加修改，演示接口之间的继承关系，修改后的代码如例 5-15 所示。

【例 5-15】 接口之间的继承示例 Example15.java。

```
//定义一个接口
interface Vehicle12{
    int ID=1;                           //定义全局常量
    void printBrand();                  //定义抽象方法
    void run();                         //定义抽象方法
}
//定义 Car05 接口，并继承了 Vehicle12 接口
interface Car05 extends Vehicle12{  //接口继承接口
    void carry();                       //定义抽象方法
}
//hongqi 类实现了 Car05 接口
class Hongqi implements Car05{
    //实现 printName()方法
    public void printBrand(){
        System.out.println("这是一辆红旗轿车");
    }
    //实现 run()方法
    public void run(){
        System.out.println("红旗小轿车在跑");
    }
    //实现 carry()方法
    public void carry(){
        System.out.println("红旗轿车可以载人");
    }
}
//定义测试类
public class Example15{
```

```
    public static void main(String[] args){
    Hongqi h1=new Hongqi();
    h1.printBrand();
    h1.run();
    h1.carry();
    }
}
```

程序运行结果：

```
Console
<terminated> Example15 (2) [Java Application] D:\programs\Java\jdk1.7.0_51\bin\javaw.exe
这是一辆红旗轿车
红旗小轿车在跑
红旗轿车可以载人
```

程序解析：在该例中定义了两个接口，其中 Car05 接口继承 Vehicle12 接口，因此 Car05 接口包含了 3 个抽象方法。当 Hongqi 类实现 Car05 类接口后，需要实现两个接口中定义的 3 个方法。从运行结果可以看出，程序针对 Hongqi 类实例化对象并调用类中的方法。

为了加深初学者对接口的认识，下面对接口的特点进行归纳：

（1）接口中的方法都是抽象的，不能实例化对象。

（2）当一个类实现接口时，如果这个类是抽象类，则实现接口中的部分方法即可，否则需要实现接口中所有的方法。

（3）一个类通过 implements 关键字实现接口时，可以实现多个接口，被实现的多个接口之间要用逗号隔开。例如：

```
interface Run{
    //程序代码
}
interface Carry{
    //程序代码
}
class Car implements Run,Carry{
    //程序代码
}
```

（4）一个接口可以通过 extends 关键字继承多个接口，接口之间用逗号隔开。例如：

```
interface Run{
    //程序代码
}
interface Carry{
    //程序代码
}
interface Car extends Run,Carry{
    //程序代码
}
```

（5）一个类在继承另一个类的同时还可以实现接口，此时，extends 关键字必须位于 implements 关键字之前。例如：

```
class Hongqi extends Car implements Vehicle{  //先继承，再实现
    //程序代码...
}
```

3. 匿名内部类

在前面的讲解中，如果方法中的参数被定义为一个接口类型，就需要定义一个类来实现接口，并根据该类进行对象的实例化。除此之外，还可以使用匿名内部类来实现接口。

【例 5-16】通过内部类实现接口示例 Example16.java。

```
//定义 Vehilce13 接口
interface Vehilce13{
    void run();
}
public class Example16 {
    public static void main(String[] args) {
    //定义一个内部类 Car06 实现 Vehicle13 接口
    class Car06 implements Vehilce13{
        //实现 run()方法
        public void run(){
            System.out.println("一辆轿车在跑");
            }
        }
        vehicleRun(new Car06());       //调用 vehicleRun()方法并传入 Car06 对象
    }
    //定义静态方法 vehicleRun()
    public static void vehicleRun(Vehilce13 v1){
        v1.run();                      //调用传入对象的 run()方法
    }
}
```

程序运行结果：

```
Console
<terminated> Example16 (1) [Java Application] D:\programs\Java\jdk1.7.0_51\bin\javaw.exe
一辆轿车在跑
```

程序解析：在该例中，内部类 Car06 实现了 Vehicle13 接口，在调用 vehicleRun()方法时，将 Car06 类的实例对象作为参数传入。

下面通过匿名内部类的方式实现例 5-16 中的效果。匿名内部类的格式如下：

```
new 父类(参数列表) 或 父接口( ){
    //匿名内部类实现部分
}
```

接下来对例 5-16 进行改写，如例 5-17 所示。

【例 5-17】通过匿名内部类实现接口示例 Example17.java。

```
//定义 Vehilce14 接口
interface Vehilce14{
    void run();
}
public class Example17{
    public static void main(String[] args){
        //定义匿名内部类作为参数传递给 vehicleRun ( ) 方法
        vehicleRun(new Vehilce14(){
        //实现 run()方法
```

```
        public void run(){
            System.out.println("一辆轿车在跑");
        }
    });
}
    //定义静态方法 vehicleRun()
    public static void vehicleRun(Vehilce14 v1){
        v1.run();           //调用传入对象 v1 的 run ( ) 方法
    }
}
```

程序运行结果:

```
Console
<terminated> Example17 (2) [Java Application] D:\programs\Java\jdk1.7.0_51\bin\javaw.exe
一辆轿车在跑
```

程序解析：在例 5-17 中使用匿名内部类实现了 Vehilce14 接口。匿名内部类可以分两步来实现，具体如下：

（1）在调用 vehicleRun()方法时，在方法的参数位置写上 new Vehilce14 ( ){}，相当于创建了一个实例对象，并将对象作为参数传给 vehicleRun()方法。在 new Vehilce14 ( )后面有一对大括号，表示创建的对象为 Vehilce14 的子类实例，该子类是匿名类。具体代码如下：

```
vehicleRun(new Vehilce 14(){});
```

（2）在大括号中编写匿名子类的实现代码，具体如下：

```
vehicleRun(new Vehilce14(){
    public void run(){
        System.out.println("一辆轿车在跑");
    }
});
```

至此，便完成了匿名内部类的编写。匿名内部类是实现接口的一种简便写法，在程序中不一定非要使用匿名内部类。对于初学者不要求完全掌握这种写法，只需要尽量理解语法即可。

三、包

1. 概述

包是类、接口和其他包的集合，就像在计算机硬盘上将各种文件分门别类地保存到不同的目录中一样，可以将类、接口和包按类别放在不同的包中。

引入包的目的是解决类和接口的命名冲突问题，例如在不同包中都可以有名为 Vehicle 的类。本书前面的例子中由于没有包，当有多个 Vehicle 类时，需要将其改名为 Vehicle01、Vehicle02 等名字。包涉及如下几点需要注意：

（1）包可以含有类、接口及其他包。

（2）类或接口名前加上包名，称为全限定名。

（3）包与文件目录具有严格的一对一的关系，可以理解为包是 Java 源文件所在目录在程序中的反映。

（4）同文件目录结构一样，包与包之间也形成树状结构。

2. 包的声明

包的创建是在类或接口源文件的第一行加入如下语句：

```
package cn.itcast.chapter02; //使用 package 关键字声明包
public class Example01{…}
```

当编译一个声明了包的 Java 源文件时，需要使用命令生成与包名对应的目录。例如：

```
javac -d . Example01.java
```

其中，-d 用来指定生成的类文件的位置，“.”表示在当前目录，整行命令表示生成带包目录的.class 文件并存放在当前目录下。当然，生成的类文件还可以存放在其他目录下，这时只需要将“.”用其他路径替换即可。具体示例如下：

```
javac -d . D:\cn\itcast\chapter2 Example01.java
```

下面以 HelloWorld 为例，分步骤讲解如何使用包机制管理 Java 的类文件。

（1）编写 HelloWorld 类，在类名之前声明当前类所在的包为 cn.itcast，如例 5-18 所示。

【例 5-18】 声明当前类所在的包示例 HelloWorld.java。

```
package cn.itcast;        //定义该类在 cn.itcast 包下
public class HelloWorld {
   public static void main(String[] args) {
   System.out.println("Hello World!");
   }
}
```

（2）使用“javac -d . HelloWorld.java”命令编译源文件，如图 5-2 所示。

```
D:\programs\Java\workspace\Chapter2\src\cn\itcast>javac -d . HelloWorld.java
```

图 5-2 编译源文件运行结果

按【Enter】，在当前目录下查看包名 cn.itcast 对应的 cn\itcast 目录，发现该目录下存放了 HelloWorld.class 文件，如图 5-3 所示。

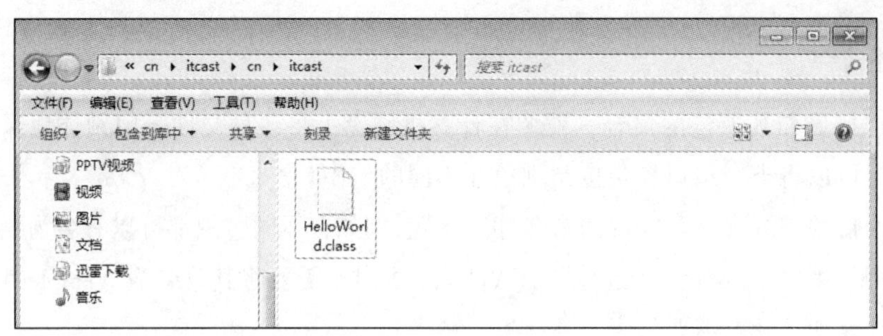

图 5-3 HelloWorld.class 文件

（3）使用 java cn.itcast. HelloWorld 命令运行图 5-3 所示的 class 文件。需要注意的是，在运行.class 文件时，需要跟上包名。

程序运行结果：

```
D:\programs\Java\workspace\Chapter2\src\cn\itcast>java cn.itcast.HelloWorld
Hello World!
```

程序解析：由此可见，包机制的引入，可以对.class文件进行集中管理。如果没有显示地声明package语句，类则处于默认包下。在实际开发中，这种情况是不会出现的，本书为了简便，在定义类时都没有为其指定包名。

在程序开发中，位于不同包中的类经常需要互相调用。例如，分别在目录D:\programs\Java\workspace\Chapter2\src\cn\itcast下定义一个源文件Car.java，在目录D:\programs\Java\workspace\Chapter2\src\cn\itcast.example定义一个源文件Test.java，如例5-19和例5-20所示。

【例5-19】定义源文件Car.java。

```
package cn.itcast;
public class Car {
    public void run(){
        System.out.println("轿车可以跑");
    }
}
```

【例5-20】定义源文件Test.java。

```
package cn.itcast;
public class Test{
    public static void main(String[] args){
    Car c1=new Car();
    c1.run();
    }
}
```

首先需要使用javac –d . Car.java编译Car类，编译通过后会产生cn.itcast包，在包中产生了Car.class文件，如图5-4所示。

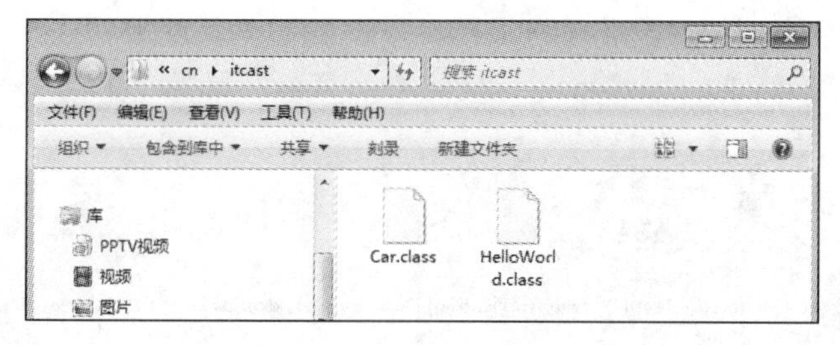

图5-4　产生cn.itcast包和Car.class文件

下面使用javac –d . Test.java命令编译Test.java源文件，这时会编译出错。

程序运行结果：

```
D:\programs\Java\workspace\Chapter2\src\cn\itcast>javac -d . Test.java
Test.java:5: 错误: 找不到符号
        c1.run();
          ^
  符号:   方法 run()
  位置: 类型为Car的变量 c1
1 个错误
```

程序解析：报错信息是找不到类 Car。这时因为类 Car 位于 cn.itcast 包下，而 Test 类位于 cn.itcast.example 包下，两者处于不同的包下，因此，若要在 Test 类中访问 Car 类就需要使用该类的完整类名 cn.itcast.Car，即包名加上类名。为了解决上例的编译错误，将例 5-20 中的 Car c1=new Car();这行代码进行修改。修改后的代码如下：

```
cn.itcast.Car c1=new cn.itcast.Car();
```

重新编译 Test 类，这时编译通过，使用 java cn.itcast.Test 命令运行该类。

程序运行结果：

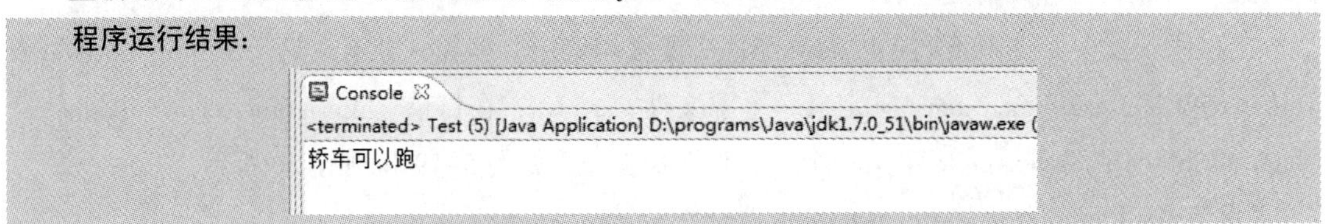

程序解析：通过运行结果可以看出，在 Test 类中实例化 Car 类对象时，使用该类的完整类名 cn.itcast.Car，即包名加上类名，编译才会通过。

3. 包的引用

在实际开发中，定义的类都是含有包名的，而且还有可能定义很长的包名。Java 中提供了 import 关键字，使用 import 关键字可以在程序中一次导入包下的类，这样就不必在每次用到该类时都书写完整的类名。具体格式如下：

```
import 包名.类名
```

需要注意的是，import 通常出现在 package 语句之后，类定义之前。下面对例 5-20 做如下修改：

```
package cn.itcast;
import cn.itcast.Car;
public class Test {
    public static void main(String[] args) {
    Car c1=new Car();
    c1.run();
    }
}
```

程序运行结果：

Console
<terminated> Test (5) [Java Application] D:\programs\Java\jdk1.7.0_51\bin\javaw.e
轿车可以跑

程序解析：该例中使用 import 语句导入了 cn.itcast 包中的 Car 类，这时使用 Car 类就无须使用“包名.类名”的方式。如果有时需要用到一个包中的许多类，可以使用“import 包名.*;”来导入该包下的所有的类。

在 JDK 中，不同功能的类都放在不同的包中，其中 Java 的核心类主要放在 java 这个包及其子包下，Java 扩展的大部分类都放在 javax 包及其子包下。为了便于后面的学习，下面简单介绍 Java 语言中的常用包。

（1）java.lang：包含 Java 语言的核心类，如 String、Math、System 和 Thread 类等，使用这个包中的类无须使用 import 语句导入，系统会自动导入这个包下所有的类。

（2）java.util：包含 Java 中大量工具类、集合类等，如 Arrays、List、Set 等。

（3）java.net：包含 Java 网络编程相关的类和接口。

（4）java.io：包含 Java 输入、输出有关的类和接口。

（5）java.awt：包含用于构建图形界面（GUI）的相关类和接口。

除了上面提到的常用包，JDK 中还有很多其他的包，例如，数据库编程的 java.sql 包、编写 GUI 的 javax.swing 包等。JDK 中所有包中的类构成了 Java 类库，在此只对常用包进行大体介绍。

四、访问控制权限

了解了包的概念，就可以系统地介绍 Java 中的访问控制级别。在 Java 中，针对类、成员方法和属性提供了 4 种访问级别：public、default、protected 和 private，其中 default 表示没有修饰符（默认值）。这 4 种控制级别由高到低依次为：

public→default→protected→private

1. public 权限

public 权限为公共访问级别权限，这是一个最宽松的访问控制级别。如果一个类或者类的成员被 public 访问控制符修饰，则这个类或类的成员能被所有的类访问，不管访问类与被访问类是否在同一个包里。

2. default 权限

default 访问权限是指包访问级别，如果一个类或者类的成员不能使用任何访问控制符修饰，则称为它的默认访问控制级别，这个类或者类的成员只能被本包中的其他类访问。

3. protected 权限

protected 是介于 public 和 private 之间的一种访问修饰符，一般称为“保护访问权限”。被其修饰的属性以及方法能被类本身的方法及同一包下的其他类访问，也能被不在同一包下的子类访问。

4. private 权限

private 是 Java 语言中对访问权限限制的最低的修饰符，被其修饰的属性及方法只能被该类的对象访问。其子类不能访问，更不能允许跨包访问。类的良好的封装就是通过 private 关键字来实现的。

在程序中，假设将类、成员变量和成员方法一律定义为 public，则失去了封装的意义；如果都定义成 private，数据得到了保护，但是无法使用，这个类就没有存在的意义；如果将所有的成员变量定义为私有，则需要通过公有的方法（接口）才能访问这些变量，比较麻烦。在实际开发中要根据实际情况采取适当的访问控制权限。

此外，public 和 default 还可用于类和接口的修饰，其中 public 修饰的类或接口是公开的，可以被任何类引用。对于 public 类，还有一些应该注意的地方：public 类的类名必须与源文件名完全一致；一个源文件中，最多只能有一个 public 类，否则出现编译错误。

任务实施

1. 实现思路

（1）改写任务四中的 Vehicle 类，重命名为 MotoVehicle，将其定义成抽象类，其中包括品牌、日租金、车牌号码 3 个属性，对其 3 个属性进行封装；定义两个构造方法，一个为无参构造方法，一个为带有品牌、日租金、车牌号 3 个参数的构造方法；定义一个计算租金的抽象方法。

（2）创建 MotoVehicle 类的子类：Bus 类和 Car 类，且定义子类构造方法时相比父类构造方法多一个统计座位的属性，根据子类不同重写父类计算租金方法。

（3）创建汽车业务类，实例化 Vehicle 对象，定义存储车信息数组，轿车包括品牌、日租金、车牌号、型号信息，客车包括品牌、日租金、车牌号、座位数信息；定义提供租赁服务的方法，根据用户的租车条件去查找相应车辆，并返回相应车辆，其中用户的租车条件是以品牌、车型、座位为方法的参数。

（4）定义测试类汽车租赁管理类，在该类的 main()函数中根据用户输入不同的租车条件，调用提供租赁服务的方法，分别在控制台打印输出不同车型、不同天数的租车金额。

2. 实现代码

（1）定义 MotoVehicle 类，将其定义成抽象类，其中包括品牌、日租金、车牌号码 3 个属性，对其 3 个属性进行封装；定义两个构造方法，一个为无参构造方法，一个为带有品牌、日租金、车牌号 3 个参数的构造方法；定义一个计算租金的抽象方法。

```
public abstract class MotoVehicle {
    //品牌、日租金、车牌号属性
    private String brand;
    private int perRent;
    private String vehicleId;
    public MotoVehicle(){}
    public MotoVehicle(String brand, int perRent, String vehicleId) {
        this.brand=brand;
        this.perRent=perRent;
        this.vehicleId=vehicleId;
    }
    public String getBrand(){
        return brand;
    }
    public void setBrand(String brand){
        this.brand=brand;
    }
    public int getPerRent(){
        return perRent;
```

```
    }
    public void setPerRent(int perRent){
       this.perRent=perRent;
    }
    public String getVehicleId(){
       return vehicleId;
    }
    public void setVehicleId(String vehicleId){
       this.vehicleId=vehicleId;
    }
    //定义一个计算租金的抽象方法，根据用户租车的天数计算租金
    public abstract float calcRent(int days);
}
```

（2）创建 MotoVehicle 类的子类：Bus 类和 Car 类，且定义子类构造方法时相比父类构造方法多一个统计座位的属性，根据子类不同重写父类计算租金的方法。

```
//定义子类 Bus 类
public class Bus extends MotoVehicle {
    private int seatCount;
        public Bus() {
        }
        public Bus(String brand, int perRent, String vehicleId, int seatCount)
        {  //子类构造方法
            super(brand, perRent, vehicleId); //调用父类 Vehicle 的有参的构造方法
            this.seatCount=seatCount;
        }
        public void setSeatCount(int seatCount){
            this.seatCount=seatCount;
        }
        public int getSeatCount(){
            return this.seatCount;
        }
        // 计算租金:
        /*
         * days>=3 天 9 折 days>=7 天 8 折 days>=30 天 7 折 days>=150 天 6 折
         */
        public float calcRent(int days){
            float price=this.getPerRent() * days;
            if (days>=3&& days < 7){
               price=price*0.9f;
               }elseif(days>=7&&days <30){
               price=price*0.8f;
               }else if (days >=30 && days < 150) {
               price=price*0.7f;
            } else if (days>=150){
               price=price*0.6f;
            }
            return price;
        }
}
//定义子类 Car 类
```

```
public class Car extends MotoVehicle {
    // 型号
    private String type;
    public Car(){
    }
    public Car(String brand, int perRent, String vehicleId, String type) {
        super(brand, perRent, vehicleId);
        this.type=type;
    }
    public void setType(String type){
        this.type=type;
    }
    public String getType(){
        return this.type;
    }
    // 计算租金:
    /*
     * days>7 天 9 折 days>30 天 8 折 days>150 天 7 折
     */
    public float calcRent(int days){
        float price=this.getPerRent() * days;
        if (days>7 && days<=30){
            price=price*0.9f;
        } else if (days>30 && days<=150){
            price=price*0.8f;
        } else if (days>150){
            price=price*0.7f;
        }
        return price;
    }
}
```

（3）创建汽车业务类，实例化 Vehicle 对象，定义存储车信息数组，轿车包括品牌、日租金、车牌号、型号信息，客车包括品牌、日租金、车牌号、座位数信息；定义提供租赁服务的方法，根据用户的租车条件去查找相应的车辆，并返回相应的车辆，其中用户的租车条件为品牌、车型、座位为方法的参数。

```
public class MotoOperation{
    MotoVehicle[] motos=new MotoVehicle[8];
        // 初始化数据
        public void init(){
            // 品牌、日租金、车牌号、型号
            motos[0]=new Car("宝马", 800, "京NY28588", "X6");
            motos[1]=new Car("宝马", 600, "京CNY3284", "550i");
            motos[2]=new Car("别克", 300, "京NT37465", "林荫大道");
            motos[3]=new Car("别克", 600, "京NT96968", "GL8");
            // 品牌、日租金、车牌号、座位数
            motos[4]=ew Bus("金龙", 800, "京8696997", 16);
            motos[5]=new Bus("金龙", 1500, "京8696998", 34);
            motos[6]=new Bus("金杯", 800, "京6566754", 16);
            motos[7]=new Bus("金杯", 1500, "京9696996", 34);
```

```
        }
        // 提供租赁服务
        // 根据用户的租车条件去查找相应车辆，并返回相应车辆
        // 用户的租车条件，方法的参数
        public MotoVehicle rentVehicle(String brand, String type, int seatCount) {
            MotoVehicle rentMoto=null;
            for (MotoVehicle moto : motos){
                if (moto instanceof Car){
                    moto=(Car) moto;
                if(brand.equals(moto.getBrand())&&type.equals(((Car)
                    moto).getType())){
                        rentMoto=moto;
                        break;
                }
                }
                if (moto instanceof Bus){
                    moto=(Bus) moto;
                if(brand.equals(moto.getBrand())&&((Bus)moto).getSeat
                Count()==seatCount){
                        rentMoto=moto;
                        break;
                }

                }
            }
            return rentMoto;
        }
    }
```

（4）定义测试类汽车租赁管理类，在该类的 main()函数中根据用户输入不同的租车条件，调用提供租赁服务的方法，分别在控制台打印输出不同车型、不同天数的租车金额。

```
    import java.util.Scanner;
    /*
     * 汽车租赁管理类（入口和系统界面）
     * */
    public class RentVehicleSys {
        public static void main(String[] args) {
            System.out.println("*********欢迎光临腾飞汽车租赁公司***********");
            System.out.println("请选择租车类型: 1. 轿车 2. 客车");
            Scanner input=new Scanner(System.in); //定义一个接收键盘输入的对象
            int choose=input.nextInt();
            // 品牌、轿车的类型、客车座位数
            String brand="";
            String type="";
            int seatCount=0;
            switch (choose) {
            case 1:
                // 租赁轿车
                System.out.print("请选择品牌: 1. 红旗 2. 别克");
                int brandChoose=input.nextInt();
                if (brandChoose==1) {
```

```
                brand="红旗";
                System.out.println("请选择类型: 1. 奔腾B50 2. 奔腾B70");
                int typeChoose=input.nextInt();
                type=(typeChoose==1) ? "奔腾B50" : "奔腾B70";
            } else {
                brand="别克";
                System.out.println("请选择类型: 1. 英朗 2. 凯越");
                int typeChoose=input.nextInt();
                type=(typeChoose==1) ? "英朗 " : "凯越";
            }
            break;
        case 2:
            // 租赁客车
            System.out.print("请选择品牌: 1. 金龙2. 金杯");
            brand=(input.nextInt()==1)?"金龙":"金杯";
            System.out.println("请选择座位数: 1. 16座 2、34座");
            int typeChoose=input.nextInt();
            seatCount=(typeChoose==1)?16:34;
            break;
        }
        // 租车
        System.out.print("请输入要租赁的天数: ");
        int days=input.nextInt();
        MotoOperation motoOpr=new MotoOperation();
        motoOpr.init();
        MotoVehicle moto=motoOpr.rentVehicle(brand, type, seatCount);
        System.out.println("*************租车结果***************");
        // 提供租车信息给用户
        System.out.println("租车成功! 分配给您的车是: " + moto.getVehicleId());
        System.out.println("您应付租金(元): " + moto.calcRent(days));
    }
}
```

程序运行结果:

```
Console
<terminated> RentVehicleSys [Java Application] D:\programs\Java\jdk1.7.0_51\bin
*********欢迎光临腾飞汽车租赁公司***********
请选择租车类型：1、轿车2、客车
1
请选择品牌：1、红旗2、别克 1
请选择类型：1、奔腾B50 2、奔腾B70
2
请输入要租赁的天数：5
*************租车结果***************
租车成功！分配给您的车是：京NY28588
您应付租金（元）：2000.0
```

任务小结

本任务介绍了继承、多态、抽象类和接口，包的概念和使用，访问控制符等内容。通过这个任务的学习，旨在让学生深入理解面向对象的编程思想，并且让学生掌握面向对象的核心内容。

自测题

一、选择题

1. 下列程序的运行结果是（　　）。

```
public class X1 extends x{
   int ab(){
       static int  aa=10;
       aa++;
       System.out.println(aa);
    }
    public static void main(String[] args) {
       X1 x=new  X1();
       x.ab();
    }
}
```

A. 10　　B. 11

C. 编译错误　　D. 运行成功，但不输出

2. 下面关于接口的说法中不正确的是（　　）。

A. 接口中所有的方法都是抽象的

B. 接口中所有的方法都是public访问权限

C. 子接口继承父接口所用的关键字是implements

D. 接口是Java中的特殊类，包含常量和抽象方法

3. 区分类中重载方法的依据是（　　）。

A. 形参列表的类型和顺序　　B. 不同的形参名称

C. 返回值的类型不同　　D. 访问权限不同

4. 子类对象（　　）直接向其父类赋值，父类对象（　　）向其子类赋值。

A. 能，能　　B. 能，不能　　C. 不能，能　　D. 不能，不能

5. Java语言类间的继承关系是（　　）。

A. 单继承　　B. 多重继承　　C. 不能继承　　D. 不一定

6. Java语言接口间的继承关系是（　　）。

A. 单继承　　B. 多重继承　　C. 不能继承　　D. 不一定

7. 一个类实现接口的情况是（　　）。

A. 一次可以实现多个接口　　B. 一次只能实现一个接口

C. 不能实现接口　　D. 不一定

8. 定义外部类的类头时，不可用的关键字是（　　）。

A. public　　B. final　　C. protected　　D. abstract

9. 如果局部变量和成员变量同名，在局部变量作用域内引用成员变量（　　）。

A. 不能引用，必须改名，使它们的名称不相同

B. 在成员变量前加 this，使用 this 访问该成员变量

C. 在成员变量前加 super，使用 super 访问该成员变量

D. 不影响，系统可以自己区分

10. 下面说法不正确的是（　　）。

A. 抽象类既可以做父类，也可以做子类

B. abstract 和 final 能同时修饰一个类

C. 抽象类中可以没有抽象方法，有抽象方法的类一定是抽象类或接口

D. 声明为 final 类型的方法不能在其子类中重新定义

二、填空题

1. 在面向对象程序设计中，采用________机制可以有效地组织程序结构。充分利用已有的类来创建更复杂的类，可大幅提高程序开发的效率，提高代码的复用率，降低维护的工作量。

2. ________是指在子类中重新定义一个与父类中已定义的数据成员名完全相同的数据成员。

3. 子类可以重新定义与父类同名的成员方法，实现对父类方法的________。

4. 子类在重新定义父类已有的方法时，应保持与父类完全相同的________、________、________，否则就不是方法的覆盖，而是子类定义自己特有的方法，与父类的方法无关。

5. this 代表了________的一个引用，super 表示的是当前对象的________的引用。

6. 抽象类不能________对象，该工作由抽象类派生的非抽象子类来实现。

7. 如果父类中已有同名的 abstract 方法，则子类中就________（能/不能）再有同名的抽象方法。

8. abstract 类中不能有________访问权限的数据成员或成员方法。

9. ________是声明接口的关键字，可以把它看成一个特殊类。接口中的数据成员默认的修饰符是________，接口中的成员方法默认的修饰符是________。

10. 如果实现某接口的类不是 abstract 的抽象类，则在类的定义部分必须________该接口的所有抽象方法；如果实现某接口的类是 abstract 的抽象类，则它可以________该接口所有的方法。但是，对于这个抽象类任何一个非抽象的子类而言，其父类所实现的接口中的所有抽象方法以及自身所实现接口中的抽象方法都必须有实在的________。

11. 包的作用有两个：一是________，二是________。

12. 封装也称________，是指类的设计者只为类的使用者提供类的可以访问的部分（包括类的数据成员和成员方法），而把类中的其他成员________起来，使用户不能访问的机制。

13. Java 提供了 4 种访问权限来实现封装机制，即________、________、________和________。

14. Java 中提供两种多态机制：________与________。

15. 当一个构造方法需要调用另一个构造方法时，可以使用关键字________，同时这个调用语句应该是整个构造方法的________可执行语句。

16. 如果子类自己没有构造方法，那么父类也一定______（有/没有）带参的构造方法，此时它将继承父类的__________作为自己的构造方法；如果子类自己定义了构造方法，则在创建新对象时，它将先执行__________的构造方法，然后再执行自己的________。

17. 对于父类的含参数构造方法，子类可以通过在自己的构造方法中使用________关键字来调用它，但这个调用语句必须是子类构造方法的_________可执行语句。

18. 创建一个名为 myPachkage 的包的语句为___________，该语句应该放在程序_________位置。

三、编程题

1. 编写一个实现方法重载的程序。

2. 编写一个实现方法覆盖的程序。

3. 编写一个实现数据成员隐藏的程序。

4. 编写一个使用 this 和 super 关键字的程序。

5. 编写一个人类 Person，其中包含姓名、性别和年龄的属性，包含构造方法以及显示姓名、性别和年龄的方法。再编写一个学生类 Student，它继承 Person 类，其中包含学号属性、构造方法以及显示学号的方法。最后编写一个测试类 Test，包含 main()方法，在 main()方法中定义两个学生 s1 和 s2 并给他们赋值，最后显示学生的学号、姓名、性别以及年龄。

6. 编一个程序，包含以下文件：

（1）Shape.java 文件：在该文件中定义接口 Shape，该接口在 shape 包中。

属性：PI。

方法：求面积的方法 area()。

（2）Circle.java 文件：在该文件中定义圆类 Circle，该类在 circle 包中，实现 Shape 接口。

属性：圆半径 radius。

方法：构造方法；实现接口中求面积方法 area()；求周长方法 perimeter()。

（3）Cylinder.java 文件：在该文件中定义圆柱体类 Cylinder，该类在 cylinder 包中，继承圆类。

属性：圆柱体高度 height。

方法：构造方法；求表面积方法 area()；求体积方法 volume()。

（4）在定义测试类 Test，该类在默认包中，其中包含主方法 main()，在主方法中创建两个圆类对象 cir1 和 cir2，具体尺寸自己确定，并显示圆的面积和周长；再创建两个圆柱体类的对象 cy1 和 cy2，具体尺寸自己确定，然后分别显示圆柱体 cy1 和 cy2 的底圆的面积和周长以及它们各自的体积和表面积。

拓展实践——模拟物流快递系统程序设计

网购已成为人们生活的重要组成部分，当人们在网站上下订单后，订单中的货物就会在经过一系列的流程后，送到客户手中。在送货期间，物流管理人员可以在系统中查看所有物品的物流信息。编写一个模拟物流快递系统的程序，模拟后台系统处理货物的过程。

参考代码见本书配套资源 LogisticsExpress 文件夹。

面试常考题

1. 静态变量和实例变量有何区别？

2. 是否可以从一个 static 方法内部发出对非 static 方法的调用？

3. 简述 Overload 和 Override 的区别。Overload 的方法是否可以改变返回值的类型？

4. 接口是否可继承接口？抽象类是否可实现（implements）接口？抽象类是否可继承具体类（concrete class）？抽象类中是否可以有静态的 main()方法？

项目实现

通过前面 2 个任务所学的知识，完成汽车租赁管理系统中的所有功能。

（1）编写 Vehicle 类，并创建一个测试类，在其 main()函数中实例化不同车型的对象，并调用计算租金方法，分别在控制台打印输出不同车型、不同天数的租车金额。

（2）改写步骤（1）中的 Vehicle 类，重命名为 MotoVehicle，将其定义成抽象类，其中包括品牌、日租金、车牌号码 3 个属性，对其 3 个属性进行封装；定义两个构造方法，一个为无参构造方法，一个为带有品牌、日租金、车牌号 3 个参数的构造方法；定义一个计算租金的抽象方法。

（3）创建 MotoVehicle 类的子类：Bus 类和 Car 类：且定义子类构造方法时相比父类构造方法多一个统计座位的属性，根据子类不同重写父类计算租金方法。

（4）创建汽车业务类，实例化 Vehicle 对象，定义存储车信息数组，轿车包括品牌、日租金、车牌号、型号信息，客车包括品牌、日租金、车牌号、座位数信息；定义提供租赁服务的方法，根据用户的租车条件去查找相应车辆，并返回相应车辆，其中用户的租车条件是以品牌、车型、座位为方法的参数。

（5）定义测试类汽车租赁管理类，在该类的 main()函数中根据用户输入不同的租车条件，调用提供租赁服务的方法，分别在控制台打印输出不同车型、不同天数的租车金额。

项目参考代码见本书配套资源“汽车租赁管理系统.java”文件。

项目总结

通过本项目的学习，读者能够对 Java 面向对象的思想、类与对象之间的关系及类的封装和使用、构造方法的定义与重载、static 关键字的使用及内部类的定义和应用场景、继承、多态、抽象类和接口、包概念和使用、访问控制符等知识点有深入了解，这是学习 Java 语言的精髓所在。深入理解面向对象的思想，对以后实际开发也大有裨益。

项目三

停车场管理系统

技能目标

- 能熟练使用 Java API 查阅和使用常用类。
- 具备良好的异常处理能力。

知识目标

- 了解 Java API。
- 熟悉 Java 中常用类的使用方法。
- 了解 Java 异常处理机制。
- 掌握异常的抛出、捕获和处理。
- 掌握 Java 异常类的使用方法。
- 掌握自定义异常类的使用方法。

项目功能

本项目要搭建一个停车场管理系统，目的是通过本项目的设计与实现，使读者能够利用 Java API 查阅常用类，理解 Java 编程中的异常处理机制，能够正确处理 Java 程序中的异常。

在本系统中，为了便于理解，仅实现停车场管理的一些基本功能，主要有：车辆的进场和出场、查询车在停车场的停放信息、查询车位使用情况、查询便道车位停车情况等。

任务六　利用 Java API 查阅常用类

任务描述

停车场管理系统中会用到车辆的车牌号信息，而车牌号包含汉字、大写字母和数字，如果仅用简单变量无法用一个变量存储多种数据类型的数据，该如何解决？此外，对于停车场的基本功能，如车辆进出场、查询停车场车位使用情况等，应该怎样用程序代码来实现？本任务将通过使用Java提供的常用类来解决实际问题，通过对停车场管理系统中信息的存取以及基本功能的实现，介绍 Java API 中常用类的使用方法。

技术概览

Java 语言中提供了大量的类库供程序开发者使用，很多程序中要实现的功能和要解决的问题都可以在类库中找到相应的方法。了解类库的结构可以帮助开发者节省大量的编程时间，而且能够使编写的程序更加简单实用。Java 中丰富的类库资源是 Java 语言的一大特色，是 Java 程序设计的基础。

相关知识

一、类库的概述

Java API（Java Application Programming Interface，Java 应用程序接口）是 Java 语言提供的组织成包结构的许多类和接口的集合，提供了很多类、方法和变量的解释，利用这些类库可以方便快速地实现程序中的各种功能。简单地讲，Java API 就是一个帮助文档，可使开发者快速了解 Java 类的属性、方法。如果开发者对要使用的类不熟悉，想查看类中的变量或者方法，就可以打开 Java API 文档进行查阅。

Java API 包含在 JDK 中，只要安装了 JDK 运行环境就可以使用，可以快速提高开发人员的编程能力。Java API 提供了各种功能的 Java 类，这些类根据现实功能的不同，可以划分为不同的集合，每个集合组成一个包，下面针对一些常用的类逐一进行解释。

二、字符串类

在应用程序中经常会用到字符串，所谓字符串就是由零个或多个字符组成的序列，必须用双引号 " " 括起来，可以包含任意字符。例如，" 我正在学习 Java 程序设计 " 、" 鲁 F58888 " 等。Java 语言提供了两个处理字符串的类：String 类和 StringBuffer 类，并提供了一系列操作字符串的方法，它们都位于 java.lang 包中，不需要引用就可以直接使用。

1. String 类的初始化

在 Java 语言中字符串是当作对象来看待的，如同一般的用类声明和创建对象一样，可以用 String 类声明和创建字符串。字符串对象必须赋初值以后才能使用，称为 String 类的初始化。Java 语言提供了多种方法对 String 类进行初始化。

（1）使用字符串常量直接初始化一个 String 对象。例如：

```
String name=new String("Jack");
```

由于 String 类比较常用，所以在 Java 中提供了简化的语法格式，可以将创建并初始化 String 对象的语句简写为：

```
String name="Jack";
```

（2）创建一个空字符串对象。例如：

```
String str=new String();
```

（3）根据指定的字符数组创建字符串对象。例如：

```
char charArray[3]={'T', 'O', 'M'};
String str=new String(charArray);
```

以上 3 种 String 类的初始化方法，实际上是通过调用 String 类的 3 种不同参数的构造方法来实现的，3 个构造方法分别为：String()、String(char[] value)和 String(String value)。下面通过一个示例加深对 String 类初始化方法的理解。

【例 6-1】 String 类初始化示例 Testsring1.java。

```
public class TestString1{
    public static void main(String[] args)
    {
        String str1=new String();
        String str2=new String("lucy");
        char charArray[3]={ 'T','O','M'};
        String str3=new String(charArray);
        System.out.print("x"+ str1+"y");
        System.out.print(str2);
        System.out.print(str3);
    }
}
```

程序运行结果：

```
xy
lucy
TOM
```

程序解析：程序中分别对 3 种不同的字符串对象初始化方法给出了示例，先赋值后执行输出语句，将 3 个字符串的内容输出。

2. String 类的常见操作

String 类在实际开发过程中的应用十分广泛，因此灵活地使用 String 类是非常重要的。Java 语言为字符串提供了非常丰富的操作，String 类对每一个操作都提供了对应的方法，这些方法可以通过查阅 Java API 手册来获得。这里仅介绍一些常用操作。

（1）获取字符串的长度

使用 length()方法可以获取一个字符串的长度。例如：

```
String str="12345";
int len=str.length();//len 的值为 5
```

【例 6-2】 length()方法应用示例 Testlength.java

```
public class Testlength{
    public static void main(String[] args)
    {
        String str1="我是学生";
        int len=str1.length();
        String str2="abcdefg";
        System.out.println("字符串 1 的长度为: "+len);
        System.out.println("字符串 2 的长度为: "+str2.length());
    }
}
```

程序运行结果：

```
字符串 1 的长度为: 4
字符串 2 的长度为: 7
```

程序解析：程序的功能是调用 length()方法来计算字符串的长度，可以定义一个变量来存储这个值，也可以在输出语句中直接调用，结果是一样的。

（2）连接字符串

字符串的连接有两种方法：可以使用连接运算符“+”，格式为 String1+String1；也可以使用连接方法 concat()，格式为 String1.concat(String2)。

【例 6-3】 连接字符串应用实例 Testconcat.java。

```
public class Testconcat{
    public static void main(String[] args)
    {
        String str1="ABCD";
        String str2="EFG";
        System.out.println(str1+str2);
        Str1=str1.concat(str2);
        System.out.println(str1);
    }
}
```

程序运行结果：

```
ABCDEFG
ABCDEFG
```

程序解析：本程序使用两种方法实现了字符串连接，先定义两个字符串并进行初始化赋值，然后使用连接运算符“+”和连接方法 concat()来实现字符串连接，最后使用输出语句输出结果。

（3）字符串的检索

在程序中经常会遇到获取指定位置的字符串或者查询某个字符在字符串中的位置等操作，String 类中同样也提供了实现方法，这里列举几个常用的检索方法。

- charAt()方法：用于按照索引值获取字符串中的指定字符，语法格式为 str.charAt(int index)。

例如：

```
String str="abc";
char c= str.charAt(1);                    //c的值为'b'
```

- indexOf()方法：用于查找特定字符在当前字符串中第一次出现的位置，没有则返回-1。语法格式为 str.indexOf(substring,startindex)，例如：

```
String str="abcded";
int index=str.indexOf('d');               //3
int index=str.indexOf('h');               //-1
int index=str.indexOf('d',4);             //5
```

- lastIndexOf()方法，用于查找特定字符在当前字符串中最后一次出现的位置。语法格式为：str. lastIndexOf (substring)。例如：

```
String str="abcdedcf";
int index=str.indexOf('c');               //6
```

【例 6-4】字符串检索操作所列 Testindex.java。

```
public class  Testindex{
    public static void main(String[] args)
    {
        String str=" congratulations ";
        System.out.println("字符串中第一个字符: "+str.charAt(0));
        System.out.println("字符a第一次出现的位置: "+str.indexOf('a'));
        System.out.println("字符a最后一次出现的位置: "+str. lastIndexOf('a'));
    }
}
```

```
程序运行结果:
字符串中第一个字符: c
字符a第一次出现的位置: 5
字符a最后一次出现的位置: 9
```

程序解析：程序中分别调用了字符串检索的几个方法来分别求出对应的值。

（4）字符串的比较

String 类中提供了很多字符串比较的操作方法，例如用 startsWith(String str)判断一个字符串的前缀是否以指定字符串开始；用 endsWith(String str)判断一个字符串是否以指定字符串结束；用 equals(String str)方法比较两个字符串是否相同；用 isEmpty()方法判断一个字符串是否为空等。

【例 6-5】字符串比较示例 Testcompare.java。

```
public class  Testcompare{
    public static void main(String[] args)
    {
        String str1="abcdef";
        String str2="Abcdef";
        System.out.println("字符串 str1 是否以 ab 开头:"+str1. startsWith ("ab"));
        System.out.println("字符串 str1 是否以 fg 结尾: "+ str1. endsWith ("fg"));
        System.out.println("字符串 str1 是否为空: "+str1. isEmpty());
        System.out.println("字符串 str1 和字符串 str2 是否相等:"+str1. equals (str2));
    }
}
```

```
程序运行结果:
字符串 str1 是否以 ab 开头: true
字符串 str1 是否以 fg 结尾: false
字符串 str1 是否为空: false
字符串 str1 和字符串 str2 是否相等: false
```

程序解析：这个程序通过调用不同的方法实现了一些字符串的比较操作，通过程序运行结果发现，这些方法的返回值都为 boolean 类型。其中，比较两个字符串是否相等时，是要区分大小写的，例题中两个字符串因为开头的字符大小写不同所以比较结果为 false。

在前面的章节中学过，比较两个字符串是否相等还可以使用比较运算符“==”，这里需要注意 equals(String str)方法和“==”两种比较方式的区别。它们在本质上是两个字符串比较与两个字符串引用对象比较的区别，前者表示所引用的两个字符串的内容是否相同，后者表示 str1 与 str2 是否引用同一个对象。例如：

```
String str1=new String("abc");
String str1=new String("abc");
System.out.println(str1. equals (str2)); //结果为 true，因为 str1 和 str2 字符
                                         //串内容相同
System.out.println(str1==str2);//结果为 false，因为 str1 和 str2 是两个不同的对象
```

（5）字符串替换和去掉前后空格操作

在程序开发中，可能会遇到输入数据错误或者输入多余空格操作等情况，这时可以用 String 类提供的 replace()和 trim()方法来解决。

replace()方法的作用是替换字符串中所有指定的字符，生成一个新的字符串，而原来的字符串不发生变化。trim()方法可以去掉字符串的前后空格而生成一个新的字符串。

【例 6-6】 字符串替换和去掉前后空格示例 Testreplace.java。

```
public class  Testreplace{
    public static void main(String[] args)
    {
        String str1="isboy";
        System.out.println("将boy替换成gril的结果为:"+str1. replace ("boy","gril"));
        System.out.println("输出字符串 str1: "+str1);
        String str2=" 123 ";
        System.out.println("去掉字符串 str2 的前后空格: "+str2.trim()+str2);
    }
}
```

```
程序运行结果:
将 boy 替换成 gril 的结果为: isgril
输出字符串 str1: isboy
去掉字符串 str2 的前后空格: 123  123
```

程序解析：这个程序通过调用了 replace()方法来替换字符，调用了 trim()方法来去除前后空格，可以发现，这两个方法都不会改变原字符串的值，而是生成了一个新的字符串。

（6）将字符串转换为字符数组

前面 String 类的初始化中介绍了可以将字符数组的值赋给一个字符串对象，反过来，字符串也可以转换为字符数组，String 类中提供的 toCharArray()方法可以实现。其语法格式为：

```
char[] chr=str.toCharArray()
```

我们通过例 6-7 来学习一下它的用法。

【例 6-7】字符串转换为字符数组示例 TesttoCharArray.java。

```
public class  TesttoCharArray{
    public static void main(String[] args)
    {
        String str1="happy";
        System.out.println("将字符串转换为字符数组后输出: ");
        char[] charArray=str.toCharArray();
        for (int i=0;i<charArray.length;i++)
        {
            if(i!=charArray.length-1)
            {
                System.out.println(charArray[i]+"_");
            }
            else
            {
                System.out.println(charArray[i]);
            }
        }
    }
}
```

程序运行结果：

将字符串转换为字符数组后输出:: h_a_p_p_y

程序解析：这个程序实现了将字符串转换成一个字符数组来存储，在用 for 输出转换后的字符数组的元素时，加上一个 if else 判断语句，如果不是最后一个元素就输出一个“_”，这样使得结果更加清晰明了。

3. StringBuffer 类

String 类是字符串常量，一旦创建了，其长度和内容就是不可更改的，如果需要对字符串进行修改，就只能创建新的字符串对象。为了解决这个问题，让程序编写更加灵活，Java 语言提供了另一种存储和操作字符串的类，即 StringBuffer 类。StringBuffer 类与 String 类最大的区别在于它的内容和长度可以改变，可以当作一个字符串变量来使用。

StringBuffer 类有 3 种构造函数：StringBuffer()用来构造一个空的 StringBuffer 类的对象；String Buffer(int length)用来构造一个长度为 length 且没有任何字符的 StringBuffer 类的对象；StringBuffer (String str)则可以用来构造一个以 str 为初始值的 StringBuffer 类的对象。例如：

```
StringBuffer str1=new StringBuffer();//str1 为一个空的字符串，初始长度为 16
StringBuffer str2=new StringBuffer(32);//str2 为一个空的字符串，长度为 32
StringBuffer str3=new StringBuffer("abcd");//str3 内容为 abcd，初始长度为 16
```

StringBuffer 类提供了一系列的方法用来实现字符串的修改、删除、替换等操作，具体使用方法可以通过 Java API 手册来进行查阅，这里只列举几个常用的方法。

（1）添加字符

StringBuffer 类中提供了两种常用的字符添加方法：append()方法和 insert()方法。其中，append(char c)方法是将指定字符串作为参数添加到 StringBuffer 对象的尾处，类似于字符串的连接；而 insert(int offset,String str)则是将字符串 str 插入到指定的 offset 位置。

【例 6-8】添加字符示例 Testadd.java。

```
public class Testadd {
    public static void main(String[] args)
    {
        StringBuffer sb=new StringBuffer();
        sb.append("abcd");
        System.out.println("append添加后的结果为: "+sb);
        sb.insert(1,"eee");
        System.out.println("insert添加后的结果为: "+sb);
        sb.append("123");
        System.out.println("再次 append添加后的结果为: "+sb);
    }
}
```

```
程序运行结果:
append添加后的结果为: abcd
insert添加后的结果为: aeeebcd
再次 append添加后的结果为: aeeebcd123
```

程序解析:这个程序演示了向 StringBuffer 对象添加数据的方法,首先定义一个空的 StringBuffer 对象，然后分别用 append()方法和 insert()方法来追加字符串，第一次 append()方法将"abcd"添加到空字符串的尾处，所以输出结果为 abcd；第二次 insert()方法将"eee"插入到字符串"abcd"中位置为 1 的地方，因为是从 0 开始计算的，所以输出结果为 aeeebcd，当再次执行 append()方法时，相当于在字符串 aeeebcd 尾处再追加字符串 123，所以最后输出结果为 aeeebcd123。

（2）删除字符

StringBuffer 类中提供了两种常用的删除字符的方法: deleteCharAt()方法和 delete()方法。deleteCharAt (int index)方法是删除指定位置的字符，而 delete (int start,int end)是指删除指定范围的字符或者字符串，包含 start，不包含 end 索引值的区间。

【例 6-9】删除字符示例 Testdelete.java。

```
public class  Testdelete{
    public static void main(String[] args)
    {
        StringBuffer sb=new StringBuffer("happy123");
        sb.delete(1,4);
        System.out.println("删除制定范围后的结果: "+sb);
        sb.deleteCharAt(3);
        System.out.println("删除指定位置后的结果: "+sb);
        sb.delete(0,sb.length());
        System.out.println("删除所有字符的结果: "+sb);
    }
}
```

```
程序运行结果:
删除制定范围后的结果: hy123
删除指定位置后的结果: hy13
删除所有字符的结果:
```

程序解析：这个程序实现了以不同的方式删除 StringBuffer 对象的字符，第一次删除使用 sb.delete (1,4)将字符串"happy123"中 0～4 位包含 0 不包含 4 的区间内的字符，所以删除后的结果为 hy123；第二次删除使用 sb. deleteCharAt (3)将"hy123"中第 3 位字符删除，所以输出结果为 hy13；最后一次删除，是 delete()方法的一种特殊使用方式，实现清空字符串中的所有字符。

（3）修改字符

对字符串的常用操作除了添加、删除之外，用得最多的还有修改操作，那么在 StringBuffer 类中同样也提供了修改字符的方法，常用的有两种：一个是 replace(int start,int end,String s)方法，用于在 StringBuffer 对象中替换指定的字符或字符串，将从 start 开始到 end-1 结束的区间内的字符串用字符串 s 代替；另一个是 setCharAt(int index,char ch)方法，用于修改指定位置 index 处的字符，用 char 指定的字符来代替。

【例 6-10】修改字符示例 Testreplace.java

```
public class  Testreplace{
   public static void main(String[] args)
   {
      StringBuffer sb=new StringBuffer("abcdefg");
      sb.replace (1,4,"aaa");
      System.out.println("修改指定范围字符串的结果: "+sb);
      sb.setCharAt (2,"b");
      System.out.println("修改指定位置字符串的结果: "+sb);
   }
}
```

程序运行结果：

```
修改指定范围字符串的结果: aaaaefg
修改指定位置字符串的结果: aabaefg
```

程序解析：这个程序的功能为修改 StringBuffer 对象，调用 sb.replace (1,4,"aaa")将字符串"abcdefg"从 1 到 4 位区间，不包括 4 位的字符串用"aaa"代替，所以输出结果为：aaaaefg；调用 sb. setCharAt (2,"b")将"aaaaefg"字符串第 2 位上的字符用"b"来替换，所以输出结果为：aabaefg。

在 StringBuffer 类中除了上面所讲的这几种常用方法外，还有很多其他方法，例如，revers()方法用于字符串的反转输出，toString()方法返回缓冲区的字符串等，使用都非常简单，这里不再赘述。

三、Math 类与 Random 类

在程序开发过程中，往往会遇到一些数学运算的问题，Java 中同样为这样问题提供了一些类，这里介绍比较常用的 Math 类与 Random 类。

1. Math 类

Math 类是 Java 类库中所提供的一个数学操作类，包含了一组基本的数学运算方法和常量。Math 类是最终类，其中所包含的所有方法都是静态方法。由于 Math 类比较简单，可以通过查阅 Java API 手册就可以很好地理解它的用法。

【例 6-11】Math 类应用示例 MathTest.java

```
public class MathTest{
    public static void main(String[] args)
    {
        System.out.println("计算绝对值: "+Math.abs(-10.4));
        System.out.println("求大于参数的最小整数: "+Math.ceil(-10.1));
        System.out.println("求大于参数的最小整数: "+Math.ceil(10.7));
        System.out.println("求小于参数的最大整数: "+Math.floor(-5.6));
        System.out.println("求小于参数的最大整数: "+Math.floor(5.6));
        System.out.println("求两个数的较大值: "+Math.max(10.7, 10));
        System.out.println("求两个数的较小值: "+Math.min(10.7, 10));
        System.out.println("rint 四舍五入的结果: "+Math.rint(10.5));
        System.out.println("rint 四舍五入的结果: "+Math.rint(10.7));
        System.out.println("round 四舍五入的结果: "+Math.round(10.5));
        System.out.println("round 四舍五入的结果: "+Math.round(10.7));
        System.out.println("生成一个随机数: "+Math.random());
    }
}
```

程序运行结果：

```
计算绝对值: 10.4
求大于参数的最小整数: -10.0
求大于参数的最小整数: 11.0
求小于参数的最大整数: -6.0
求小于参数的最大整数: 5.0
求两个数的较大值: 10.7
求两个数的较小值: 10.0
rint 四舍五入的结果: 10.0
rint 四舍五入的结果: 11.0
round 四舍五入的结果: 11
round 四舍五入的结果: 11
生成一个随机数: 0.42821854247198543
```

程序解析：本程序中对 Math 类的常用方法进行了演示，很容易读懂，这里需要注意的是 rint()方法进行四舍五入时，返回值为 double 类型，且遇到“.5”的时候会取偶数；而 round()方法进行四舍五入时返回 int 类型值，小数点的取舍与数学运算中的规则相同。

2. Random 类

在实际项目开发过程中，经常会需要产生一些随机数值，例如网站登录时的校验数字等。在 java.util 包中专门提供了一个和随机处理相关的类，即 Random 类，其中包含了生成随机数字的相关方法。

Random 类与 Math 类中产生随机数的 random()方法是不同的，random()方法是随机产生一个大于等于 0.0 且小于 1.0 的随机数值，而 Random 类实现的随机算法是伪随机，也就是有规则的随机，随机算法的起源数字称为种子数(seed)，在种子数的基础上进行变换，产生需要的随机数。所以，相同种子数的 Random 对象，相同次数生成的随机数字是完全相同的，这点需要特别注意。

（1）Random 类的构造方法

Random 类提供了两个构造方法：Random()和 Random(long seed)。

Random()方法是一个无参的构造方法，用于创建一个伪随机数生成器，该构造方法会使用一个和当前系统时间距离1970年1月1日0时0分0秒的毫秒数作为种子数，然后使用这个种子数创建Random对象，所以每个对象所产生的随机数是不同的。例如：

```
Random r=new Random();
```

Random(long seed)则是使用一个long型的种子创建一个伪随机数发生器。例如：

```
Random r=new Random(10);
```

（2）Random类中的常用方法

相对于random()方法而言，Random类提供了更多的方法来生成各种伪随机数，例如可以使用nextBoolean()方法来生成boolean类型的随机数，使用nextDouble()产生double类型的随机数，使用nextInt()产生int类型的随机数，使用nextInt(int n)产生0~n之间的int类型的随机数等。

【例6-12】随机数生成示例Randomtest1.java。

```
import java.util.Random;
public Randomtest1{
    public static void main(String[] args)
    {
        Random r=new Random();
        for(int x=0;x<8;x++)
        {
        System.out.println(r.nextInt(50));
    }
}
```

```
程序运行结果：
34
10
6
40
23
9
2
17
```

将程序再执行一次，得到不同的结果。

```
程序再次运行结果：
34
30
14
26
29
9
35
40
```

程序解析：程序利用无参的构造函数Random()来产生8个0~50之间的随机整数，从运行结果来看，程序执行两次产生的随机序列是不同的。

【例6-13】随机数生成示例Randomtest2.java。

```
import java.util.Random;
public Randomtest2{
   public static void main(String[] args)
   {
      Random r=new Random(13);
      for(int x=0;x<10;x++)
      {
         System.out.println(r.nextInt(100));
      }
   }
}
```

```
程序运行结果:
92
0
75
98
63
10
93
13
56
14
```

同样，将程序再执行一次得到相同的结果。

```
程序再次运行结果:
92
0
75
98
63
10
93
13
56
14
```

程序解析：该程序利用有参数的构造函数 Random(long seed)来产生 10 个 0 ~ 100 之间的随机整数，从运行结果来看，程序执行两次产生的随机序列是相同的。可以得出，如果在生成随机数时指定了相同的种子数，则每个实际对象所产生的随机序列就是相同的。

【例 6-14】随机数生成示例 Randomtest3.java。

```
import java.util.Random;
public class Randomtest3{
    public static void main(String[] args)
   {
      Random r=new Random(50);
      System.out.println("产生 bollean 类型的随机数: "+r.nextBoolean());
      System.out.println("产生 int 类型的随机数: "+r.nextInt());
      System.out.println("产生 double 类型的随机数: "+r.nextDouble());
   }
}
```

```
程序运行结果:
产生 bollean 类型的随机数: true
产生 int 类型的随机数: -1727040520
产生 double 类型的随机数: 0.6141579720626675
```

程序解析：程序中设置了种子数为 50 来创建一个伪随机数发生器，分别调用了不同的方法 nextBoolean()、nextInt()和 nextDoublen()来生成不同类型的随机数，得到程序结果。

四、包装类

Java 语言是一种面向对象的编程语言，但是 Java 中的基本数据类型却不是面向对象的。很多类和方法都需要接收引用类型的对象，这样就无法将一个基本数据类型的数值传入。为了解决这个不足，在设计类时为每个基本数据类型都设计了一个对应的类，将基本数据类型的值包装为引用数据类型的对象，称为包装类。

基本数据类型对应的包装类如表 6-1 所示。

表 6-1　基本数据类型对应的包装类

基本数据类型	包 装 类
byte	Byte
boolean	Boolean
short	Short
char	Character
int	Integer
long	Long
float	Float
double	Double

由表 6-1 可以看出，除了 Integer 类和 Character 类，其他包装类的名称与其对应的基本数据类型是一致的，只需要将第一个字母大写即可。

包装类的主要用途有两点：一是基本数据类型和引用数据类型的转换；二是包含每种基本数据类型的相关属性，如最大值、最小值等，以及相关的操作方法。

8 个包装类的使用是非常类似的，本节仅以最常用的 Integer 类为例介绍包装类的使用方法。

1. Integer 类的构造方法

Integer 类的构造方法有两种：一种是以 int 类型的变量作为参数创建 Integer 对象。例如：

```
Integer number=new Integer(10);
```

另一种是以 String 类型的变量作为参数创建 Integer 对象。例如：

```
Integer number=new Integer("10");
```

将 int 基本类型的数据转换为 Integer 类型时，就是将 int 类型的值作为参数传入，创建 Integer 对象。

【例 6-15】类型转换示例 IntegerTest1.java

```
public class  IntegerTest1{
```

```
    public static void main(String[] args)
    {
        int n=10;
        Integer in=new Integer(n);
        System.out.println(in.toString());
    }
}
```

程序运行结果：

```
10
```

程序解析：程序实现了 int 基本类型数据转换为 Integer 类型，将 int 型变量 n 作为参数传入构造方法来创建 Integer 对象，从而转换成了 Integer 类型，然后通过调用 toString()方法将 Integer 值以字符串的形式输出。

2. Integer 类的常用方法

Integer 类中包含了很多方法，主要涉及 Integer 类型与其他类型之间的转换、Integer 类型与字符串以及基本数据类型之间的转换等，下面列举几个常用的方法，如表 6-2 所示。

表 6-2 Integer 类的常用方法

方 法 名	功能描述
byteValue()	以 byte 类型返回此 Integer 值
intValue()	以 int 型返回此 Integer 对象
toString()	返回一个表示该 Integer 值的 String 对象
valueOf(String str)	返回保存指定的 String 值的 Integer 对象
parseInt(String str)	返回由 str 指定字符串转换成的 int 数值

【例 6-16】Integer 类的方法应用示例 IntegerTest2.java。

```
public class  IntegerTest2{
    public static void main(String[] args)
    {
        String str[]={"66","65","64","63"};
    int sum=0;
    for(int i=0;i<str.length;i++)
        {
            int myint=Integer. parseInt(str[]);
            sum=sum+myint;
        }
        System.out.println("各数值相加后的结果为: "+sum);
    }
}
```

程序运行结果：

```
各数值相加后的结果为: 258
```

程序解析：程序演示了 parseInt()方法的用法，首先定义了一个由数字字符构成的字符串，调用静态方法 parseInt()将这个字符串形式的数值转换成 int 类型，转换之后求和，从而得到最终结果。

【例 6-17】Integer 类的方法应用示例 IntegerTest3.java。

```
public class  IntegerTest3{
    public static void main(String[] args)
    {
        Integer in=new Integer(30);
        int m=20;
        int in=in.intValue()+m;
        System.out.println(in);
    }
}
```

程序运行结果：

```
50
```

程序解析：程序演示了 intValue()方法的用法，首先创建了一个 Integer 对象 in，然后调用 intValue()方法将 Integer 类型的 in 转换成 int 类型，值为 30，所以求和后的结果为 50。

以上演示了 Integer 类的具体用法，其他的包装类与其类似，但在使用的时需要注意几个地方：

（1）除了 Character 类，包装类都包含 valueOf(String str)方法，使用这个方法时要注意字符串 str 不能为 null，而且字符串必须是可以解析为相同基本类型的数据。

（2）除了 Character 类，包装类都包含 parseXXX(String str)方法，用来将字符串转换成对应的基本类型数据。使用这个方法时同样要注意字符串 str 不能为 null，而且字符串必须是可以解析为相同基本类型的数据，否则程序运行时会报错。

需要特别指出的是，自从 JDK 5.0 版本以后，引入了自动拆箱和装箱机制，什么是装箱和拆箱呢？装箱就是将基本数据类型转换成引用数据类型，反过来，拆箱就是将引用数据类型转换成基本数据类型。例如：

```
int m=12;
Integer in=m;          //自动装箱：int 类型会自动转换成 Integer 类型
int n=in;              //自动拆箱：Integer 类型会自动转换成 int 类型
```

所以，在进行基本数据类型和包装类型转换时，系统将自动进行，方便了程序开发。

五、日期相关的类

Java 中提供了一些处理日期时间的类，常用的有 java.util.Date、java.util.Calendar、java.text.DateFormat 类，利用这些类提供的方法，可以获取当前日期和时间、创建日期和时间参数，以及计算和比较时间等。

1. Date 类

Date 类位于 java.util 包中，用于表示日期和时间。由于在设计之初没有考虑国际化的问题，Date 类中的很多方法都已经过时。只有两个构造方法使用得比较多：一个是 Date()，用于创建一个精确到毫秒的当前日期时间的对象；另一个是 Date(long date)，用于创建用参数 date 指定时间的对象，date 表示从 1970 年 01 月 01 日 00 时（格林尼治时间）开始以来的毫秒数。如果运行 Java 程序的本地时区是北京时区（与格林尼治时间相差 8 小时），使用语句 Date dt1=new Date(1000);创建一个对象，那么对象 dt1 就是 1970 年 01 月 01 日 08 时 00 分 01 秒。

【例 6-18】Date 类的用法示例 Datetest.java。

```
import java.util.*;
public Datetest
{
    public static void main(String[] args)
    {
    Date da1=new Date();
    System.out.println("da1 值为: "+da1);
    Date da2=new Date(1170687005390L);
    System.out.println("da2 值为: "+da2);
    }
}
```

程序运行结果：

```
da1 值为: Fri May 11 09:41:18 CST 2018
da2 值为: Mon Feb 05 22:50:05 CST 2007
```

程序解析：程序中分别用两种构造函数来创建时间对象，da1 采用无参数的构造函数 Date()，用来输出系统当前的日期时间信息，da2 采用有参数的构造函数 Date(1170687005390L)用来输出距离 1970 年 01 月 01 日 00 时 1170687005390L 毫秒后的日期时间。

2. Calendar 类

Calendar 类用于日期时间的各种计算，它提供了很多方法可以设置和读取日期的特定部分，允许把以毫秒为单位的时间转换成一些有用的时间组成部分。Calendar 类是一个抽象类，不能直接创建对象，在程序中通过调用静态方法 getInstance()获得代表当前日期的 Calendar 对象。例如：

```
Calendar calendar=Calendar.getInstance();
```

Calendar 类定义了 YEAR、MONTH、DAY、HOUR、MINUTE、SECOND 等许多成员变量，调用 get()方法可以获取这些成员变量的数值。其中，在使用 MONTH 字段时要注意，月份的起始值是从 0 开始而不是 1，例如现在是 10 月份，获取的 MONTH 字段的值应该是 9。

同时，Calendar 类中为操作日期和时间提供了大量的方法，如表 6-3 所示。

表 6-3 Calendar 类的常用方法

方 法 名	功 能 描 述
int get(int field)	返回指定日历字段的值
void add(int field,int amount)	根据日历的规则，为指定的日历字段增加或者减去指定的时间量
void set(int field,int value)	为指定日历字段设置指定值
void set(int year,int month,int date)	设置 Calendar 对象的年、月、日 3 个字段的值

下面通过几个案例来学习一下 Calendar 类的用法。

【例 6-19】Calendar 类用法示例 Calendartest1.java。

```
import java.util.*;
public class Calendartest1 {
   public static void main(String[] args)
   {
      Calendar calendar=Calendar.getInstance();
      int year=calendar.get(Calendar.YEAR);
```

```
        int month=calendar.get(Calendar.MONTH)+1;
        int date=calendar.get(Calendar.DATE);
        int hour=calendar.get(Calendar.HOUR);
        int minute=calendar.get(Calendar.MINUTE);
        int second=calendar.get(Calendar.SECOND);
        System.out.println("现在是"+year+"年"+month+"月"+date+"日"+hour+"时
"+minute+"分"+second+"秒");
    }
}
```

程序运行结果：

现在是 2018 年 5 月 11 日 9 时 47 分 7 秒

程序解析：程序功能为获取当前计算机的日期和时间，首先通过静态方法 getInstance()创建一个 Calendar 类对象 calendar 获取当前计算机的日期和时间，然后利用对象 calendar 对象调用 get()方法来获取成员变量的值，最后输出结果。

【例 6-20】 Calendar 类用法示例 Calendartest2.java。

```
import java.util.*;
public class Calendartest2 {
    public static void main(String[] args)
    {
        Calendar calendar=Calendar.getInstance();
        calendar.add(Calendar.YEAR, 1);
        int year=calendar.get(Calendar.YEAR);
        int month=calendar.get(Calendar.MONTH)+1;
        int date=calendar.get(Calendar.DATE);
        System.out.println("一年后的今天: " + year+"年"+month+"月"+date+"日");
    }
}
```

程序运行结果：

一年后的今天：2019 年 5 月 11 日

程序解析：程序功能为获取一年后的今天的日期，首先通过静态方法 getInstance()创建了一个 Calendar 类对象 calendar 获取当前计算机的日期和时间，然后调用 add()方法来实现年月加 1，再调用 get()方法获取对象 calendar 各成员变量的值，最后输出结果。同样，也可以使用 add()方法求出几个月或者多少天后的日期。

【例 6-21】 Calender 类用法示例 Calendartest3.java。

```
import java.util.*;
public class Calendartest3
{
    public static void main(String[] args)
    {
        Calendar calendar=Calendar.getInstance();
        calendar.set(Calendar.YEAR, 2016);
        System.out.println("现在是" + calendar.get(Calendar.YEAR)+"年");
        calendar.set(2016, 8, 8);
        int year=calendar.get(Calendar.YEAR);
        int month=calendar.get(Calendar.MONTH);
        int date=calendar.get(Calendar.DATE);
```

```
        System.out.println("现在是"+year+"年"+month+"月"+date+"日");
    }
}
```

程序运行结果：
现在是2016年
现在是2016年8月8日

程序解析：程序功能为设置日期时间，首先通过静态方法 getInstance()创建了一个 Calendar 类对象 calendar，然后调用 set()方法设置年月日信息，最后输出结果。

3. DateFormat类

DateFormat类是一个日期的格式化类，位于 java.test 包中，专门用于将日期格式化为字符串或者用特定格式显示的日期字符串转换成一个 Date 对象。DateFormat类也是一个抽象类，不能直接实例化，但是其内部提供了一些静态方法，通过调用这些方法可以获取 DateFormat 对象。

DateFormat类中的静态方法有4种：通过 getDateInstance()可以创建默认语言环境和格式化风格的日期对象；通过 getDateInstance(int style)可以创建默认语言环境和指定风格的日期对象；通过 getDateTimeInstance()可以创建默认语言环境和格式化风格的日期时间对象;通过 getDateTimeInstance (int dateStyle, int timeStyle)可以创建默认语言环境和指定格式化风格的日期时间对象。

在 DateFormat 类中定义了4个常量 FULL、LONG、MEDIUM 和 SHORT，用于作为参数传递给静态方法，其中 FULL 表示完整格式，LONG 表示长格式，MEDIUM 表示普通格式，SHORT 表示短格式。

除此之外，DateFormat类中还有一些其他的方法，用于格式化处理，例如，format(Date date)方法可以将一个 Date 对象格式化为日期时间字符串；parse（String source）方法可以将字符串转换为一个日期。

【例6-22】DateFormat类的具体用法示例 DateFormattest.java。

```
import java.util.*;
import java.text.*;
public class DateFormattest {
    public static void main(String[] args)
    {
        Date date=new Date();
        DateFormat shortFormat=DateFormat.getDateTimeInstance(DateFormat. SHORT,
            DateFormat.SHORT);
        DateFormat mediumFormat=DateFormat.getDateTimeInstance(DateFormat. MEDIUM,
            DateFormat.MEDIUM);
        DateFormat longFormat=DateFormat.getDateInstance(DateFormat.LONG);
        DateFormat fullFormat=DateFormat.getDateTimeInstance(DateFormat. FULL,
            DateFormat.FULL);
        System.out.println("当前日期的短格式为: "+shortFormat.format(date));
        System.out.println("当前日期的普通格式为: "+mediumFormat.format(date));
        System.out.println("当前日期的长格式为: "+longFormat.format(date));
        System.out.println("当前日期的完整格式为: "+fullFormat.format(date));
    }
}
```

```
程序运行结果:
当前日期的短格式为: 18-5-11 下午 3:24
当前日期的普通格式为: 2018-5-11 15:24:47
当前日期的长格式为: 2018 年 5 月 11 日
当前日期的完整格式为: 2018 年 5 月 11 日 星期五 下午 03 时 24 分 47 秒
```

程序解析：这个程序演示了 4 种不同格式的日期输出结果，调用 getDateInstance()获得实例对象，对日期进行格式化，调用 getDateTimeInstance()方法获得实例对象用于对日期和时间进行格式化。

4. SimpleDateFormat 类

DateFormat 类中提供了一个 parse()方法可以将字符串转换成日期格式，但在使用过程中发现，在使用这个方法时，需要输入固定格式的字符串，显然是不够灵活的。这里再认识一下 SimpleDateFormat 类，它是 DateFormat 类的子类，用于对日期字符串进行解析和格式化输出。

SimpleDateFormat 类可以使用 new 关键字创建实例对象，它的构造方法参数为一个格式字符串，表示日期的格式模板。在创建 SimpleDateFormat 对象时，只要传入合适的格式化字符串，就能转换成各种格式的日期或者将日期格式转换成任何形式的字符串。下面通过一个案例学习一下具体的使用方法。

【例 6-23】SimpleDateFormat 类应用示例 SimpleDateFormattest1.java。

```
import java.util.*;
import java.text.*;
public class SimpleDateFormattest1 {
   public static void main(String[] args)
   {
      Date date=new Date();
      SimpleDateFormat dateFormat=new SimpleDateFormat("EE-MM-dd-yyyy");
      System.out.println(dateFormat.format(date));
      SimpleDateFormat format1=new SimpleDateFormat("yyyy-MM-dd");
      System.out.println(format1.format(date));
      SimpleDateFormat format2=new SimpleDateFormat("yyyy-MM-dd HH:mm:ss");
      System.out.println(format2.format(date));
   }
}
```

```
程序运行结果:
星期五-05-11-2018
2018-05-11
2018-05-11 12:49:47
```

程序解析：程序实现了将格式字符串转换成不同格式的日期输出。创建了3个 SimpleDateFormat 对象分别传入"EE-MM-dd-yyyy"、"yyyy-MM-dd"和"yyyy-MM-dd HH:mm:ss"格式字符串作为参数，然后调用 SimpleDateFormat 类的 format()方法，将 Date 对象获取的当前日期时间转换成这 3 种不同的模板格式的字符串输出。

下面再通过一个案例演示一下使用 SimpleDateFormat 类将指定日期格式的字符串转换成 Date 对象。

【例 6-24】SimpleDateFormat 类应用示例 SimpleDateFormattest2.java。

```
mport java.util.*;
import java.text.*;
public class SimpleDateFormattest2 {
    public static void main(String[] args) throws Exception
    {
        String dateStr="2017-8-8";
        SimpleDateFormat df=new SimpleDateFormat("yyyy-MM-dd");
        System.out.println(df.parse(dateStr));
    }
}
```

程序运行结果:

```
Tue Aug 08 00:00:00 CST 2017
```

程序解析：程序实现了将指定日期格式的字符串转换成 Date 对象。创建了 SimpleDateFormat 对象传入"yyyy-MM-dd"格式字符串作为参数，然后调用 SimpleDateFormat 类的 parse()方法，将日期格式的字符串"2017-8-8"转换成 Date 对象。

任务实施

1. 实现思路

（1）停车场信息管理系统主界面设置 5 个功能选项，分别为 1—初始化、2—进车、3—出车、4—查询、5—退出，输入不同的数字代表进入不同的功能模块。

（2）对车牌信息的存储需要用 String 类来实现。

（3）读入数据时，使用 BufferedReader 类，先把字符读到缓存，当缓存满了再读入内存，以此来提高系统读的效率。

（4）为了便于功能的区分，将具有增、删、改、查功能的代码分别封装到不同的方法中，将完整独立的功能分离出来，在实现项目时只需要在程序的 main()方法中调用这些方法即可。

2. 实现代码

（1）定义 intinput()和 stringinput()方法，实现初始化输入：

```
private int intinput() throws IOException,NumberFormatException
{
    BufferedReader br=new BufferedReader(new InputStreamReader(System.in));
    String str=br.readLine();
    int i=Integer.parseInt(str);
    return i;
}
private String stringinput() throws IOException
{
    BufferedReader br=new BufferedReader(new InputStreamReader(System.in));
    String str=br.readLine();
    return str;
}
```

（2）定义 Car 类，属性有：

```
String car_no;  车牌号
String state;  状态
public class Car
{
    String car_no;
    String state;
    Car()
    {
        car_no=null;
        state=null;
    }
}
```

（3）定义 Stop 类，其中定义 void pop(int location,Passway p,Temp t)方法实现记录车辆离开停车场；定义 void push(Car target)方法实现车辆进入停车场；定义 boolean isIn(String s)方法用来判断车辆在停车场的状态。

```
public class Stop
{
    Car data[];
    int size;
    Stop()
    {
        data=new Car[1];
        size=0;
    }
    private Car peek()
    {
        return data[size-1];
    }
    private boolean isFull()
    {
        return size==data.length;
    }
    private Car pop()
    {   size--;
    return data[size];
    }
    void pop(int location,Passway p,Temp t)
    {
        if(location==this.size)
        {
            System.out.println(this.peek().car_no+"号车离开停车场 ");
            this.pop();
        }
        else
        {
            int f=this.size;
            for(int i=1;i<=f-location;i++)
            {
                t.push(this.peek());
```

```
                this.pop();
            }
            System.out.println(this.peek().car_no+"号车离开停车场 ");
            this.pop();
            for(int i=0;!t.isEmpty();i++)
            {
                this.push(t.peek());
                t.pop();
            }
        }
        if(!p.isEmpty())
        {
            this.push(p.data[p.front]);
            p.remove();
        }
    }
    void push(Car target)
    {
        if(this.isFull())
            stretch();
        data[size]=target;
        size++;
        target.state=target.car_no+"号车位于停车场"+size+"号位";
        System.out.println(target.car_no+"号车进入停车场"+size+"号位 ");
    }
    boolean isIn(String s)
    {
        if(size==0)
            return false;
        for(int i=0;i<size;i++)
            if(data[i].car_no.equals(s))
                return true;
        return false;
    }
    private void stretch()
    {
        Car[] newData=new Car[data.length*2];
        for(int i=0;i<data.length;i++)
            newData[i]=data[i];
        data=newData;
    }
    void print()
    {
        for(int i=0;i<size;i++)
            System.out.println(data[i].state.toString());
    }
}
```

（4）定义 Passway 类，其中定义 void add(Car target)方法，用来实现将车辆停入便道；定义 boolean isIn(String s)方法用来判断车辆在便道里的状态。

```
public class Passway
{
```

```
Car [] data;
int size;
int front;
Passway()
{
    data=new Car[1];
    size=0;
    front=0;
}
boolean isEmpty()
{
    return size==0;
}
private boolean isFull()
{
    return size==data.length;
}
public Car remove()
{
    Car result=data[front];
    front=(front+1)%data.length;
    size--;
    Passway t=new Passway();
    for(int i=0;i<this.size;i++)
        t.add(this.data[front+i]);
    return result;
}
void add(Car target)
{
    if(this.isFull())
        this.stretch();
    data[(front+size)%data.length]=target;
    size++;
    target.state=target.car_no+"号车位于便道"+size+"号位";
    System.out.println(target.car_no+"号车进入便道"+size+"号位 ");
}
boolean isIn(String s)
{
    if(size==0)
        return false;
    for(int i=0;i<size;i++)
        if(this.data[(front+i)%data.length].car_no.equals(s))
            return true;
    return false;
}
private void stretch()
{
    Car newData[]=new Car[data.length*2];
    for(int i=0;i<data.length;i++)
        newData[i]=data[(front+i)%data.length];
```

```
            data=newData;
            front=0;
        }
        void print()
        {
            for(int i=0;i<size;i++)
                System.out.println(data[(front+i)%data.length].state.toString() );
        }
    }
```

（5）定义 cms 类，包含 main()方法，作为程序的入口，通过 switch 语句来实现不同操作的选择。

```
public class cms
{
    public static void main(String args[])
    {
        Stop stop=new Stop();
        Passway passway=new Passway();
        Temp temp=new Temp();
        Method method=new Method();
        System.out.println("欢迎使用停车场管理系统！");
        while(true)
        {
            System.out.println("请选择操作");
            System.out.println("1: 初始化");
            System.out.println("2: 进车");
            System.out.println("3: 出车");
            System.out.println("4: 查询");
            System.out.println("5: 退出");
            int select=method.iip(1,5);
            switch(select)
            {
            case 1:int i;
            Stop newstop=new Stop();
            Passway newpassway=new Passway();
            stop=newstop;
            passway=newpassway;
            for(i=1;i<=5;i++)
            {
            System.out.println("请输入停车位"+i+"号车位汽车的编号，键入$完结");
                String str=null;
                while(true)
                {
                    str=method.sip();
                    if(stop.isIn(str))
                    {
                        System.out.println("此车已在停车场里，请重新输入！");
                        continue;
                    }
                    if(passway.isIn(str))
                    {
                        System.out.println("此车已在便道里，请重新输入！");
```

```
                continue;
            }
            break;
        }
        if(str.equals("$"))
            break;
        else
        {
            Car c=new Car();
            c.car_no=str;
            stop.push(c);
        }
    }
    if(stop.size==5)
        for(int n=1;;n++)
        {
            System.out.println("请输入便道"+n+"号位汽车的编号，键入$完结");
            String str01=null;
            while(true)
            {
                str01=method.sip();
                if(stop.isIn(str01))
                {
                    System.out.println("此车已在停车场里，请重新输入！");
                    continue;
                }
                if(passway.isIn(str01))
                {
                    System.out.println("此车已在便道里，请重新输入！");
                    continue;
                }
                break;
            }
            if(str01.equals("$"))
                break;
            else
            {
                Car c=new Car();
                c.car_no=str01;
                passway.add(c);
            }
        }
    continue;
    case 2:System.out.println("请输入待进汽车的编号：");
    String str02=null;
    while(true)
    {
        str02=method.sip();
        if(stop.isIn(str02))
        {
```

```
            System.out.println("此车已在停车场里， 请重新输入！ ");
            continue;
        }
        if(passway.isIn(str02))
        {
            System.out.println("此车已在便道里，请 重新输入！ ");
            continue;
        }
        break;
    }
    Car c=new Car();
    c.car_no=str02;
    if(stop.size<5)
        stop.push(c);
    else
        passway.add(c);
    continue;
    case 3:System.out.println("请输入待出汽车的停车位编号:  ");
    int i2;
    i2=method.iip(1,5);
    if(i2>stop.size)
    {
        System.out.println("此车位尚无汽车！ ");
        continue;
    }
    stop.pop(i2, passway, temp);
    continue;
    case 4:System.out.println("请选择查询区域: ");
    System.out.println("1:停车场");
    System.out.println("2:便道");
    System.out.println("3:打印全部");
    int i4=method.iip(1,3);
    if(i4==1)
    {
        System.out.println("请输入待查询停车场车位编号: ");
        int i41=method.iip(1,5);
        if(stop.size<i41)
            System.out.println("此车位尚无汽车！ ");
        else
            System.out.println(stop.data[i41-1].state.toString());
    }
    else
        if(i4==2)
        {
            System.out.println("请输入待查询便道车位编号: ");
            int i42=method.iip(1, 100);
            if(passway.size<i42)
                System.out.println("此车位尚无汽车！ ");
            else
            {
```

```
                int ii=(i42- 1+passway.front)%passway.data.length;
                System.out.println(passway.data[ii].state.toString());
            }
        }
        else
        {
            stop.print();
            passway.print();
        }
    continue;
    case 5:System.out.println("欢迎再次使用! ");
    }
    break;
  }
 }
}
```

任务小结

本任务介绍了Java API类库的一些常用类的使用方法，Java API类库包含非常丰富的类和方法，熟练使用可以大幅提高程序人员的开发能力和效率。因为Java API类库中的类非常多，本任务只对其中一些常用的类进行了介绍，并给出了相应的程序示例，读者在学习本章内容时除了对知识点的掌握，更重要的是学会通过Java API手册查阅要使用的类并正确使用，做到触类旁通，举一反三。

自测题

一、选择题

1. 给出下面程序代码：

```
byte[] a1, a2[];
byte a3[][];
byte[][] a4;
```

下列数组操作语句中（　　）是不正确的。

A. a2 = a1　　B. a2 = a3　　C. a2 = a4　　D. a3 = a4

2. 关于数组，下列说法中不正确的是（　　）。

A. 数组是最简单的复合数据类型，是一系列数据的集合

B. 数组元素可以是基本数据类型、对象或其他数组

C. 定义数组时必须分配

D. 一个数组中所有元素都必须具有相同的数据类型

3. 设有下列数组定义语句：

```
int a[]={1, 2, 3};
```

则对此语句的叙述错误的是（　　）。

A. 定义了一个名为a的一维数组　　B.【a】数组有3个元素

C.【a】数组元素的下标为1～3　　D. 数组中每个元素的类型都是整型

4. 执行语句：int[] x=new int[20];后，下面（　　）说法是正确的。

A. x[19]为空　　B. x[19]未定义　　C. x[19]为 0　　D. x[0]为空

5. 下面代码运行后的输出结果为（　　）。

```
public class X6_1_5 {
   public static void main(String[] args) {
      AB aa=new AB();
      AB bb;
      bb=aa;
      System.out.println(bb.equals(aa));
   }
}
class AB{ int x=100; }
```

A. true　　B. false　　C. 编译错误　　D. 100

6. 已知有定义：String s="I love"，下面（　　）表达式正确。

A. s += "you";　　B. char c = s[1];

C. int len = s.length;　　D. String s = s.toLowerCase();

二、填空题

1. ________是所有类的直接或间接父类，它在________包中。

2. System 类是一个功能强大、非常有用的特殊的类，它提供了________、________系统信息等重要工具。这个类不能________，即不能创建 System 类的对象，所以它所有的属性和方法都是________类型，引用时以类名 System 为前缀即可。

3. Applet 由浏览器自动调用的主要方法________、________、________和________分别对应了 Applet 从初始化、启动、暂停到消亡的生命周期的各个阶段。

4. 数组是一种________数据类型，在 Java 中，数组是作为________来处理的。数组是有限元素的有序集合，数组中的元素具有相同的________，并可用统一的________和________来唯一确定其元素。

5. 在数组定义语句中，如果[]在数据类型和变量名之间时，[]之后定义的所有变量都是________类型，当[]在变量名之后时，只有[]之前的变量是________类型，之后没有[]的则不是数组类型。

6. 数组初始化包括________初始化和________初始化两种方式。

7. 利用________类中的________方法可以实现数组元素的复制；利用________类中的________和________方法可以实现对数组元素的排序、查找等操作。

8. Java 语言提供了两种具有不同操作方式的字符串类：________类和________类。它们都是________的子类。

三、写出下列程序的运行结果

```
1.  public class X3_3_1{
public static void main(String[] args){
    for(int i=0; i<10; i++){
```

```
            if(i==5) break;
            System.out.print(i);
        }
}
}
2. public class X6_3_2{
public static void main(String[] args){
    int a[]={36,25,48,14,55,40,32,66};
    int b1,b2;
    b1=b2=a[0];
    for(int i=1;i<a.length;i++)
        if(a[i]>b1){
          if ( b1>b2 ) b2=b1;
          b1=a[i];
        }
        System.out.println(b1+"\t"+b2);
}
}
3. public class X6_3_3{
public static void main(String[] args){
    int a[]={36,25,48,14,55,40,32,66 };
    int b1,b2;
    b1=b2=a[0];
    for(int i=1;i<a.length;i++)
    if( a[i]<b1 ){
    if( b1<b2 )  b2=b1;
    b1=a[i];
    }
    System.out.println(b1+"\t"+b2);
}
}
4. public class X6_3_4{
public static void main(String[] args){
        String str="abcdabcabfgacd";
        char[] a=str.toCharArray();
        int i1=0, i2=0, i;
        for(i=0;i<a.length;i++){
            if(a[i]=='a' )  i1++;
            if(a[i]=='b' )  i2++;
        }
        System.out.println(i1+"\t"+i2);
}
}
5. public class X6_3_5{
public static void main(String[] args){
    String str="abcdabcabdaeff";
        char[] a=str.toCharArray();
        int b[]=new int[5],i;
        for(i=0;i<a.length;i++){
            switch (a[i]){
```

```
                case 'a': b[0]++; break;
                case 'b': b[1]++; break;
                case 'c': b[2]++; break;
                case 'd': b[3]++; break;
                default : b[4]++;
            }
        }
        for(i =0; i<5; i++)
            System.out.print(b[i]+"\t");
        System.out.println();
}
}
```

6. public class X6_3_6 {

```
public static void main(String[] args){
    int a[]={76,83,54,62,40,75,90,92,77,84};
    int b[]={60,70,90,101};
    int c[]=new int[4],i;
    for (i=0; i<a.length; i++){
      int j=0;
      while (a[i]>=b[j] ) j++;
      c[j]++;
    }
    for (i=0; i<4; i++)
        System.out.print(c[i]+"\t");
    System.out.println();
}
}
```

7. public class X6_3_7 {

```
public static void main(String[] args){
    int a[][]={{1,2,7,8},{5,6,11,12},{9,10,3,4}};
    int m=a[0][0];
    int ii=0, jj=0;
    for (int i=0;i<a.length;i++)
        for(int j=0;j<a[i].length;j++)
          if ( a[i][j]>m ){
               m=a[i][j];
               ii=i;
               jj=j;
          }
        System.out.println(ii+"\t"+jj+"\t"+a[ii][jj]);
}
}
```

8. public class X6_3_8 {

```
public static void main(String[] args){
    String[] a={"student" ,"worker" ,"cadre" ,"soldier" ,"peasant" };
    String s1,s2;
    s1=s2=a[0];
```

```
    for( int i=1; i<a.length;i ++){
        if (a[i].compareTo(s1)>0) s1=a[i];
        if (a[i].compareTo(s2)<0) s2=a[i];
    }
    System.out.println(s1+"\t"+s2);
}
}
```

四、编写程序

1. 有一个数列，它的第一项为 0，第二项为 1，以后每一项都是它的前两项之和，试产生该数列的前 20 项，并按逆序显示出来。

2. 首先让计算机随机产生 10 个两位正整数，然后按照从小到大的次序显示出来。

3. 从键盘上输入 4 行 4 列的一个实数矩阵到一个二维数组中，然后求出主对角线上元素的乘积以及副对角线上元素的乘积。

4. 已知一个数值矩阵 $\boldsymbol{A}$ 为 $\begin{bmatrix} 3 & 0 & 4 & 5 \\ 6 & 2 & 1 & 7 \\ 4 & 1 & 5 & 8 \end{bmatrix}$，另一个矩阵 $\boldsymbol{B}$ 为 $\boldsymbol{A}$ 为 $\begin{bmatrix} 1 & 4 & 0 & 3 \\ 2 & 5 & 1 & 6 \\ 0 & 7 & 4 & 4 \\ 9 & 3 & 6 & 0 \end{bmatrix}$，求出 $\boldsymbol{A}$ 与 $\boldsymbol{B}$ 的乘积矩阵 $\boldsymbol{C}[3][4]$并输出，其中 $\boldsymbol{C}$ 中的每个元素 $\boldsymbol{C}[i][j]$等于 $\sum \boldsymbol{A}[i][k] * \boldsymbol{B}[k][j]$。

5. 从键盘上输入一个字符串，试分别统计出该字符串中所有数字、大写英文字母、小写英文字母以及其他字符的个数并分别输出这些字符。

6. 从键盘上输入一个字符串，利用字符串类提供的方法将大写字母转变为小写字母，小写字母转变为大写字母，再将前后字符对换，然后输出最终结果。

拓展实践——记录一个子串在整串中出现的次数

编写一个程序，记录一个子串在整串中出现的次数，例如记录子串"nba"在整串"nbaernbatnbaynbauinbaopnba"中出现的次数，通过观察可知子串"nba"出现的次数为 6。要求使用 String 类的常用方法来计算出现的次数。

参考代码见本书配套资源 StringTest.java 文件。

面试常考题

1. String 是最基本的数据类型吗？

2. String s = "Hello";s = s + " world!";这两行代码执行后，原始的 String 对象中的内容到底变了没有？

3. 是否可以继承 String 类？

4. 简述 String 和 StringBuffer 的区别。

任务七 捕获系统中的异常

任务描述

对于任务六中所实现的停车场管理系统，运行时会发现，如果输入的数据类型不正确，或者输入的信息超出范围，程序运行就会因为报错而停止运行，出现这样的问题并不是程序代码的书写错误造成的，需要利用本章要学习的 Java 中的异常处理机制来解决。

技术概览

Java 异常处理机制是 Java 语言对程序代码中可能会出现的异常情况进行处理的一种机制。正确处理异常是编写高质量代码必须要具备的能力。

程序中可能遇到的异常情况是多种多样的，对于常见的异常情况，Java 中都预先定义了类和方法进行处理；而对于 Java 中没有定义的异常，则需要开发者自行定义。对于异常处理，Java 语言中给出了统一的处理流程。

相关知识

一、异常概述

通过前面几个项目的实现发现，在 Java 程序的执行过程中，可能会遇到一些问题使程序运行中断，例如，程序代码编写不严谨、数组下标越界、输入了无效的值以及程序要访问的文件不存在等。这些在程序运行时出现的中断程序正常流程的非正常情况，称为异常（Exception），也叫作差错、违例等。

下面通过两个示例了解一下 Java 中的异常。

【例 7-1】异常测试示例 ExceptionTest1.java。

```
public ExceptionTest1
{
    public static void main(String[] args)
    {
        System.out.println("除法计算开始");
        int result=8/2;
        System.out.println("除法计算结果: "+ result);
        System.out.println("除法计算结束");
    }
}
```

```
程序运行结果:
除法计算开始
除法计算结果: 4
除法计算结束
```

程序解析：这是一个简单的计算除法运算的小程序，程序编写正确，运行成功并输出结果，过程中没有产生异常。

下面对例 7-1 做一点小小的改动。

【例 7-2】异常测试示例 ExceptionTest2.java。

```
public class ExceptionTest2 {
   public static void main(String[] args)
   {
      System.out.println("除法计算开始");
      int result=8/0;
      System.out.println("除法计算结果: "+ result);
      System.out.println("除法计算结束");
   }
}
```

```
程序运行结果:
除法计算开始
Excepption in thread"main"java.lang.Arith meticException:/ by zero
at ExceptionTest2.main(ExceptionTest2.java:6)
```

程序解析：程序中将例 7-1 中的计算 8 除以 2 的值改为计算 8 除以 0 的值，这时程序出现了错误，不再往下执行，而是直接进行了错误信息的输出，并且结束程序。

通过这两个例题可以看到，在 Java 程序编写过程中会遇到一些异常情况，如果不处理会造成程序报错或终止，需要进行处理才行。

二、异常类

在 Java 语言中，对很多可能出现的异常都进行了标准化，将它们封装成了各种类，统一称为异常类。在这些异常类中主要包含了异常的属性信息、跟踪信息等。

Java 的异常实际上就是一个对象，这个对象描述了代码中出现的异常情况，在代码运行异常时，在有异常的方法中创建并抛出（throw）一个表示异常的对象，然后在相应的异常处理模块进行处理。

1. 异常类的层次结构

Java 中的异常类是处理运行错误的特殊类，每一个异常类都对应一种特定的运行错误。所有的 Java 异常类都是内置类 Throwable 的子类，其层次结构如图 7-1 所示。

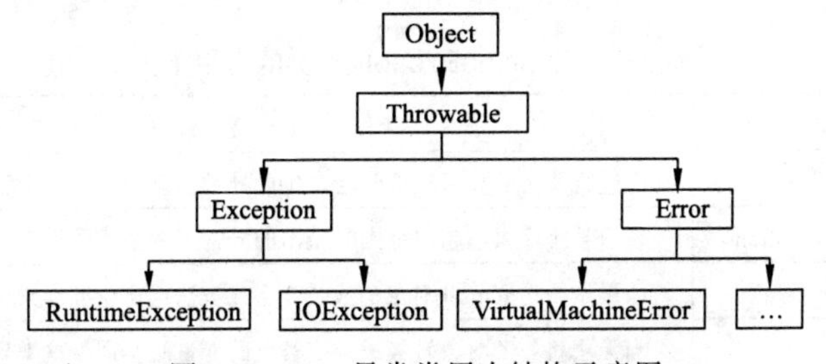

图 7-1　Java 异常类层次结构示意图

Throwable 类是类库 java.lang 包中的一个类，直接继承自 Objcet 类。派生出两个子类把异常分为两个不同的分支：一个是 Exception 类供应用程序使用；一个是 Error 类由系统保留。

Throwable 类中常用的方法如下：

```
String getMessage()          //返回此throwable的详细消息字符串
void printStackTrace()       //输出当前异常对象的堆栈使用轨迹，即程序调用执行了哪个对
                             //象或类的哪些方法，使运行过程中产生了此异常。
```

这些方法用于获取异常信息。因为 Exception 类和 Error 类继承自 Throwable 类，所以，同样也继承了它所包含的方法。

2. Error 类及其子类

Error 类定义了 Java 运行时系统的内部错误，如动态链接错误、虚拟机异常等。这类错误由 Java 虚拟机自身产生，如 Java 虚拟机错误（VirtualMachineError）、类定义错误（NoClassDefFoundError）等。通常，Java 程序不对这类异常进行处理，因为 Error 类定义的是被认为不能恢复的严重错误。大多数情况下，发生这种异常通常是无法处理的，不应该抛出这种异常。表 7-1 所示为 Error 类的常用子类。

表 7-1 Error 类的常用子类

类　名	说　明
LinkageError	动态链接失败
VirtualMachineError	虚拟机错误
AWTError	AWT 错误

3. Exception 类及其子类

Exception 类用于程序中应该捕获的异常，由代码或类库产生并抛出。在开发过程中进行的异常处理，都是针对 Exception 类及其子类。Exception 类有自己的方法和属性，其构造方法有两个：一个是无参数的 Exception()方法；一个是有参数的 Exception(String str)方法，调用时传入字符串 str 的信息，通常是对异常的描述信息。

Exception 类也派生出两个分支：一个是 RuntimeException，主要用来描述程序代码错误产生的异常；另一个是 IOException，包含其他异常，一般指程序本身没有问题，但由于 I/O 错误这类问题引起的异常。

RuntimeException 类还包含其他若干个子类，每一个子类代表一种特定的运行错误。常用的子类如表 7-2 所示。

表 7-2 RuntimeException 类的常用子类

类　名	说　明
ArithmeticException	当进行非法的算术运算时会产生此异常。例如：用一个整数除以 0
IndexOutOfBoundsException	表示某排序索引超出范围时抛出的异常。例如，数组下标越界会产生这类异常
NullPointerException	如果试图访问 null 对象的成员变量或方法会产生此异常
ClassCastException	当无法将一个对象转换成指定类型的变量时会产生这类异常

续表

类　　名	说　　明
ArrayStroeException	如果试图在数组中插入一个数据元素类型不允许的对象会产生这类异常
IllegalArgumentException	调用成员方法时，如果传递的实际参数类型与形式参数类型不一致就会产生此类异常
IllegalStateException	如果非法调用成员方法就会产生这类异常

三、异常的捕获和处理

当异常发生时，会导致程序中断、系统死机等问题，所以在 Java 程序中需要对异常的情况进行妥善处理。为了解决这个问题，Java 语言提供了良好的异常处理机制。

下面是一个异常处理的通用格式：

```
try{
    可能出现异常的语句；
}catch(异常类型 1  异常对象)
{
    处理异常；
}
catch(异常类型 2  异常对象)
{
    处理异常；
}
…
catch(异常类型 n  异常对象)
{
    处理异常；
}
finally{
    不管是否出现异常，都执行此代码；
}
```

当 try 语句块中的程序发生异常时，系统会将这个异常的信息封装成一个异常对象，与 try 之后的每一个 catch 进行匹配。如果匹配成功，则使用指定的 catch 进行处理，然后执行 finally 中的语句；如果没有匹配成功（没有任何一个 catch 可以满足），也会执行 finally 中的语句，但执行完 finally 之后，输出异常信息，程序中断。

◎注意

不管 try 代码块中程序是否出现异常，finally 中的语句都会被执行。

下面详细地介绍一下 try 语句块、catch 语句块和 finally 语句块的使用方法。

1. try 块捕获异常

高质量的代码应该能够在运行时及时捕获所有会出现的异常。捕获异常是指某个负责处理异常的代码块捕捉或截获被抛出的异常对象的过程。如果异常发生时没有被及时捕获，程序就会在发生异常的地方终止执行。Java 程序中使用 try 语句块来捕获异常。

被 try 保护的语句必须在一个花括号之内，即属于同一个块。例如：

```
int array[]=new int[5];
```

```
try
{
    System.out.println("Try to make a index out of error.");
    for(int i=0;i<=5;i++)
    {
        array[i]=i;
    }
}    //这里定义了一个数组array[]，长度为5[]，用for循环为数组元素赋值，循环次数大于数组
     //长度导致数组下标越界
```

下面通过一个案例题熟悉一下 try 块捕获异常的用法。将前面程序运行出现异常的例 7-2 进行修改，见例 7-3。

【例 7-3】try 块捕获异常示例 ExceptionTest3.java。

```
public ExceptionTest3
{
    public static void main(String[] args)
    {
        System.out.println("除法计算开始");
        try{
            int result=8/0;
            System.out.println("除法计算结果: "+ result);
            }catch(ArithmeticException e){
            System.out.println(e);
            }
            System.out.println("除法计算结束");
    }
}
```

```
程序运行结果：
除法计算开始
java.lang. ArithmeticException:/by zero
除发计算结束
```

程序解析：对例 7-2 中存在的异常进行了捕获和处理，将出现异常的语句包含到 try 块中，这样即使程序中存在异常，程序也可以正常地执行完毕。

2. catch 语句块处理异常

观察例 7-3 可以发现，在 try 语句块后面紧跟着一个 catch 语句块来处理 try 中捕获的异常。

catch 语句块的语法格式为：

```
catch(异常类型 异常对象)
{
    对异常的处理;
}
```

catch 语句必须紧跟在 try 语句后面，中间不能间隔其他代码，在执行时，对于 try 语句所捕获的异常，通过异常类型进行匹配，匹配成功则进入语句块内执行对异常的处理。

在某些情况下，一个 try 语句块可能不止会出现一种类型的异常，或者根据程序的运行情况可能每次遇到的异常类型也不尽相同。处理这种情况时，可以定义两个或者多个 catch 语句块，

每个 catch 语句块处理一种类型的异常。当异常发生时，catch 块被逐个匹配，执行第一个匹配异常类型的 catch 语句块。

下面通过程序示例演示一下具有多个 catch 语句块的情况。

【例 7-4】 Catch 语句块应用示例 ExceptionTest4.java。

```
import java.util.*
public ExceptionTest4
{
    public static void main(String[] args)
    {
        int a=1;
        int b=0;
        String str=null;
        for(;;)
        {
            try
            {
                System.out.println("请输入序号: ");
                Scanner in=new Scanner(Scanner.in);
                int test=in.nextInt();
                switch(test){
                case 1:
                    System.out.println("throw arithmetic exception. ");
                    a=a/b;
                    break;
                case 2:
                    System.out.println("throw null pointer exception. ");
                    str.length();
                    break;
                case 3:
                    System.out.println("throw negative array size exception. ");
                    int [] array=new int[-5];
                default;
                    System.out.println("Invalid input. ");
                    return;
                    }
            }
            catch(ArithmeticException e)
            {
                System.out.println("Arithmetic exception caught. ");
            }
            catch(NullPointerException e)
            {
                System.out.println("Null pointer exception caught. ");
            }
            catch(NegativeArraySizeException e)
            {
                System.out.println("Negative array size exception caught. ");
            }
        }
```

```
    }
}
```

```
程序运行结果:
请输入序号:
1
throw arithmetic exception.
Arithmetic exception caught.
请输入序号:
2
throw null pointer exception.
Null pointer exception caught.
请输入序号:
3
throw negative array size exception.
Negative array size exception caught.
```

程序解析：程序演示了一个 try 语句块存在多种异常的情况。程序中可能出现的 3 种不同的异常情况，分别是：算数异常、无指针异常和数组维数异常，这里采用多个 catch 语句块来分别进行处理。在执行程序时，输入不同的序号则匹配不同的异常处理模块，得到不同的输出结果。

3. 用 finally 代码块进行清除工作

当 try 语句块出现异常时，程序会跳出当前运行的语句块，去寻找匹配的 catch 语句块，所以在 try 语句块中发生异常语句后面的代码是不会被执行的。

【例 7-5】 异常处理示例 ExceptionTest5.java。

```
public class ExceptionTest5 {
    public static void main(String[] args)
    {
        String str=null;
        int strLength=0;
        try{
            strLength=str.length();
            System.out.println("出现异常语句后");
        }
        catch(NullPointerException e){
            e.printStackTrace();
        }
        System.out.println("程序结束");
    }
}
```

```
程序运行结果:
java.lang.NullPointerException
    at ExceptionTest5.main(ExceptionTest5.java:8)
程序结束
```

程序解析：从运行结果中可以看到，try 语句块中发生异常的 strLength= str.length();语句后面的 System.out.println("出现异常语句后"); 没有被执行，所以结果中没有输出“出现异常语句后”。

但是，在程序中有时有些语句无论程序是否发生异常都必须要执行，例如，连接数据库时在使用完后必须要对连接进行释放，否则系统会因为资源耗尽而崩溃，对于这些必须要执行的语句，

Java 提供了 finally 代码块来执行。

在一个 try...catch 中只能有一个 finally 代码块，一般情况下会将 finally 代码块放在最后一个 catch 子句后面，不管程序是否有异常，finally 代码块都一定会被执行。如果代码中没有任何异常，程序首先执行 try 语句块中的代码，然后执行 finally 代码块中的代码；如果程序中发生了异常，并且这个异常被捕获处理，程序就会指定 try 语句块至发生异常处，然后跳过 try 语句块中剩余的代码，去执行与异常类型匹配的 catch 语句块中的代码，最后执行 finally 代码块；如果程序中发生了异常，但这个异常不能被所有的 try...catch 捕获处理，程序将执行 try 语句块中所有的代码直到异常被抛出，然后跳过 try 中剩余的代码，去执行 finally 代码块中的语句。

下面对例 7-5 中的代码稍做修改演示一下 finally 代码块的用法。

【例 7-6】 finally 代码块应用示例 ExceptionTest6.java。

```
public class ExceptionTest6 {
    public static void main(String[] args)
    {
        String str=null;
        int strLength=0;
        try{
            strLength=str.length();
            System.out.println("出现异常语句后");
        }
        catch(NullPointerException e){
            e.printStackTrace();
        }
        finally
        {
            System.out.println("执行 finally 语句块");
        }
            System.out.println("程序结束");
    }
}
```

程序运行结果：

```
java.lang.NullPointerException
    at ExceptionTest6.main(ExceptionTest6.java:8)
执行 finally 语句块
程序结束
```

程序解析：程序中加上了 finally 语句块，代码被执行并输出了“执行 finally 语句块”。

对于其他情况下 finally 语句块的执行情况这里不再赘述。前面所提到的 finally 语句块无论程序有无异常都会被执行。但有一种情况是例外的，如果在 try...catch 语句快中执行了 System.exit(0) 语句，finally 语句块是不会被执行的，因为 System.exit(0)表示退出当前的 Java 虚拟机，任何代码都不会被执行。

四、异常的抛出

在编写程序时，对于知道如何处理的异常，通过 try...catch 语句块来进行捕获处理，而对于不知道该怎样处理的异常，应该传递出去，这就是异常的抛出。例如，调用一个别人所写的方法时，很难判断这个方法是否存在异常。针对这类情况，Java 中允许在方法的后面用 throws 关键字对外声明该方法可能存在的异常，这样调用者在调用该方法时，就明确地知道这个方法存在异常，需要在程序中对异常进行处理。

throws 关键字声明抛出异常的语法格式如下：

```
修饰符 返回值类型 方法名(参数列表) throws <异常类型列表>
{
    方法体;
}
```

下面举例演示一下 throws 声明抛出异常的用法。

【例 7-7】throws 声明抛出异常示例 ExceptionTest7.java。

```
public class ExceptionTest7 {
    static void method() throws NullPointerException,IndexOutOfBoundsException,
    ClassNotFoundException
    {
        String str=null;
        int strLength=0;
        strLength= str.length();
        System.out.println(strLength);
    }
    public static void main(String[] args) {
        try{
            method();
        } catch(NullPointerException e){
        System.out.println("NullPointerException 异常");
        e.printStackTrace();
        } catch(IndexOutOfBoundsException e){
        System.out.println("IndexOutOfBoundsException 异常");
        e.printStackTrace();
        } catch(ClassNotFoundException e){
        System.out.println("ClassNotFoundException 异常");
        e.printStackTrace();
        }
    }
}
```

程序运行结果：

```
NullPointerException 异常
java.lang.NullPointerException
    at ExceptionTest7.method(ExceptionTest7.java:8)
    at ExceptionTest7.main(ExceptionTest7.java:14)
```

程序解析：在程序中声明了一个方法，用 throws 关键字声明了 3 种可能抛出的异常。

在 Java 中还有另外一种抛出异常的方法，即利用 throw 语句在出现异常的方法内先对异常做一定的处理，然后再抛出给方法的调用者。其语法格式如下：

```
throw 异常类实例对象;
```

同样，以一个示例来演示一下 throw 的用法。

【例 7-8】throw 应用示例 ExceptionTest8.java。

```
public class ExceptionTest8{
    static void connect()throws ClassNotFoundException
```

```
    {
        try{
            Class.forName("");
        } catch(ClassNotFoundException e){
            System.out.println("在方法内部把异常抛出");
            throw e;
        }
    }
    public static void main(String[ ] args)
    {
        try{
            connect();
        } catch(ClassNotFoundException e){
            System.out.println("主方法对异常进行处理");
        }
    }
}
```

程序运行结果：
在方法内部把异常抛出
主方法对异常进行处理

程序解析：在方法中程序并没有对异常进行处理，而是抛出了异常，在主方法调用时必须在 try...catch 语句块中捕获上面抛出的异常并进行处理。

五、自定义异常类

Java 中提供了大量的异常类，可以描述编程时出现的大部分异常，但是也会遇到一些情况是异常类不能恰当描述的，这时就需要开发者创建自己的异常类来处理。Java 允许用户自定义异常类。

自定义的异常类必须继承自 Exception 类或其子类，其语法格式如下：

```
class 类名 extends Exception
{
    类体;
}
```

对于 Exception 类及其父类 Throwable 中的方法，通过继承，自定义异常类也可以很方便地使用。

【例 7-9】一个简单的自定义异常类示例 ExceptionTest9.java。

```
class MyException extends Exception {
    MyException(){}
    MyException(String msg)
    {
        super(msg);
    }
}
public class ExceptionTest9 {
    public static void main(String[] args)
    {
        MyException mec=new MyException("自定义的异常类");
        System.out.println(mec.getMessage());
        System.out.println(mec.toString());
    }
}
```

```
程序运行结果:
自定义的异常类
MyException: 自定义的异常类
```

程序解析：我们可以看到，在方法中程序并没有对异常进行处理，而是把它抛出了，在主方法调用时必须在try...catch语句块中捕获上面抛出的异常并进行处理。

对于用户自定义的异常应该如何使用呢？这时就需要用到throw关键字来声明抛出异常的实例对象。其语法格式如下：

```
throw Exception 异常对象;
```

【例7-10】应用自定义异常类的示例Scoretest.java。

```
class MyException extends Exception{
   MyException() {}
   MyException(String msg)
   {
      super(msg);
   }
}
public class Scoretest {
   public static void main(String[] args)
   {
   try
   {
      String level=null;
      level=scorelevel(90);
      System.out.println("92分的成绩等级为: "+level);
      level=scorelevel(110);
      System.out.println("110分的成绩等级为: "+level);
   }catch(MyException e) {
      e.printStackTrace();
   }
}
static String scorelevel(int score) throws MyException
{
   if(score>=90&& score<=100)
      return "优秀";
   else if(score>=70&& score<90)
      return "良好";
   else if(score>=60&& score<70)
      return "及格";
else if(score>=0&& score<60)
      return "不及格";
else
      throw new MyException("非法的分数");
}
}
```

```
程序运行结果:
92分的成绩等级为: 优秀
scoretest.MyException: 非法的分数
   at scoretest.Scoretest.scorelevel(Scoretest.java:29)
   at scoretest.Scoretest.main(Scoretest.java:11)
```

程序解析：这个程序实现了对输入的学生成绩评定等级。程序中定义了一个异常类MyException，一个 scorelevel()方法对输入的成绩进行等级划分，然后在 main()方法中定义了一个 try...catch 语句用于捕获 scorelevel()方法抛出的异常。如果输入一个超出范围的分数，程序会抛出一个自定义异常，最后由 try...catch 语句块处理，输出异常信息。

任务实施

1. 实现思路

（1）对于停车场管理系统中因输入数据错误而造成的异常进行处理，抛出 IOException。

（2）对于停车场管理系统中可能出现的数字格式化错误进行处理，抛出 NumberFormatException 异常。

2. 实现代码

（1）定义 intinput()方法时抛出异常。

```
private int intinput() throws IOException,NumberFormatException
{
   BufferedReader br=new BufferedReader(new InputStreamReader(System.in));
   String str=br.readLine();
   int i=Integer.parseInt(str);
   return i;
}
```

（2）定义 stringinput()时抛出异常。

```
private String stringinput() throws IOException
{
   BufferedReader br=new BufferedReader(new InputStreamReader(System.in));
   String str=br.readLine();
   return str;
}
```

（3）在 sip()方法中用 try...catch 语句捕获和处理异常。

```
String sip()
{
   String str;
   while(true)
   {
      try
      {
         str=this.stringinput();
      }
      catch(IOException e)
      {
        this.printerror();
            continue;
      }
      break;
   }
```

```
    return str;
}
```

（4）在 iip(int min,int max)方法中，用 try...catch 语句捕获和处理异常。

```
int iip(int min,int max)
{
    int n=0;
    while(true)
    {
        try
        {
            n=this.intinput();
        }
        catch(IOException e)
        {
            this.printerror();
            continue;
        }
        catch(NumberFormatException e)
        {
            this.printerror();
            continue;
        }
        if(!this.between(n,min,max))
        {
            this.printerror();
            continue;
        }
        break;
    }
    return n;
}
```

任务小结

本任务介绍了Java中的异常处理机制，可以很方便地处理程序运行中可能遇到的各种异常情况。一个开发者要编写出高质量代码必须具备良好的异常处理能力，读者需要熟练掌握 Java 中的异常类的使用方法，掌握异常的抛出、捕获和处理方法，以及能够根据实际需要自定义异常类，做到灵活运用。

自测题

一、选择题

1. 关于异常的含义，下列描述中最正确的一个是（　　）。

   A. 程序编译错误　　B. 程序语法错误

   C. 程序自定义的异常事件　　D. 程序编译或运行时发生的异常事件

2. 自定义异常时，可以通过对下列（　　）进行继承。

A. Error 类　　B. Applet 类

C. Exception 类及其子类　　D. AssertionError 类

3. 对应 try 和 catch 子句的排列方式，下列（　　）是正确的。

A. 子类异常在前，父类异常在后

B. 父类异常在前，子类异常在后

C. 只能有子类异常

D. 父类和子类不能同时出现在 try 语句块中

4. 运行下面程序时，会产生（　　）异常。

```
public class X7_1_4 {
   public static void main(String[] args) {
   int x=0;
   int y=5/x;
   int[] z={1,2,3,4};
   int p=z[4];
   }
}
```

A. ArithmeticException　　B. NumberFormatException

C. ArrayIndexOutOfBoundsException　　D. IOException

5. 运行下面程序时，会产生（　　）异常。

```
public class X7_1_6 {
   public static void main(String[] args){
      try{
         return;
      }
      finally{
         System.out.println("Finally");
      }
   }
}
```

A. ArithmeticException　　B. NumberFormatException

C. ArrayIndexOutOfBoundsException　　D. IOException

6. 下列程序执行的结果是（　　）。

```
public class X7_1_6 {
   public static void main(String[] args) {
      try{
         return;
      }
      finally{
         System.out.println("Finally");
      }
   }
}
```

A. 程序正常运行，但不输出任何结果

B. 程序正常运行，并输出 Finally

C. 编译通过，但运行时出现异常

D. 因为没有 catch 子句，因此不能通过编译

7. 下列代码中给出正确的在方法体内抛出异常的是（　　）。

A. new throw Exception(" ");　　B. throw new Exception(" ");

C. throws IOException();　　D. throws IOException;

8. 下列描述了 Java 语言通过面相对象的方法进行异常处理的优点，不在这些优点范围之内的一项是（　　）。

A. 把各种不同的异常事件进行分类，体现了良好的继承性

B. 把错误处理代码从常规代码中分离出来

C. 可以利用异常处理机制代替传统的控制流程

D. 这种机制对具有动态运行特性的复杂程序提供了强有力的支持

二、填空题

1. 异常是在程序编译或运行中所发生的可预料或不可预料的异常事件，出现在编译阶段的异常，称为________，出现在运行阶段的异常，称为________。

2. 根据异常的来源，可以把异常分为两种类型：________和________。

3. 所有的 Java 异常类都是系统类库中的________类的子类。

4. 抛出异常分为________、________以及________三种情况。

5. Java 语言提供了________语句和________语句捕捉并处理异常。

6. 一个 try 块后面可能会跟着若干个________块，每个________块都有一个异常类名作为参数。

7. 如果 try 语句块产生的异常对象被第一个 catch 块所接收，则程序的流程将________，catch 语句块执行完毕后就________，try 块中尚未执行的语句和其他的 catch 块将被________；如果 try 语句块产生的异常对象与第一个 catch 块不匹配，系统将自动转到________进行匹配。

8. 由于异常对象与 catch 块的匹配是按照 catch 块的________顺序进行的，所以在处理多异常时应注意认真设计各 catch 块的排列顺序。

9. throws 语句抛出的异常实际上是由 throws 语句修饰的方法内部的________语句抛出的，使用 throws 的主要目的是为了________。

三、编写程序

1. 编写一个系统自动抛出的、系统自行处理的数组大小为负数的程序。

2. 编写一个由 throw 抛出的、系统自行处理的数组下标越界的程序。

3. 编写一个系统自动抛出的、由 try...catch 捕捉处理的分母为 0 以及数组下标越界的程序。

4. 编写一个由 throw 抛出的、由 try...catch 捕捉处理的分母为 0 以及数组下标越界的程序。

5. 自定义两个异常类 NumberTooBigException 和 NumberTooSmallException，在其中定义各自的构

造方法，分别打印输出"发生数字太大异常"和"发生数字太小异常"。然后，在主类中定义一个带 throws 的方法 numberException(int x)，当 x>100 时通过 throw 抛出 NumberTooBigException 异常，当 x<0 时通过 throw 抛出 NumberTooSmallException 异常；最后在 main()方法中调用该方法，实现从键盘中输入一个整数。如果输入的是负数，引发 NumberTooSmallException 异常；如果输入的数大于 100，引发 NumberTooBigException 异常；否则，输出"没有发生异常"。

拓展实践——计算机故障模拟处理程序

假设毕老师在上课过程中，计算机突发故障：蓝屏或冒烟。如果是蓝屏故障，则重启计算机；如果是冒烟故障，则需要对计算机进行维修；如果是没有预案的故障，则提示"换人"。试编写程序模拟这一过程。

参考代码见本书配套资源 ExceptionComputer.java 文件。

面试常考题

1. try {}里有一个 return 语句，紧跟在这个 try 后的 finally {}中的 code 会不会被执行？什么时候被执行？在 return 前还是后？
2. 运行时异常与一般异常有何异同？
3. error 和 exception 有什么区别？
4. 简述 Java 中的异常处理机制的简单原理和应用。
5. 请写出最常见到的 5 个 runtime exception。
6. Java 语言如何进行异常处理？关键字 throws,throw,try,catch,finally 分别代表什么意义？在 try 块中可以抛出异常吗？

项目实现

1. 通过前面 2 个任务所学的知识，完成停车场管理系统中的所有功能。
2. 定义 cms 类完成系统主界面的开发，用 switch 语句完成功能的选择。

项目参考代码见本书配套资源"停车场管理系统.java"文件。

项目总结

通过本项目的学习，读者将能够对 Java 语言中的 Java API 类库以及异常处理机制有较为深刻的理解，掌握 Java API 类库中一些常用类的用法，如字符串类、日期类、包装类等；理解异常处理机制，掌握 Java 中异常的抛出、捕获和处理方法，了解自定义异常类。

项目四

模拟聊天室

技能目标

- 能熟练使用 AWT 和 Swing 进行界面设计。
- 能熟练使用 I/O 流操作类进行数据读/写操作。
- 熟练使用线程进行任务的并行处理。
- 熟练运用网络编程技术实现网络通信。

知识目标

- 了解事件处理机制。
- 熟悉布局和组件。
- 掌握字节流和字符流的常用操作类。
- 了解字符编码的常见标准。
- 掌握线程的概念和使用方法。
- 掌握 TCP 网络编程技术。

项目功能

这是一个简单的局域网聊天系统，目的是通过本项目的设计与实现过程，使读者掌握图形界面设计的基本方法，了解熟悉网络编程的基本概念，掌握套接字编程的基本方法，了解线程的基本概念，掌握线程创建和同步处理方法。

模拟聊天室分为两部分：服务器端应用程序和客户端应用程序。

1. 服务器端应用程序

要实现局域网聊天，首先需要设置服务器的人数上限和端口号，启动服务器。服务器负责监听并接收客户的请求，客户和服务器之间可以相互发送信息，客户之间也可以互相发送信息，但客户之间传递信息要先发送给服务器，再由服务器发送给接收方。

2. 客户端应用程序

客户端要进入聊天系统，首先要连接服务器，通过登录窗口输入用户昵称和服务器 IP 地址、端口号。如果服务器已启动，则该客户允许进入聊天系统；客户进入聊天系统后，可以向服务器和其他客户发送信息，也可以接收服务器和其他客户的信息；也可以给所有客户发送信息。

服务器端以端口号进行区分，一个端口就是一个聊天室或讨论组，规模以服务器设置的最大人数上限为限，可以创建多个聊天室或讨论组；客户端以用户昵称和服务器 IP 地址、端口号来连接服务器，以实现加入不同的聊天室或讨论组，可以创建多个客户端。

任务八　聊天室界面设计

任务描述

聊天室包括服务器端和客户端，因此界面设计包括服务器端界面设计和客户端界面设计。服务器端界面能够实现人数上限设置、服务器端口设置、服务的启动和停止，所有在线用户昵称的显示、聊天室中所有用户的聊天记录显示、发布消息等功能。客户端界面能够实现连接服务器 IP 地址设置、连接端口设置、用户昵称设置、客户端的上线与下线、除本人以外所有在线用户昵称的显示、聊天室中所有用户的聊天记录显示、发布消息等功能。本任务通过对 AWT 和 Swing 组件的讲解，实现聊天室服务器端界面设计和客户端界面设计。

技术概览

最初程序使用最简单的输入/输出方式，用户在键盘输入数据，程序将信息输出在屏幕上。现代程序要求使用图形用户界面（Graphical User Interface，GUI），界面中有菜单、按钮等，用户通过鼠标选择菜单中的选项和点击按钮，命令程序功能模块。本任务学习如何用 Java 语言编写 GUI 科学试验，通过 GUI 实现输入和输出。

图形编程主要包括 AWT（Abstract Windowing Toolkit，抽象窗口工具集）和 Swing 两项内容。AWT 是用来创建 Java 图形用户界面的基本工具，Java Swing 是 JFC（Java Foundation Classes，Java 基础类）的一部分，可以弥补 AWT 的一些不足。

相关知识

一、AWT 和 Swing

以前用 Java 编写 GUI 程序，是使用 AWT，现在多用 Swing。Swing 可以看作是 AWT 的改良版，而不是代替 AWT，是对 AWT 的提高和扩展。所以，在写 GUI 程序时，Swing 和 AWT 都要用到，它们共存于 JFC 中。

尽管 AWT 和 Swing 都提供了构造图形界面元素的类，但它们也有所不同：AWT 依赖于主平台绘制用户界面组件；而 Swing 有自己的机制，在主平台提供的窗口中绘制和管理界面组件。Swing 与 AWT 之间最明显的区别是界面组件的外观：AWT 在不同平台上运行相同的程序，界面的外观和风格可能会有一些差异；而一个基于 Swing 的应用程序可能在任何平台上都会有相同的外观和风格。

Swing 中的类是从 AWT 继承的，有些 Swing 类直接扩展 AWT 中对应的类。例如，JApplet、JDialog、JFrame 和 JWindow。

使用 Swing 设计图形界面，主要引入两个包：javax.swing，包含 Swing 的基本类；java.awt.event，包含与处理事件相关的接口和类。

AWT 和 Swing 的关系图如图 8-1 所示。

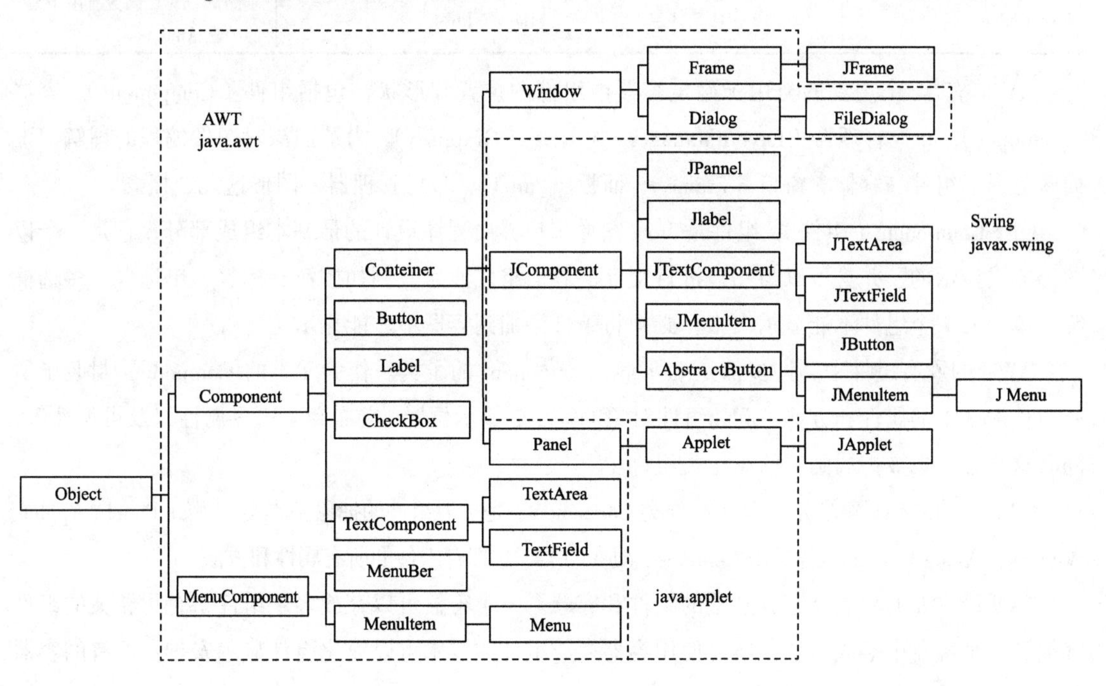

图 8-1　AWT 和 Swing 的关系图

1. AWT 概述

Java 的 AWT 类库内容相当丰富，一共有 60 多个类和接口，包括创建 Java 图形界面程序的所有工具。利用 AWT 类库，程序员可以在 Applet 的显示区域创建标签、按钮、复选框、文本域以及其他丰富的用户界面元素，还可针对用户的行为做出相应响应。

AWT 是 JDK 的一部分，在开发图形应用程序和 Applet 小程序时，一般都要用到它。AWT 为用户界面程序提供所需要的组件，例如按钮、标签、复选框、下拉菜单、画布、文本输入区、列表等。此外，AWT 提供事件类、监听器类、图形处理工具、2D 图形等的支持。表 8-1 所示为 AWT 中的 Java 软件包。

表 8-1　AWT 中的 Java 软件包

AWT 软件包	描　述	AWT 软件包	描　述
java.awt	基本组件实用工具	java.awt.geom	2D API 几何软件包
java.awt.accessibility	辅助技术	java.awt.im	引入方法
java.awt.color	颜色和颜色空间	java.awt.image	图像处理工具包

续表

AWT 软件包	描　述	AWT 软件包	描　述
java.awt.datatransfer	支持剪贴板和数据传输	java.awt.peer	同位体组件、界面包
java.awt.dnd	拖放	java.awt.print	支持打印 2D
java.awt.event	事件类和监听者	java.awt.swing	Swing 组件
java.awt.font	2D API 字体软件包	java.awt.test	测试 AWT 函数有限子集的独立 Applet

AWT 有 4 个主要的类用于确定容器内组件的位置和形状，包括组件（Component）、容器（Container）、布局管理器（LayoutManager）和图形（Graphics）。为了加深对图像编程的理解，下面区分一下组件、容器、窗口（Frame）、面板（Panel）、布局管理器、图形这几个概念。

（1）Component（组件）：组件是 Java 图形用户界面程序设计的最基本组成部分，它是一个以图形方式显示的，并且可以与用户进行交互的界面组成元素，例如按钮、标签、单选框、多选框等。单独的一个组件不能显示出来，必须将组件添加到容器中才能显示。

AWT 的所有组件中，许多都是 java.awt.Component 的子类。作为父类的 Component 封装了所有组件最基本的属性和方法，例如组件对象的大小、显示位置、前景色、边界属性以及可见性等，同时这些方法也被扩展到它的派生类组件中。

（2）Container（容器）：派生于组件类 Component，是扩展组件的抽象基本类，例如 Panel、Applet、Window、Dialog 和 Frame 等是由 Container 演变的类，它拥有组件的所有属性和方法。

容器最主要的功能是存放其他的组件和容器。一个容器可以存放多个组件，它将相关的组件容纳到一个容器中形成一个整体。使用容器存放组件的技术可以简化组件显示安排。所有的容器都可以通过 add()方法添加组件。

◎注意

- Applet 类是 Panel 类的子类，因此所有的 Applet 都继承了包含组件的能力。
- 最常用的容器是窗口（Frame）和面板（Panel）。

（3）Frame（窗口）：Window 的子类，它是顶级窗口容器，可以添加组件、设置布局管理器、设置背景色等。

通常情况下，生成一个窗口要使用 Window 的派生类窗口实例化，而非直接使用 Window 类。窗口的外观界面和通常情况下在 Windows 系统下的窗口相似，可以设置标题名称、边框、菜单栏以及窗口大小等。窗口对象实例化后都是大小为零并且默认是不可见的，因此在程序中必须调用 setSize()设置大小，调用 setVisible(true)来设置该窗口为可见。

◎注意

AWT 在实际运行过程中是调用所在平台的图形系统，因此同样一段 AWT 程序在不同的操作系统平台下运行所看到的图形系统是不一样的。例如，在 Windows 下运行，显示的窗口是 Windows 风格的窗口；而在 UNIX 下运行时，显示的则是 UNIX 风格的窗口。

（4）Panel（面板）：容器的一个子类，它提供了建立应用程序的容器，可以在一个面板上进行图形处理，并把这个容器添加到其他容器中（例如 Frame、Applet）。

（5）LayoutManager（布局管理器）：定义容器中组件的摆放位置和大小接口。Java 中定义了几种默认的布局管理器。

（6）Graphics（图形）：组件内与图形处理相关的类，每个组件都包含一个图形类的对象。

2. Swing 框架

Swing 元素比 AWT 元素具有更好的屏幕显示性能。Swing 用纯 Java 程序实现，所以 Swing 具有 Java 的跨平台性。Swing 不是真正使用原生平台提供的设备，而是仅仅在模仿，因此可以在任何平台上使用 Swing 图形用户界面组件。

在 javax.swing 包中，有两种类型的组件：顶层容器（Jframe、JappleJDialog 和 JWindow）和轻量级组件。Swing 轻量级组件都是由 AWT 的 Container 类直接或间接派生而来。

Swing 包是 JFC 的一部分，它由许多包组成，如表 8-2 所示。

表 8-2　Swing 包组成内容

包	描　述
Com.sum.swing.plaf.motif	实现 Motif 界面样式代表类
Com.sum.java.swing.plaf.windows	实现 Windows 界面样式的代表类
javax.swing	Swing 组件和使用工具
javax.swing.border	Swing 轻量组件的边框
javax.swing.colorchooser	JcolorChooser 的支持类/接口
javax.swing.event	事件和侦听器类
javax.swing.filechooser	JFileChooser 的支持类/接口
javax.swing.pending	未完全实现的 Swing 组件
javax.swing.plaf	抽象类，定义 UI 代表的行为
javax.swing.plaf.basic	实现所有标准界面样式公共基类
javax.swing.plaf.metal	实现 Metal 界面样式代表类
javax.swing.table	Jtable 组件
javax.swing.text	支持文档的显示和编辑
javax.swing.text.html	支持显示和编辑 HTML 文档
javax.swing.text.html.parser	HTML 文档的分析器
javax.swing.text.rtf	支持显示和编辑 RTF 文件
javax.swing.tree	Jtree 组件的支持类
javax.swing.undo	支持取消操作

javax.swing 包是 Swing 提供的最大包，大约包含 100 个类和 25 个接口，并且绝大部分 Swing 组件都包含在 swing 包中（JtableHeader、JtextComponent 除外，分别在 swing.table 和 swing.text 包中）。javax.swing.event 包中定义了事件和事件处理类，这与 java.awt.event 包类似，主要包括事件类和监听器接口、事件适配器。

（1）javax.swing.pending 包：主要包含一些没有完全实现的组件。

（2）javax.swing.table包：主要包含Jtable类的支持类。

（3）javax.swing.tree包：同样也是Jtree类的支持类。

（4）javax.swing.text、swing.text.html、swing.text.html.parser和swing.text.rtf包都是与文档显示和编辑相关的包。

Swing的程序设计一般可按照以下流程进行：

（1）通过import引入swing包。

（2）设置GUI的“外观界面风格”。

（3）创建顶层容器。

（4）创建按钮和标签等组件。

（5）将组件添加到顶层容器。

（6）在组件周围添加边界。

（7）进行事件处理。

3. 建立GUI的步骤

Java中的图形界面程序设计包括以下几个步骤：

（1）创建组件：组件的创建通常在应用程序的构造函数或main()方法内完成。

（2）将组件加入容器：所有的组件必须加入到容器中才可以被显示出来，而一个容器可以加入另一个容器。

（3）配置容器内组件的位置：让组件固定在特定位置，或利用布局管理来管理组件在容器内的位置，让GUI的显示更具灵活性。

（4）处理由组件所产生的事件：处理事件是使得组件具有一定功能。例如，按下按钮后，有方法来完成一系列的功能。

二、AWT事件处理

事件是用户对一个动作的启动，常用的事件包括单击一个按钮、在文本框内输入内容，以及鼠标、键盘、窗口等操作。所谓的事件处理，是指当用户触发了某一个事件时系统所做出的响应。Java采用委派事件模型的处理机制，也称为授权事件模型。

1. 事件处理机制

以下3类与事件处理机制相关：

（1）Event（事件对象）：用户界面操作以类的形式描述，例如，鼠标操作对应的事件类MouseEvent，界面动作对应的事件类ActionEvent。

（2）EventSource（事件源）：产生事件的场所，通常指组件，例如按钮Checkbox。

（3）Eventhandler（事件处理器）：接收事件类并进行相应的处理对象。

例如，在窗口中有一个按钮，当用户用鼠标单击这个按钮时，会产生ActionEvent类的一个对象。该按钮就是所谓的事件源，该对象就是鼠标操作所对应的事件，然后事件监听器接收触发的事件，并进行相应处理。

事件处理流程如图 8-2 所示。

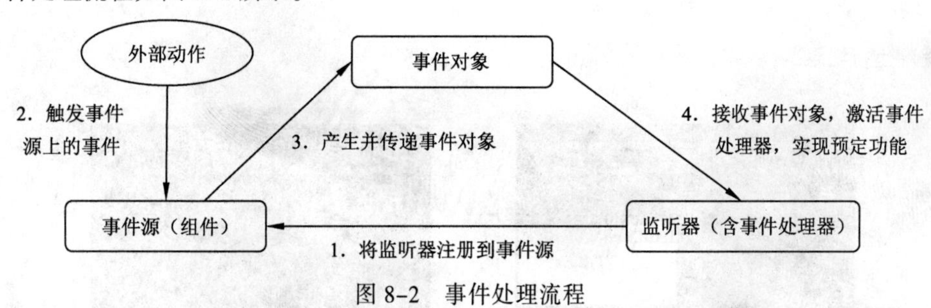

图 8-2　事件处理流程

同一个事件源可能会产生一个或者多个事件，Java 语言采用授权处理机制将事件源可能产生的事件分发给不同的事件处理器。例如，Panel 对象可能发生鼠标事件和键盘事件，它可以授权处理鼠标事件的事件处理器来处理鼠标事件，同时也可以授权处理键盘事件的事件处理器处理键盘事件。事件处理器会一直监听所有的事件，直到有与之相匹配的事件，马上进行相应的处理，因此事件处理器也称为事件监听器。

通常，事件处理者（即监听器）是一个事件类，该类必须实现处理该类型事件的接口，并实现某些接口方法。例如，例 8-1 是一个演示事件处理模型的例子，类 ButtonHandler 实现了 ActionListener 接口，该接口可以处理的事件是 ActionEvent。

【例 8-1】事件处理模型示例 EventManagerDemon.java。

```
// 导入需要使用的包和类
import java.awt.*;
import java.awt.event.*;
public class EventManagerDemon {
   public static void main(String[ ] args) {
      final Frame f=new Frame("Test");      // 声明，并初始化窗口对象 f
      Button b=new Button("Press Me!");     // 声明，并初始化按钮对象 b
      //注册监听器进行授权，该方法的参数是事件处理者对象
      b.addActionListener(new ButtonHandler());
      f.setLayout(new FlowLayout());          //为窗口设置布局管理器 FlowLayout
      f.add(b);                               //在窗口中添加按钮 b
      f.setSize(200,100);                     //设置窗口大小
      f.addWindowListener(new WindowAdapter(){
         public void windowClosing(WindowEvent evt) {
            f.setVisible(false);              // 设置窗口 f 不可见
            f.dispose();// 释放窗口及其子组件的屏幕资源
            System.exit(0);                   // 退出程序
         }
      });
      f.setVisible(true);                     //显示窗口
   }
}
//ButtonHandler 实现接口 ActionListener 才能做事件 ActionEvent 的处理者
class ButtonHandler implements ActionListener {
   public void actionPerformed(ActionEvent e)
   //ActionEvent 事件对象作为参数
   {
```

```
            System.out.println("事件发生，已经捕获到");
            //本接口必须实现的方法 actionPerformed
        }
    }
```

程序运行结果：

程序解析：例 8-1 中，为窗口添加了 WindowListener 监听器和 ActionListener 监听器。监听器监听所有的事件，当遇到与之匹配的事件时，就调用相应的方法进行处理。每一个监听器接口都有实现的方法，如 ActionListener 必须实现 actionPerformed ( ) 方法。Java 中授权处理机制具有以下特征：

（1）在程序中如果想接收并处理事件*Event，必须定义与之相应的事件处理类，该类必须实现与事件相对应的接口*Listener 。

（2）定义事件处理类之后，必须将事件处理对象注册到事件源上，使用方法 add*Listener (*Listener) 注册监听器。

2. 事件适配器

程序员可以通过继承事件所对应的适配器类，重写感兴趣的方法。通过事件适配类可以缩短程序代码，但是 Java 只能实现单一的继承，当程序需要捕获多种事件时，就无法使用事件适配器的方法。java.awt.event 包中定义的事件适配器类包括以下几种：

（1）ComponentAdapter （组件适配器）。

（2）ContainerAdapter（容器适配器）。

（3）FocusAdapter （焦点适配器）。

（4）KeyAdapter （键盘适配器）。

（5）MouseAdapter （鼠标适配器）。

（6）MouseMotionAdapter（鼠标运动适配器）。

（7）WindowAdapter（窗口适配器）。

三、常用事件分类

所有与 AWT 相关的事件类都是 java.awt.AWTEvent 的派生类，AWTEvent 也是 java.util.EventObject 类的派生类。事件类的派生关系如下：

```
java.lang.Object
  +--java.util.EventObject
      +--java.awt.AWTEvent
          +--java.awt.event.*Event
```

总体来说，AWT 事件有低级事件和高级事件两大类。低级事件是指源于组件或容器的事件，当组件或容器发生事件时（单击左键、右键、拖动以及窗口大小的改变等），将触发事件。高级事件是语义事件，此类事件与特定的具体事件不一定相对应，但是会产生特定的事件对象，如按钮被按下触发 ActionEvent 事件、滚动条移动滑块触发 AdjustmentEvent 事件、选中项目列表某项时触发 ItemEvent 事件。

低级事件包括以下几种：

（1）组件事件（ComponentEvent）。

（2）容器事件（ContainerEvent）。

（3）窗体事件（WindowEvent）。

（4）焦点事件（FocusEvent）。

（5）键盘事件（KeyEvent）。

（6）鼠标事件（MouseEvent）。

高级事件（语义事件）包括以下几种：

（1）动作事件（ActionEvent）。

（2）调整事件（AdjustmentEvent）。

（3）项目事件（ItemEvent）。

（4）文本事件（TextEvent）。

本节介绍几个经常使用的事件，其他的组件也十分类似，如果遇到什么问题，读者可以查询 API 等相关文档。

1. 窗体事件

窗体事件（WindowEvent）指窗口状态改变的事件，例如，当窗口 Window 对象的打开、关闭、激活、停用或者焦点转移到窗口内，以及焦点移除而生成的事件，一般发生在 Window、Frame、Dialog 等类的对象上。使用窗口事件必须为组件添加一个实现 WindowListener 接口的事件处理器，该接口包含以下 7 种方法：

（1）void windowActivated(WindowEvent e)：窗口被激活时发生。

（2）void windowClosed(WindowEvent e)：窗口关闭之后发生。

（3）void windowClosing(WindowEvent e)：窗口关闭过程中发生。

（4）void windowDeactivated(WindowEvent e)：窗口不再处于激活状态时发生。

（5）void windowDeiconified(WindowEvent e)：窗口大小从最小到正常时发生。

（6）void windowIconified(WindowEvent e) ：窗口从正常到最小时发生。

（7）void windowOpened(WindowEvent e)：窗口第一次被打开时发生。

窗口事件类的方法有以下几种：

（1）getNewState()：返回窗口改变之后的新状态。

（2）getOldState()：返回窗口改变之后的旧状态。

（3）getOppositeWindow()：返回事件设计的辅助窗口。

（4）getWindow()：返回事件源。

（5）paramString()：生成事件状态的字符串。

2. 鼠标事件

鼠标事件类（MouseEvent）指组件中发生的鼠标动作事件，例如按下鼠标、释放鼠标、单击鼠标、鼠标光标进入或离开组件的几何图形、移动鼠标、拖动鼠标。当鼠标移动到某个区域或鼠标单击某个组件时就会触发鼠标事件。使用鼠标事件必须给组件添加一个 MouseListener 接口的事件处理器，该接口包含以下 5 个方法：

（1）void mouseClicked(MouseEvent e)：当鼠标在该区域单击时发生。

（2）void mouseEntered(MouseEvent e)：当鼠标进入该区域时发生。

（3）void mouseExited(MouseEvent e)：当鼠标离开该区域时发生。

（4）void mousePressed(MouseEvent e)：当鼠标在该区域按下时发生。

（5）void mouseReleased(MouseEvent e)：当鼠标在该区域放开时发生。

鼠标事件类的方法有以下几种：

（1）getButton()：返回鼠标键状态改变指示。

（2）getClickCount()：返回鼠标键单击的次数。

（3）getMouseModifiersText()：返回指定修饰符文本字符串。

（4）getPoint()：返回事件源中位置对象。

（5）getX()：返回鼠标在指定区域内相对位置的横坐标。

（6）getY()：返回鼠标在指定区域内相对位置的纵坐标。

（7）paramString()：生成事件状态的字符串。

3. 键盘事件

键盘事件类（KeyEvent）是容器内的任意组件获得焦点时，组件发生键击事件，当按下、释放或输入键盘的某一个按键时，组件对象将产生该事件。使用键盘事件必须给组件添加一个 KeyListener 接口的事件处理器，该接口包含以下 3 个方法：

（1）void keyPressed(KeyEvent e)：按下按键时发生。

（2）void keyReleased(KeyEvent e)：松开按键时发生。

（3）void keyTyped(KeyEvent e)：敲击键盘，发生在按键按下后，按键放开前。

键盘事件类的方法有以下几种：

（1）getKeyChar()：返回在键盘上按下的字符。

（2）getKeyCode()：返回在键盘上按下的字符码。

（3）getKeyLocation()：返回键位置。

（4）getKeyModifiersText()：返回描述修饰符的文本字符串。

（5）getKeyText()：返回键码编程描述键的文本。

（6）isActionKey()：判断键是否是操作键。

（7）setKeyChar()：改变键字符为指定的字符。

（8）setModifiers(int modifiers)：改变键修饰符为指定的键修饰符。

（9）paramString()：生成事件状态的字符串。

4. 动作事件

动作事件类（ActionEvent）指发生组件定义的语义事件，用户在操作 Button、CheckBox、TextField 等组件时将出现动作事件，例如单击 Button、TextField，按下【Enter】键等。使用动作事件时需给组件增加一个事件监听器（事件处理器）ActionListener。ActionListener 只有唯一的 actionPerfomed() 方法。其一般格式如下：

```
Public void actionPerformed(ActionEvent e){
    // 按钮被操作发生
}
```

ActionEvent 类的方法有以下几种：

（1）getActionCommand()：返回命令字符串。

（2）getModifiers()：取得按下的修饰符键。

（3）getWhen()：取得事件发生的时间。

（4）paramString()：生成事件状态的字符串。

假设存在按钮组件对象 button，动作事件使用如下：

```
button.addActionListener(new ActionListener()
{
    public void actionPerformed(ActionEvent e)
    {
        // 按钮被操作 dosomething
    }
}
```

在前面的例 8-1 中，定义了事件监听类 ButtonHandler，该类实现了 ActionListener 接口，并且在按钮对象 b 中通过 addActionListener(new ButtonHandler())注册事件监听器。

四、布局管理器

为了实现容器中跨平台的特性、组件的大小改变、位置转移等动态特性，Java 提供了布局管理器容器（LayoutManager）处理机制。布局管理器可以实现容器内部组件的排列顺序、大小、位置以及窗口大小变化。

每一个容器中保存着一个布局管理器的引用，该布局管理器可以完成容器内组件的布局。每发生一个可以引起容器重新布置内部组件的事件时，容器会自动调用布局管理器布置容器内部的组件。布局管理器有多个种类，不同的布局管理器使用不同算法和布局策略，并且容器可以选择不同的布局管理进行布局。AWT 提供了 5 种类型的布局管理器：

（1）BorderLayout（边界布局）：该管理器将容器分为东、南、西、北、中 5 个区域，当向容器添加组件时，必须指明 BorderLayout 将组件放置的区域。

（2）CardLayout （卡片布局）：该布局管理器将加入到容器中的组件视为卡片栈，把每个组件放置在一个单独的卡片上，而每次只能看见一张卡片。

（3）FlowLayout （流式布局）：该布局管理器将组件从左到右、从上到下放置。

（4）GridLayout（网格布局）：该布局管理器将容器分成相同尺寸的网格，将组件从左到右、从上到下放置在网格中。

（5）GridBagLayout（网络包布局）：与网格布局不同的是，一个组件不止占一个网格位置，因此在加入组件时，必须指明一个对应的参数。

1. 流式布局 FlowLayout

流式布局（FlowLayout）是 Panel 和 Applet 默认的布局管理器。添加组件的放置规律是从上到下、从左到右，也就是说，添加组件时，先放置在第一行的左边，依次放满第一行，然后开始放置第二行，依此类推。构造方法有以下几种：

（1）FlowLayout(FlowLayout.RIGHT,20,40)：第一个参数是组件的对齐模式，包括左右中对齐；第二个参数是组件行间隔；第三个参数是组件列间隔，单位是像素。

（2）FlowLayout(FlowLayout.LEFT)：居左对齐，行间隔和列间隔默认为 5 个像素。

（3）FlowLayout()：默认是居中对齐，并且行、列间隔默认为 5 像素。

【例 8-2】流式布局管理器应用示例 FlowLayoutDemo.java

```
import java.awt.*;
import java.awt.event.WindowAdapter;
import java.awt.event.WindowEvent;
public class FlowLayoutDemo{
    //声明 FlowLayoutDemo 构造方法
    public FlowLayoutDemo()
    {
        b1=new Button(" 继续");                    // 初始化 Button 变量 b1
        b2=new Button(" 取消");                    // 初始化 Button 变量 b2
        b3=new Button(" 确定");                    // 初始化 Button 变量 b3
    }
    public static void main(String args[ ])
    {
        FlowLayoutDemo fl=new FlowLayoutDemo();   //创建并初始化 FlowLayoutDemo 对象 fl
        fl.show();                                //调用 show()方法
    }
    public void show()
    {
        f = new Frame("FlowLayout 顺序布局"); // 初始化对象 f
        f.setSize(300, 240);                  //设置窗口 f 的大小
        //设置布局管理器为 FlowLayout
        f.setLayout(new FlowLayout(FlowLayout.CENTER,30,20));
        f.add(b1);                            //在窗口中添加按钮 b1
        f.add(b2);                            //在窗口中添加按钮 b2
        f.add(b3);                            //在窗口中添加按钮 b3
        //为窗口 f 添加 WindowListener 监听器
        f.addWindowListener(new WindowAdapter(){
            public void windowClosing(WindowEvent evt) {    // 实现 windowClosing 方法
```

```
                f.setVisible(false);        // 设置窗口 f 不可见
                f.dispose();                // 释放窗口及其子组件的屏幕资源
                System.exit(0);             // 退出程序
            }
        });
        //紧凑排列，其作用相当于 setSize()，即让窗口尽量小，小到刚刚能够包容住 b1、b2、
        //b3 三个按钮
        //f.pack();
        f.setVisible(true);                 //设置窗口 f 可视
    }
    private Frame f;                        //声明 Frame 类型数据域 f
    private Button b1,b2,b3;                //声明 Button 类型的数据域 b1、b2、b3
}
```

程序运行结果：

程序解析：例 8-2 中，实例化 3 个按钮对象，设置 Frame 的布局管理器为顺序布局。从运行结果可以看出，3 个按钮按照顺序添加在窗口中，顺序是从左到右、从上到下。

如果改变窗口的宽，通过 FlowLayout 布局管理器管理的组件的放置位置会随之发生变化，其变化规律是：组件的大小不变，而组件的位置会根据容器的大小进行调节。如上面的运行结果所示，3 个按钮都处于同一行，最后窗口变窄到在一行只能放置一个按钮，原来处于一行的按钮分别移动到第二行和第三行。可以看出，程序中安排组件的位置和大小时，具有以下特点。

（1）容器中组件的大小和位置都委托给布局管理器管理，程序员无法设置这些属性。如果已经设置布局管理器在容器中，使用 Java 语言提供的 setLocation()、setSize() 、setBounds() 等方法不会起到任何作用。

（2）如果用户必须设置组件的大小和位置，必须设置容器布局管理器为空，方法为 setLayout(null)。

2. 边界布局 BorderLayout

边界布局（BorderLayout）是 Window、Frame 和 Dialog 的默认布局管理器。边界布局管理器将容器分成 5 个区：北（N）、南（S）、西（W）、东（E）和中（C），每个区域只能放置一个组件。各个区域的位置安排如图 8-3 所示。

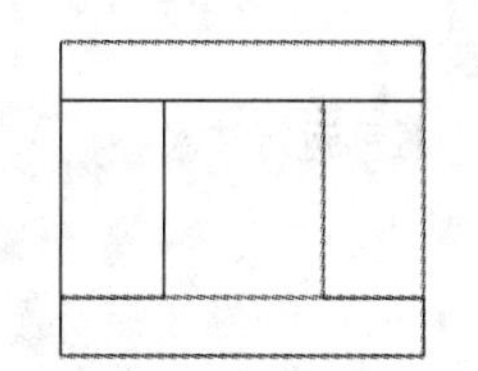

图 8-3　BorderLayout 布局

【例 8-3】演示边界布局管理器示例 BorderLayoutDemo.java。

```
import java.awt.*;
import java.awt.event.WindowAdapter;
```

```
import java.awt.event.WindowEvent;
public class BorderLayoutDemo{
    //声明 BorderLayoutDemo 构造方法
    public BorderLayoutDemo()
    {
        b1=new Button(" 上北");                  // 初始化按钮 b1
        b2=new Button(" 下南");                  // 初始化按钮 b2
        b3=new Button(" 左西");                  // 初始化按钮 b3
        b4=new Button(" 右东");                  // 初始化按钮 b4
        b5=new Button(" 中间");                  // 初始化按钮 b5
    }
    public static void main(String args[ ])
    {
        BorderLayoutDemo fl=new BorderLayoutDemo();//创建，并初始化
                                                //BorderLayoutDemo 对象 fl
        fl.show();                              //调用 show 方法
    }
    public void show()
    {
        f=new Frame("BorderLayout 布局演示");        //创建，并初始化数据域 f
        f.setSize(400, 300);                    //设置窗口 f 的大小
        f.setLayout(new BorderLayout());        //设置布局管理器为 BorderLayout
        f.add(BorderLayout.NORTH, b1);          //将 b5 添加到 NORTH 位置
        f.add(BorderLayout.SOUTH, b2);          //将 b5 添加到 SOUTH 位置
        f.add(BorderLayout.WEST, b3);           //将 b5 添加到 WEST 位置
        f.add(BorderLayout.EAST, b4);           //将 b5 添加到 EAST 位置
        f.add(BorderLayout.CENTER, b5);         //将 b5 添加到 CENTER 位置
        f.addWindowListener(new WindowAdapter(){    //添加监听器
            public void windowClosing(WindowEvent evt){ // 实现 windowClosing 方法
                f.setVisible(false);            //设置窗口 f 不可见
                f.dispose();                    //释放窗口及其子组件的屏幕资源
                System.exit(0);                 //退出程序
            }
        });
        //紧凑排列，其作用相当于 setSize()，即让窗口尽量小，小到刚刚能够包容住 b1、
        //b2、b3、b4、b5，五个按钮
        //f.pack();
        f.setVisible(true);                     //显示窗口 f
    }
    private Frame f;                            //声明 Frame 类型数据域 f
    private Button b1,b2, b3,b4,b5; // 声明 Button 类型数据域 b1、b2、b3、b4、b5
}
```

程序运行结果：

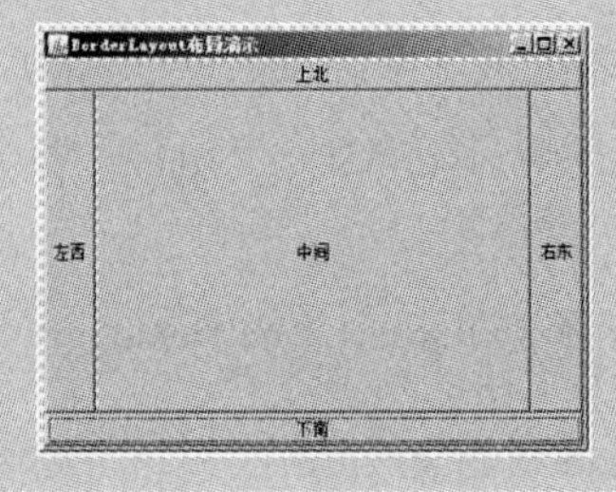

程序解析：从例 8-3 可以看出，程序中放置了 5 个按钮，边界布局管理器可以分为 5 个区域，并且在每一个区域只能放置一个组件。

◎注意

在使用边界布局管理器时，如果容器大小发生变化，内部组件的变化规律如下：组件大小会变化，相对位置不变。另外，容器 5 个区域并没有要求必须添加组件，如果中间区域没有组件，则中间区域将会保留空白；如果四周的区域没有组件，中间区域将会补充。

3. 网格布局 GridLayout

网格布局（GridLayout）使容器中各个组件呈网格状分布，并且每一个网格的大小一致。其构造方法有以下几种：

（1）public GridLayout()：默认网格布局管理器只占据一行一列。

（2）public GridLayout(int row,int col)：创建指定行数和列数的网格布局管理器，组件分配大小是平均的。但是，行和列不能同时为零，其中一个为零时，只是表示所有的组件都放置于一行或者一列中。

（3）public GridLayout(int row,int col,int horz,int vert)：创建指定行数和列数的网格布局管理器，组件分配大小是平均的。

【例 8-4】网格布局示例 GridLayoutDemo.java。

```
import java.awt.*;
import java.awt.event.WindowAdapter;
import java.awt.event.WindowEvent;
public class GridLayoutDemo{
    public GridLayoutDemo()
    {
        b1=new Button("[0][0]");            //初始化按钮 b1
        b2=new Button("[0][1]");            //初始化按钮 b2
        b3=new Button("[0][2]");            //初始化按钮 b3
        b4=new Button("[1][0]");            //初始化按钮 b4
        b5=new Button("[1][1]");            //初始化按钮 b5
        b6=new Button("[1][2]");            //初始化按钮 b6
    }
    public static void main(String args[ ])
    {
        GridLayoutDemo fl = new GridLayoutDemo(); //创建，并初始化 GridLayoutDemo 对象 fl
        fl.show();        //调用 show 方法
    }
    public void show()
    {
        f=new Frame("GridLayout 布局演示");     //初始化窗口 f
        f.setSize(400, 300);                   //设置 f 的大小
        //设置布局管理器为 GridLayout
        f.setLayout(new GridLayout(2,3));
        f.add(b1);                          //添加阵列中的[0][0]位置
        f.add(b2);                          //添加阵列中的[0][1]位置
```

```
        f.add(b3);                          //添加阵列中的[0][2]位置
        f.add(b4);                          //添加阵列中的[1][0]位置
        f.add(b5);                          //添加阵列中的[1][1]位置
        f.add(b6);                          //添加阵列中的[1][2]位置
        f.addWindowListener(new WindowAdapter(){
            public void windowClosing(WindowEvent evt) {   // 实现windowClosing 方法
                f.setVisible(false);        // 设置窗口 f 不可见
                f.dispose();                // 释放窗口及其子组件的屏幕资源
                System.exit(0);             // 退出程序
            }
        });
        f.setVisible(true);                 //显示窗口
    }
    private Frame f;                        //声明Frame 类型数据域f
    private Button b1,b2, b3,b4,b5,b6;//声明Button 类型数据域b1、b2、b3、b4、b5、b6
}
```

程序运行结果：

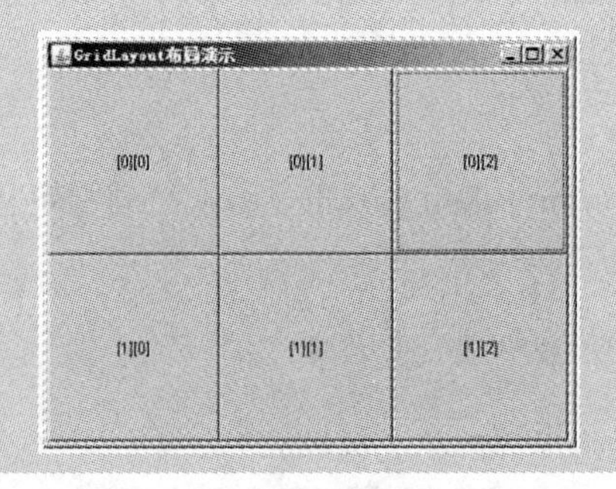

程序解析：例 8-4 设置窗口的布局管理器为网格布局管理器，网格的行数是 2，列数为 3。可以在网格中添加 6 个组件，放置顺序是从左到右、从上到下。

4．卡片布局 CardLayout

卡片布局（CardLayout）将每一个组件视为一张卡片，一次只能看到一张卡片，容器充当卡片的堆栈，容器第一次显示的是第一次添加的组件。构造方法有以下几种：

（1）public CardLayout()：创建一个新卡片的布局，水平间距和垂直间距都是 0。

（2）public CardLayout(int hgap,int vgap)：创建一个具有指定水平间距和垂直间距的新卡片布局。

还有一些比较重要的方法如下：

（1）void first(Container parent)：翻转到容器的第一张卡片。

（2）void next(Container parent)：翻转到指定容器的下一张卡片。

（3）void last(Container parent)：翻转到容器的最后一张卡片。

（4）void previous(Container parent)：翻转到指定容器的前一张卡片。

【例 8-5】卡片布局应用示例 CardLayoutDemo.java。

```
import java.awt.*;
import java.awt.event.*;
public class CardLayoutDemo extends Frame implements MouseListener{
    //声明CardLayoutDemo 带有字符串参数的构造方法
```

```
    public CardLayoutDemo(String string) {
        super(string);                  //调用父类构造方法
        init();                         //调用方法 init()
    }
    public static void main(String args[ ]){
        new CardLayoutDemo("CardLayout1");   //创建 CardLayoutDemo 类型变量
    }
    public void init()
    {
        setLayout(new BorderLayout());   //设置窗口的布局管理器为 BorderLayout
        setSize(400,300);//设置窗口的大小
        Panel p=new Panel();//创建，并初始化面板 Panel 对象 p
        p.setLayout(new FlowLayout());   // 设置面板 p 的布局管理器为 FlowLayout
        first.addMouseListener(this);    //为 first 按钮添加鼠标监听器
        second.addMouseListener(this);   //为 second 按钮添加鼠标监听器
        third.addMouseListener(this);    //为 third 按钮添加鼠标监听器
        p.add(first);                    //在面板 p 中添加按钮 first
        p.add(second);                   //在面板 p 中添加按钮 second
        p.add(third);                    //在面板 p 中添加按钮 third
        add("North", p);                 //在窗口中添加面板 p
        cards.setLayout(cl);             //设置 panel 为卡片布局器
        cards.add("First card",new Button("第一页内容"));  //在 cards 中添加按钮
        cards.add("Second card", new Button(" 第二页内容")); // 在 cards 中添加按钮
        cards.add("Third card",new Button("第三页内容"));  //在 cards 中添加按钮
        add("Center", cards);                //将 cards 添加到窗口的 Center 位置
        //注册监听器，关闭功能
        addWindowListener(new WindowAdapter(){
            public void windowClosing(WindowEvent evt) { // 实现 windowClosing 方法
                f.setVisible(false);                 // 设置窗口 f 不可见
                f.dispose();                     // 释放窗口及其子组件的屏幕资源
                System.exit(0);                  // 退出程序
            }
        });
        setVisible(true);                        //显示窗口
    }
    //实现监听器方法
    public void mouseClicked(MouseEvent evt){
        if (evt.getSource()==first) {            // 当事件源为 first 时
            cl.first(cards);//翻转到第一张卡片
        }
        else if (evt.getSource()==second) {      // 当事件源为 second 时
            cl.first(cards);                     //翻转到第一张卡片
            cl.next(cards);                      //翻转到下一张卡片
        }
        else if (evt.getSource()==third) {       // 当事件源为 third 时
            cl.last(cards);//翻转到最后一张卡片
        }
    }
    public void mouseEntered(MouseEvent arg0){   //mouseEntered 为空方法
    }
```

```
    public void mouseExited(MouseEvent arg0){          //mouseExited 为空方法
    }
    public void mousePressed(MouseEvent arg0){         //mousePressed 为空方法
    }
    public void mouseReleased(MouseEvent arg0){        //mouseReleased 为空方法
    }
    private Button first=new Button("第一页");          // 声明并初始化按钮 first
    private Button second=new Button(" 第二页");        //声明并初始化按钮 second
    private Button third=new Button(" 第三页");         // 声明并初始化按钮 third
    private Panel cards=new Panel();                   //声明并初始化面板 cards
    private CardLayout cl=new CardLayout();            //实例化一个卡片布局对象
}
```

程序运行结果：

程序解析：例 8-5 设置窗口的布局管理器为卡片布局管理器，并为窗口类实现 MouseListener 接口，重写了 mouseClicked 方法，单击按钮“第一页”显示第一个 Button，单击按钮“第二页”显示第二个 Button，单击按钮“第三页”显示最后一个 Button。

◎注意

在程序中，由于经常操作卡片之间的跳转，必须将卡片布局管理 CardLayout 实例化保留句柄，方便以后处理时使用。

5. 网格包布局 GridBagLayout

网格包布局（GridBagLayout）是一个复杂的布局管理器，容器中的组件大小不要求一致。通常使用网格包布局管理器涉及一个辅助类 GridBagContraints，该类包含 GridBagLayout 类用来保存组件布局大小和位置的全部信息。其使用步骤如下：

（1）创建一个网格包布局管理器的对象，并将其设置为当前容器的布局管理器。

（2）创建一个 GridBagContraints 对象。

（3）通过 GridBagContraints 为组件设置布局信息。

（4）将组件添加到容器中。

GridBagContraints 类的成员变量包括以下几种：

- gridx、gridy：指定包含组件的开始边、顶部的单元格，的默认值为 RELATIVE，该值指将组件添加到刚刚添加组件的右边和下边。gridx、gridy 应为非负值。

- gridwidth、gridheight：指定组件的单元格数，分别是行和列。它们的值应为非负，默认值为 1。
- weightx、weighty：指定分配额外的水平和垂直空间，的默认值为 0 并且为非负。
- ipadx、ipady：指定组件的内部填充宽度，即为组件的最小宽度、最小高度添加多大的空间，默认值为 0。
- fill：指定单元大于组件的情况下，组件如何填充此单元，默认为组件大小不变。以下是静态数据成员，它们是 fill 变量的值：

```
GridBagConstraints.NONE              //组件大小不改变
GridBagConstraints.HORIZONTAL        //水平填充
GridBagConstraints.VERTICAL          //垂直填充
GridBagConstraints.BOTH              //填充全部区域
```

在指定单元大于组件的情况下，如果不填充可以通过 anchor 指定组件在单元的位置，默认值为中部。还可以是下面的静态成员，它们都是 anchor 的值。

```
GridBagConstraints.CENTER            //中间位置
GridBagConstraints.NORTH             //上北位置
GridBagConstraints.EAST              //右东位置
GridBagConstraints.WEST              //左西位置
GridBagConstraints.SOUTH             //下南位置
GridBagConstraints.NORTHEAST         //东北位置
GridBagConstraints.SOUTHEAST         //东南位置
GridBagConstraints.NORTHWEST         //西北位置
GridBagConstraints.SOUTHWEST         //西南位置
```

【例 8-6】使用 setConstraints()方法设置各组件布局示例 GridBagLayoutDemo.java。

```
import java.awt.*;
import java.awt.event.WindowAdapter;
import java.awt.event.WindowEvent;
public class GridBagLayoutDemo extends Frame{
   Label l1,l2,l3,l4;             //声明，并初始化 Label 类型域 l1、l2、l3、l4
   TextField tf1,tf2,tf3;         //声明，并初始化 TextField 类型域 tf1、tf2、tf3
   Button btn1,btn2;              //声明，并初始化 Button 类型域 btn1、btn2
   CheckboxGroup cbg;             //声明，并初始化 CheckboxGroup 类型域 cbg
   Checkbox cb1,cb2,cb3,cb4;      //声明，并初始化 Checkbox 类型域 cb1,cb2、cb3,cb4
   GridBagLayout gb;              //声明，并初始化 GridBagLayout 类型域 gb
   GridBagConstraints gbc;        //声明，并初始化 GridBagConstraints 类型域 gbc
   public GridBagLayoutDemo(String title){
      super(title);               //调用父类构造方法
      l1=new Label("用户名");      //初始化 l1
      l2=new Label("密码");        //初始化 l2
      l3=new Label("重复密码");    //初始化 l3
      l4=new Label("获取途径");    //初始化 l4
      tf1=new TextField(20);      //初始化 tf1
      tf2=new TextField(20);      //初始化 tf2
      tf3=new TextField(20);      //初始化 tf3
      gb=new GridBagLayout();     //初始化 gb
      setLayout(gb);              //设置窗口布局管理器 gb
      gbc=new GridBagConstraints();          //初始化网格包容器
```

```
        Panel p=new Panel();                        //创建，并初始化面板 Panel
        cbg=new CheckboxGroup();                    //初始化多选框组 CheckboxGroup
        cb1=new Checkbox("搜索",cbg,false);         //初始化复选框 cb1
        cb2=new Checkbox("广告",cbg,false);         //初始化复选框 cb2
        cb3=new Checkbox("朋友",cbg,false);         //初始化复选框 cb3
        cb4=new Checkbox("其他",cbg,false);         //初始化复选框 cb4
        p.add(cb1);                                 //在面板 p 中添加 cb1
        p.add(cb2);                                 //在面板 p 中添加 cb2
        p.add(cb3);                                 //在面板 p 中添加 cb3
        p.add(cb4);                                 //在面板 p 中添加 cb4
        btn1=new Button("提交");                    //初始化按钮 btn1
        btn2=new Button("重置");                    //初始化按钮 btn2
        Panel p1=new Panel();                       //创建，并初始化面板 p1
        p1.add(btn1);                               //在面板 p1 添加按钮 btn1
        p1.add(btn2);                               //在面板 p1 添加按钮 btn2
        addWindowListener(new WindowAdapter(){
            public void windowClosing(WindowEvent e){
                System.exit(0);                     //程序退出
            }
        });
        gbc.fill=GridBagConstraints.HORIZONTAL;   //设置 gbc 的 fill 域
        addComponent(l1, 0, 0, 1, 1);          //添加 l1 标签
        addComponent(tf1,0, 2, 1, 4);          //添加 tf1 文本框
        addComponent(l2, 1, 0, 1, 1);          //添加 l2 标签
        addComponent(tf2,1, 2, 1, 4);          //添加 tf2 文本框
        addComponent(l3, 2, 0, 1, 1);          //添加 l3 标签
        addComponent(tf3,2, 2, 1, 4);          //添加 tf3 文本框
        addComponent(l4,4, 0, 1, 1);           //添加 l4 标签
        addComponent(p,4, 2, 1, 1);            //添加面板 p
        addComponent(p1,5, 2, 1, 5);           //添加面板 p1
    }
    //声明添加组件的方法
    public void addComponent(Component c,int row,int col, int nrow,int ncol){
        gbc.gridx=col;                              //设置组件显示区域的开始边单元格
        gbc.gridy=row;                              //设置组件显示区域的顶端单元格
        gbc.gridheight=ncol;                        //设置组件显示区域一列的单元格数
        gbc.gridwidth=nrow;                         //设置组件显示区域一行的单元格数
        gb.setConstraints(c,gbc);                   //设置布局的约束条件
        add(c);                                     //组件 c 添加到容器中
    }
    public static void main(String args[ ]){
        // 创建，并初始化 GridBagLayoutDemo 对象 mygb
        GridBagLayoutDemo mygb =new GridBagLayoutDemo("网格包布局管理器");
        mygb.setSize(300,200);                      //设置窗口大小
        mygb.setVisible(true);                      //显示窗口
    }
}
```

程序运行结果：

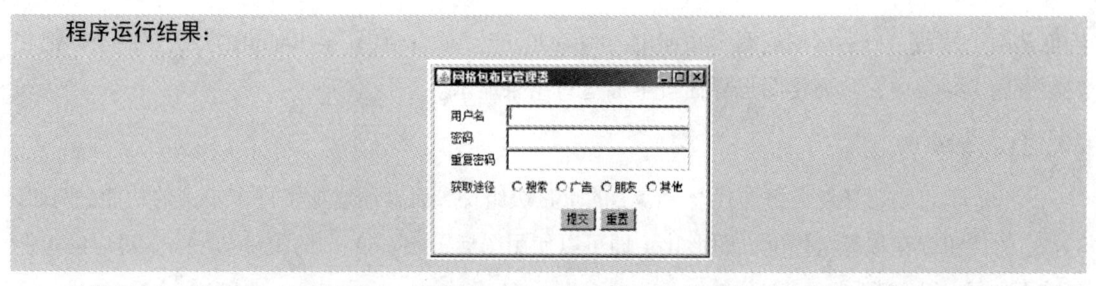

程序解析：从例 8-6 可以看出，网络包布局管理器是比较复杂的布局管理器，也正是因为它的复杂性才决定了其功能强大性。它通常需要与 GridBagConstraints 配合使用，通过 GridBagConstraints 的对象来设置组件的布局信息。

6. 不使用布局管理器

当一个容器被创建后，会有一个默认的布局管理器。如果不希望通过布局管理器来对容器进行布局，也可以调用容器的 setLayout(null)方法，将布局管理器取消。在这种情况下，程序必须调用容器中每个组件的 setSize()和 setLocation()方法或者 setBounds()方法（这个方法接收 4 个参数，分别是左上角的 x、y 坐标和组件的长、宽）来为这些组件在容器中定位。

【例 8-7】不使用布局管理器对组件进行布局示例 NoLayoutDemo.java。

```
import java.awt.*;
public class NoLayoutDemo{
   public static void main(String[] args) {
       Frame f=new Frame("hello");
       f.setLayout(null);
       f.setSize(300, 150);
       Button btn1=new Button("press");
       Button btn2=new Button("pop");
       //btn1.setLocation(40, 60);
       //btn1.setSize(100, 30);
       btn1.setBounds(40, 60, 100, 30);
       //btn2.setLocation(140, 90);
       //btn2.setSize(100, 30);
       btn2.setBounds(140, 90, 100, 30);
       //在窗口中添加按钮
       f.add(btn1);
       f.add(btn2);
       f.setVisible(true);
   }
}
```

程序运行结果：

程序解析：例 8-7 中，通过调用 Frame 的 setLayout(null)方法取消了 Frame 的布局管理器，然

后创建两个按钮，分别调用这两个按钮的 setLocation()、setSize()或 setBounds()方法按照坐标把它们放置到 Frame 中，从而使图形界面按上面运行结果显示。

五、Swing

Swing 不仅使用轻量级组件代替 AWT 的重量级组件，而且还增加了许多丰富的功能。例如，Swing 的按钮和标签等组件可以图形化（即可以使用图标），Swing 中的组件与 AWT 对应的组件名前面加了一个“J”。

Jcomponent 是一个抽象类，主要用于定义所有子类的通用方法。层次关系如下：

```
java.lang.Object
   +--java.awt.Component
      +--java.awt.Container
         +--javax.swing.JComponent
```

Jcomponent 类派生于 Container 类。并不是 Swing 的所有组件都继承了 JComponent 类，凡是派生于 Container 类的组件都可以作为容器使用。Swing 组件从功能上可分为顶层容器、中间容器、特殊容器、基本控件、信息显示组件和编辑信息组件。

（1）顶层容器：顶层容器是可以独立存在的容器，可以把它看成一个窗口。顶层容器是进行图形编程的基础，其他 Swing 组件必须依附在顶层容器中才能显示出来。在 Swing 中，顶层容器包括 Jframe 、Japplet 、Jdialog 、JWindow 。

（2）中间容器：中间容器不能独立存在，与顶层容器结合使用可以构建较复杂的界面布局。中间容器包括 Jpanel 、JscrollPane 、JsplitPane、JToolBar。

（3）特殊容器：GUI 中特殊作用的中间层，如 JinternalFrame、JlayeredPane、JRootPane。

（4）基本控件：人机交互的基本组件，如 Jbutton、JcomboBox、Jlist、Jmenu、Jslider、JtextField。

（5）信息显示组件：组件仅仅为显示信息，但不能编辑，如 Jlabel、JprogressBar、ToolTip。

（6）编辑信息组件：向用户显示可被编辑信息的组件，如 JcolorChooser、JfileChoose、JfileChooser、Jtable、JtextArea 。

另外，JComponent 类的一些特殊功能包括边框设置、双缓冲区、提示信息、键盘导航和支持布局。

（1）边框设置：使用 setBorder() 方法设置组件外围边框，如果不设置边框就会为组件的外围留出空白。

（2）双缓冲区：为了改善组件的显示效果，采用双缓冲技术。JComponent 组件默认是双缓冲的，不必要自己写代码，可以通过 setDoubleBuffered(false)关闭双缓冲区。

（3）提示信息：setTooltipText() 方法可为组件设置提示信息，为用户提供帮助。

（4）键盘导航：registerKeyboardAction()方法可以实现键盘代替鼠标操作。

（5）支持布局：用户可以设置组件最大、最小和对齐参数值等方法，指定布局管理器的约束条件。

与 AWT 组件不同，Swing 不能直接在顶层容器中添加组件。Swing 组件必须添加到与顶层容器相关的内容面板上，内容面板是一个普通的轻量级组件，还要避免使用非 Swing 轻量级组件。在顶层容器 JFrame 对象中添加组件有以下两种方式。

（1）用 getContentPane() 方法获得容器的内容面板，直接添加组件，格式如下：

```
Container c=frame.getContentPane();        //获取窗口内容面板
JPanel pane=new JPanel();                  //创建面板
c.add(pane);                               //在容器中添加面板
```

（2）建立一个中间容器对象（Jpanel 或 JdesktopPane），将组件添加到中间容器对象内，然后通过 setContentPane() 方法将该容器设置为顶层容器 frame 的内容面板。

```
JPanel pane = new JPanel();                //创建面板对象
pane.add(new JButton("OK"));               //给面板添加按钮
frame. setContentPane(pane);               //将面板pane设置为窗口内容面板
```

1. 顶层容器 JFrame

JFrame 类一般用于创建应用程序的主窗口，所创建的窗口默认大小是 0，需使用 setSize()设置窗口的大小。JFrame 窗口默认不可见，需使用 setVisible(true)使其可见。JFrame 类通过继承父类而提供了一些常用的方法来控制和修饰窗口。

利用 JFrame 类创建一个窗口有两种方法：直接定义 JFrame 类的对象来创建一个窗口；通过继承 JFrame 类来创建一个窗口。通常使用第二种方法，因为通过继承，可以创建自己的变量或方法，更具灵活性。

【例 8-8】直接定义 JFrame 类的对象来创建一个窗口示例 JFrameDemo1.java。

```
import javax.swing.*;
public class JFrameDemo1{
    public static void main(String[] args) {
        JFrame f=new JFrame("一个简单窗口");
        f.setLocation(300, 300);
        f.setSize(300, 200);
        f.setResizable(false);
        f.setVisible(true);
    }
}
```

【例 8-9】通过继承 JFrame 类来创建一个窗口示例 JFrameDemo2.java。

```
import javax.swing.*;
class MyFrame extends JFrame{
    public MyFrame(String title,int x,int y,int w,int h){
        super(title);
        this.setLocation(x, y);
        this.setSize(w, h);
        this.setResizable(false);
        this.setVisible(true);
    }
}
public class JFrameDemo2{
    public static void main(String[] args){
        new MyFrame("一个简单窗口", 300, 300, 300, 200);
```

```
    }
}
```

运行 JFrameDemo1.java 和 JFrameDemo2.java 程序的结果是一致的。

程序运行结果：

程序解析：JFrameDemo1.java 和 JFrameDemo2.java 通过 JFrame 类在屏幕上创建了一个大小为 300×200、并位于显示器左上角（300，300）的一个空白窗体。该窗体除了标题之外什么都没有，因为还没有在窗口中添加任何组件。

2. 中间容器 JPanel

JPanel 在 Java 中又称为面板，属于中间容器，本身也属于一个轻量级容器组件。由于 JPanel 透明且没有边框，因此不能作为顶层容器，不能独立显示。它的作用就在于放置 Swing 轻量级组件，然后作为整体安置在顶层容器中。使用 JPanel 结合布局管理器，通过容器的嵌套使用，可以实现对窗口的复杂布局。正是因为这些优点，使得 JPanel 成为最常用的容器之一。

【例 8-10】JPanel 应用示例 TwoPanelDemo.java。

```
import javax.swing.*;
import java.awt.*;
class TwoPanelJFrame extends JFrame{
    public TwoPanelJFrame(String title){
        super(title);
        this.setLayout(null);
        JPanel pan1=new JPanel();
        JPanel pan2=new JPanel();
        this.getContentPane().setBackground(Color.green);
        this.setSize(250, 250);
        pan1.setLayout(null);
        pan1.setBackground(Color.red);
        pan1.setSize(150, 150);
        pan2.setBackground(Color.yellow);
        pan2.setSize(50, 50);
        pan1.add(pan2);
        this.add(pan1);
        this.setVisible(true);
    }
}
public class TwoPanelDemo{
    public static void main(String[] args) {
        new TwoPanelJFrame("Two Panel 测试");
    }
}
```

程序运行结果：

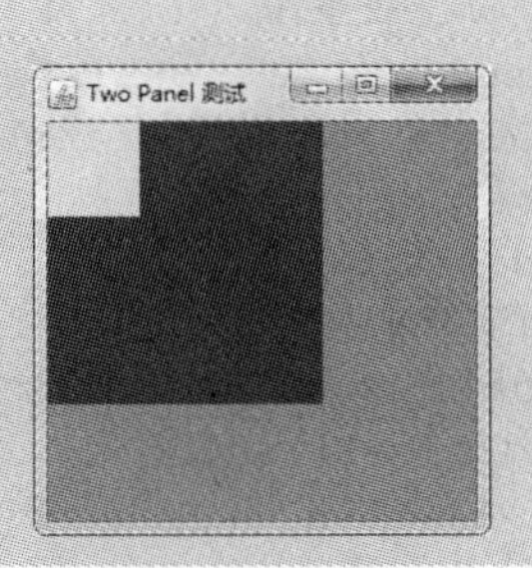

程序解析：例 8-10 通过继承 JFrame 类的方式创建了一个窗体。对 JFrame 类及子类对象设置背景颜色，需要调用获得内容面板 getContentPane()方法。对 JPanel 类对象设置背景色，需要调用 setBackground()方法。调用 setLayout()方法设置布局管理器。通过调用 JPanel 的 add()方法实现中间容器的嵌套，调用 JFrame 的 add()方法将中间容器 JPanel 加入顶层容器 JFrame 中。

3. 对话框 JDialog

JDialog 是 Swing 的另外一个顶层容器，它和 Dialog 一样都表示对话框。JDialog 对话框可分为两种：模态对话框和非模态对话框。所谓模态对话框是指用户需要等到处理完对话框后才能继续与其他窗口交互；而非模态对话框允许用户在处理对话框的同时与其他窗口交互。

对话框是模态或者非模态，可以在创建 Dialog 对象时为构造方法传入参数来设置，也可以在创建 JDialog 对象后调用它的 setModal()方法来进行设置。

【例 8-11】JDialog 应用示例 JDialogDemo.java。

```
import java.awt.*;
import java.awt.event.*;
import javax.swing.*;
public class JDialogDemo {
   public static void main(String[] args){
      //建立两个按钮
      JButton btn1=new JButton("模态对话框");
      JButton btn2=new JButton("非模态对话框");
      JFrame f=new JFrame("DialogDemo");
      f.setSize(300, 250);
      f.setLocation(300, 200);
      f.setLayout(new FlowLayout()); //为内容面板设置布局管理器
      //在Container对象上添加按钮
      f.add(btn1);
      f.add(btn2);
      //设置单击"关闭"按钮默认关闭窗口
      f.setDefaultCloseOperation(JFrame.EXIT_ON_CLOSE);
      f.setVisible(true);
      final JLabel label=new JLabel();
      final JDialog dialog=new JDialog(f,"Dialog"); //定义一个JDialog对话框
      dialog.setSize(220, 150);
      dialog.setLocation(350, 250);
      dialog.setLayout(new FlowLayout());
      final JButton btn3=new JButton("确定");
      dialog.add(btn3); //在对话框的内容面板添加按钮
```

```
        //为“模态对话框”按钮添加点击事件
        btn1.addActionListener(new ActionListener(){
            public void actionPerformed(ActionEvent e){
                //设置对话框为模态
                dialog.setModal(true);
                //如果 JDialog 窗口中没有添加 JLabel 标签，就把 JLabel 标签加上
                if (dialog.getComponents().length==1){
                    dialog.add(label);
                }
                //否则修改标签的内容
                label.setText("模态对话框，单击“确定”按钮关闭");
                //显示对话框
                dialog.setVisible(true);
            }
        });
        //为“非模态对话框”按钮添加点击事件
        btn2.addActionListener(new ActionListener(){
            public void actionPerformed(ActionEvent e){
                //设置对话框为模态
                dialog.setModal(false);
                //如果 JDialog 窗口中没有添加 JLabel 标签，就把 JLabel 标签加上
                if (dialog.getComponents().length==1){
                    dialog.add(label);
                }
                //否则修改标签的内容
                label.setText("非模态对话框，单击“确定”按钮关闭");
                //显示对话框
                dialog.setVisible(true);
            }
        });
        //为对话框中的按钮添加点击事件
        btn3.addActionListener(new ActionListener(){
            public void actionPerformed(ActionEvent e){
                dialog.dispose();
            }
        });
    }
}
```

程序运行结果：

程序解析：例 8-11 的结果显示，在 JFrame 窗口中添加了“模态对话框”和“非模态对话框”两个按钮。当单击“模态对话框”按钮时，显示上图中间的对话框，这时只能操作该对话框，其

他对话框不能进行任何操作，直到用户单击对话框中的“确定”按钮，关闭该对话框，才能继续其他操作。当单击“非模态对话框”按钮时，显示上图最后一个对话框，此时不但能对弹出的对话框进行操作，而且能对其他的对话框进行操作，这就是非模态对话框和模态对话框的区别。

利用 JDialog 类可以创建对话框，但是必须创建对话框中的每一个组件，但大多数对话框只需显示提示的文本，或者进行简单的选择，这时可以利用 JOptionPane 类。对话框类型如表 8-3 所示。

表 8-3　对话框类型

对话框类型	说　明
消息对话框	只含有一个按钮，通常是“确定”按钮
确认对话框	通常会问用户一个问题，用户回答“是”或“不是”
输入对话框	可以让用户输入相关的信息，当用户单击“确定”按钮后，系统会得到用户所输入的信息；也可以提供 JComboBox 组件让用户选择相关信息，避免用户输入错误
选项对话框	可以让用户自定义对话类型，最大的好处是可以改变按钮上的文字

通过创建 JOptionPane 对象所得到的对话框是模态对话框，但通常并不是通过 new 实例化一个 JOptionPane 对象创建对话框，而是直接使用 JOptionPane 所提供的一些静态方法，创建表 8-3 中所列出的 4 种标准对话框。

对话框的使用方法示例如下：

（1）显示消息对话框：

```
JOptionPane.showMessageDialog(this,"这是消息对话框","消息对话框示例",JOptionPane.
WARNING_MESSAGE);
```

（2）显示确认对话框：

```
JOptionPane.showConfirmDialog(this, "这是确认对话框", "确认对话框示例", JOptionPane.
YES_NO_CANCEL_OPTION,JOptionPane.INFORMATION_MESSAGE);
```

（3）显示输入对话框：

```
String inputValue=JOptionPane.showInputDialog(this,"这是输入对话框","输入对话框示例",
JOptionPane.INFORMATION_MESSAGE);
```

（4）显示选项对话框：

```
Object[] options={"钢琴","小提琴","古筝"};
int response=JOptionPane.showOptionDialog(this, "请选择演奏的乐器", "选项对话框
示例", JOptionPane.DEFAULT_OPTION, JOptionPane.QUESTION_MESSAGE, null, options,
options[1]);
```

4. 文本组件

文本组件用于接收用户输入的信息或向用户展示信息，其中包括文本框（JTextField）、文本域（JTextArea）等，它们都有一个共同的父类 JTextComponent，JTextComponent 是一个抽象类，提供了文本组件常用的方法。

（1）JTextField：JTextField 称为文本框，只能接收单行文本的输入。它有一个子类 JPasswordText，表示一个密码框，只能接收用户的单行输入，但是在此框中不显示用户输入的真实信息，而是通过显示指定的回显字符作为占位符。新创建的密码框默认的回显字符是“*”。

（2）JTextArea：JTextArea称为文本域，它能接收多行文本的输入，使用JTextArea构造方法创建对象时可以设置区域的行数、列数。

文本域不自动具有滚动功能，但是可以通过创建一个包含JTextArea实例的JScrollPane对象实现。例如：

```
JScrollPane scroll=new JScrollPane(new JTextArea());
```

5. 按钮组件

Swing中，所有类型的按钮都是javax.swing.AbstractButton类的子类。用户使用Swing按钮可以显示图像，将整个按钮设置为窗口默认图标，并且可将多个图像指定给一个按钮来处理鼠标在按钮上的事件。JButton类的继承关系如下：

```
java.lang.Object
   +--java.awt.Component
       +--java.awt.Container
           +--javax.swing.JComponent
                 +--javax.swing.AbstractButton
                      +--javax.swing.JButton
```

常用的构造方法有以下几种：

（1）JButton(Icon icon)：按钮上显示图标。

（2）JButton(String text)：按钮上显示字符。

（3）JButton(String text,Icon icon)：按钮上既显示图标，又显示字符。

6. 组合框组件JComboBox

组合框组件（JcomboBox）是将按钮、可编辑字段以及下拉菜单组合的组件。用户可以从下拉列表中选择不同的值，如果组合框组件处于不可编辑状态，用户只能在现有的选项列表中进行选择；如果组合框组件处于可编辑状态，用户还可以输入新的内容。需要注意的是，自己输入的内容只能作为当前项显示，并不会添加到组合框的选项列表中。组合框的构造方法有以下几种：

（1）JComboBox()：创建一个没有数据选项的组合框。

（2）JComboBox(ComboBoxModel aModel)：创建一个数据来源于ComboBoxModel的组合框。

（3）JComboBox(Object[] items)：创建一个指定数组元素作为选项的组合框。

（4）JComboBox(Vector<?> items)：创建一个指定Vector中元素的组合框。

7. 菜单组件

在GUI程序中，菜单是很常见的组件，利用Swing提供的菜单组件可以创建出多种样式的菜单。

（1）下拉式菜单

计算机中很多文件的菜单都是下拉式的，如记事本的菜单。在GUI程序中，创建下拉式菜单需要使用3个组件：JMenuBar（菜单栏）、JMenu（菜单）和JMenuItem（菜单项）。

- JMenuBar：表示一个水平的菜单栏，它用来管理菜单，不参与同用户的交互式操作。菜单栏可以放在容器的任何位置，但通常情况下会使用顶级窗口（如JFrame、JDialog）的setJMenuBar(JMenuBar menuBar)方法将它放置在顶级窗口的顶部。创建完菜单栏对象后，调用它的 add(JMenu c)方法为其添加 JMenu 菜单。

- JMenu：表示一个菜单，它用来整合管理菜单项。菜单可以是单一层次的结构，也可以是多层次的结构。
- JMenuItem：表示一个菜单项，它是菜单系统中最基本的组件。同 JMenu 菜单一样，在创建 JMenuItem 菜单项时，通常会使用 JMenuItem(String text)这个构造方法为菜单项指定文本内容。

（2）弹出式菜单

在 Java 的 Swing 组件中，弹出式菜单用 JPopupMenu 表示。JPopupMenu 弹出式菜单和下拉式菜单一样都通过调用 add()方法添加 JMenuItem 菜单项，但它默认是不可见的，可以调用 show(Component invoker,int x,int y)方法使其显示出来。

任务实施

下面通过 AWT 和 Swing 组件来实现聊天室服务器端界面设计和客户端界面设计。

1. 实现思路

（1）服务器端界面能够实现人数上限设置、服务器端口设置、服务的启动和停止，所有在线用户昵称的显示、聊天室中所有用户的聊天记录显示、发布消息等功能。

（2）客户端界面能够实现连接服务器 IP 地址设置、连接端口设置、用户昵称设置、客户端的上线与下线、除本人以外所有在线用户昵称的显示、聊天室中所有用户的聊天记录显示、发布消息等功能。

（3）字符较少，只需单行输入和显示的功能使用 JTextField 组件实现。字符较多，需要多行输入和显示的功能使用 JTextArea 组件实现。

（4）启动与停止服务器的功能、发布消息的功能、客户端上线与下线的功能，通过 JButton 组件的单击事件来触发。

（5）界面整体采用 Frame 容器，因此默认边界布局。在南区中采用边界布局，在西区和东区中使用 JScrollPane 面板，在中区中使用分隔面板 JSplitPane，并使用 JSplitPane.HORIZONTAL_SPLIT 让分隔窗格中的两个 Component 从左到右排列，在北区中采用网格布局。在各区中添加组件以实现布局。

2. 实现代码

（1）定义 Server 类，并在其中声明所需要的容器和组件，以做好服务器端界面设计的准备工作。

```
public class Server {
    private JFrame frame;
    private JTextArea contentArea;
    private JTextField txt_message;
    private JTextField txt_max;
    private JTextField txt_port;
    private JButton btn_start;
```

```
    private JButton btn_stop;
    private JButton btn_send;
    private JPanel northPanel;
    private JPanel southPanel;
    private JScrollPane rightPanel;
    private JScrollPane leftPanel;
    private JSplitPane centerSplit;
    private JList userList;
    private DefaultListModel listModel;
}
```

（2）在 Server 类的构造方法中实例化容器和组件，并实现服务器端界面布局。

```
public Server(){
    frame = new JFrame("服务器");
    // 更改 JFrame 的图标:
    frame.setIconImage(Toolkit.getDefaultToolkit().createImage(Server
    .class.getResource("qq.png")));
    contentArea=new JTextArea();
    contentArea.setEditable(false);
    contentArea.setForeground(Color.blue);
    txt_message=new JTextField();
    txt_max=new JTextField("30");
    txt_port=new JTextField("6666");
    btn_start=new JButton("启动");
    btn_stop=new JButton("停止");
    btn_send=new JButton("发送");
    btn_stop.setEnabled(false);
    listModel=new DefaultListModel();
    userList=new JList(listModel);
    southPanel=new JPanel(new BorderLayout());
    southPanel.setBorder(new TitledBorder("写消息"));
    southPanel.add(txt_message, "Center");
    southPanel.add(btn_send, "East");
    leftPanel=new JScrollPane(userList);
    leftPanel.setBorder(new TitledBorder("在线用户"));
    rightPanel=new JScrollPane(contentArea);
    rightPanel.setBorder(new TitledBorder("消息显示区"));
    centerSplit=new JSplitPane(JSplitPane.HORIZONTAL_SPLIT, leftPanel,
          rightPanel);
    centerSplit.setDividerLocation(100);
    northPanel=new JPanel();
    northPanel.setLayout(new GridLayout(1, 6));
    northPanel.add(new JLabel("人数上限"));
    northPanel.add(txt_max);
    northPanel.add(new JLabel("端口"));
    northPanel.add(txt_port);
    northPanel.add(btn_start);
    northPanel.add(btn_stop);
    northPanel.setBorder(new TitledBorder("配置信息"));
    frame.setLayout(new BorderLayout());
    frame.add(northPanel, "North");
```

```
        frame.add(centerSplit, "Center");
        frame.add(southPanel, "South");
        frame.setSize(600, 400);
        //frame.setSize(Toolkit.getDefaultToolkit().getScreenSize());//设置全屏
        int screen_width=Toolkit.getDefaultToolkit().getScreenSize().width;
        int screen_height=Toolkit.getDefaultToolkit().getScreenSize().height;
        frame.setLocation((screen_width - frame.getWidth())/2,
                (screen_height-frame.getHeight())/2);
        frame.setVisible(true);
}
```

（3）在 Server 类的构造方法中添加关闭窗口事件处理程序。

```
frame.addWindowListener(new WindowAdapter(){
    public void windowClosing(WindowEvent e){
        System.exit(0);  // 退出程序
    }
});
```

（4）在 Server 类的构造方法中添加文本框回车事件处理程序。

```
txt_message.addActionListener(new ActionListener(){
    public void actionPerformed(ActionEvent e){
        System.out.println("发送消息成功");
    }
});
```

（5）在 Server 类的构造方法中添加单击“发送”按钮事件处理程序。

```
btn_send.addActionListener(new ActionListener(){
    public void actionPerformed(ActionEvent arg0){
      System.out.println("发送消息成功");
    }
});
```

（6）在 Server 类的构造方法中添加单击启动服务器按钮事件处理程序。

```
btn_start.addActionListener(new ActionListener(){
    public void actionPerformed(ActionEvent e){
        System.out.println("服务器启动成功");
    }
});
```

（7）在 Server 类的构造方法中添加单击停止服务器按钮事件处理程序。

```
btn_stop.addActionListener(new ActionListener(){
    public void actionPerformed(ActionEvent e){
      System.out.println("服务器已停止");
    }
});
```

（8）在 main()方法中实例化 Server 类，启动服务器端。

```
public static void main(String[] args){
    new Server();
}
```

（9）定义 Client 类，并在其中声明所需要的容器和组件，以做好客户端界面设计的准备工作。

```
public class Client{
    private JFrame frame;
    private JList userList;
```

```
    private JTextArea textArea;
    private JTextField textField;
    private JTextField txt_port;
    private JTextField txt_hostIp;
    private JTextField txt_name;
    private JButton btn_start;
    private JButton btn_stop;
    private JButton btn_send;
    private JPanel northPanel;
    private JPanel southPanel;
    private JScrollPane rightScroll;
    private JScrollPane leftScroll;
    private JSplitPane centerSplit;
    private DefaultListModel listModel;
}
```

（10）在 Client 类的构造方法中实例化容器和组件，并实现客户端界面布局。

```
public Client(){
    textArea=new JTextArea();
    textArea.setEditable(false);
    textArea.setForeground(Color.blue);
    textField=new JTextField();
    txt_port=new JTextField("6666");
    txt_hostIp=new JTextField("127.0.0.1");
    txt_name=new JTextField("xiaoqiang");
    btn_start=new JButton("连接");
    btn_stop=new JButton("断开");
    btn_send=new JButton("发送");
    listModel=new DefaultListModel();
    userList=new JList(listModel);
    northPanel=new JPanel();
    northPanel.setLayout(new GridLayout(1, 7));
    northPanel.add(new JLabel("端口"));
    northPanel.add(txt_port);
    northPanel.add(new JLabel("服务器 IP"));
    northPanel.add(txt_hostIp);
    northPanel.add(new JLabel("姓名"));
    northPanel.add(txt_name);
    northPanel.add(btn_start);
    northPanel.add(btn_stop);
    northPanel.setBorder(new TitledBorder("连接信息"));
    rightScroll=new JScrollPane(textArea);
    rightScroll.setBorder(new TitledBorder("消息显示区"));
    leftScroll=new JScrollPane(userList);
    leftScroll.setBorder(new TitledBorder("在线用户"));
    southPanel=new JPanel(new BorderLayout());
    southPanel.add(textField, "Center");
    southPanel.add(btn_send, "East");
    southPanel.setBorder(new TitledBorder("写消息"));
    centerSplit=new JSplitPane(JSplitPane.HORIZONTAL_SPLIT, leftScroll,
    rightScroll);
    centerSplit.setDividerLocation(100);
```

```
    frame=new JFrame("客户机");
    // 更改 JFrame 的图标:
    frame.setIconImage(Toolkit.getDefaultToolkit().createImage(Client
    .class.getResource("qq.png")));
    frame.setLayout(new BorderLayout());
    frame.add(northPanel, "North");
    frame.add(centerSplit, "Center");
    frame.add(southPanel, "South");
    frame.setSize(600, 400);
    int screen_width=Toolkit.getDefaultToolkit().getScreenSize().width;
    int screen_height=Toolkit.getDefaultToolkit().getScreenSize().height;
    frame.setLocation((screen_width - frame.getWidth())/2,
          (screen_height - frame.getHeight())/2);
    frame.setVisible(true);
}
```

（11）在 Client 类的构造方法中添加关闭窗口事件处理程序。

```
frame.addWindowListener(new WindowAdapter(){
    public void windowClosing(WindowEvent e){
        System.exit(0);          // 退出程序
    }
});
```

（12）在 Client 类的构造方法中添加文本框回车事件处理程序。

```
textField.addActionListener(new ActionListener(){
    public void actionPerformed(ActionEvent arg0){
        System.out.println("发送消息成功");
    }
});
```

（13）在 Client 类的构造方法中添加单击“发送”按钮事件处理程序。

```
btn_send.addActionListener(new ActionListener(){
    public void actionPerformed(ActionEvent e){
        System.out.println("发送消息成功");
    }
});
```

（14）在 Client 类的构造方法中添加单击连接按钮事件处理程序。

```
btn_start.addActionListener(new ActionListener(){
    public void actionPerformed(ActionEvent e){
        System.out.println("连接服务器成功");
    }
});
```

（15）在 Client 类的构造方法中添加单击断开按钮事件处理程序。

```
btn_stop.addActionListener(new ActionListener(){
    public void actionPerformed(ActionEvent e){
        System.out.println("断开服务器成功");
    }
});
```

（16）在 main()方法中实例化 Client 类，启动客户端。

```
public static void main(String[] args){
    new Client();
}
```

任务小结

本任务主要讲述了Java图形界面设计的基础知识，其中最重要的是常用的容器、组件以及布局管理器的使用；另外，介绍了Java事件处理模型和事件处理相关的基础知识，这些内容在图形用户界面设计中应用比较广泛；最后，还专门讨论了Swing的一些内容，不仅介绍了创建Swing程序的基本步骤，还具体通过实例演示了Swing组件的使用。由于Swing提供庞大而复杂的类库，如果想熟练地掌握和应用Swing组件，还必须利用API的帮助，逐步摸索规律，掌握方法。

自测题

一、选择题

1. 下列说法中错误的一项是（　　）。

   A. 构件是一个可视化的能与用户在屏幕上交互的对象

   B. 构件能够独立显示出来

   C. 构件必须放在某个容器中才能正确显示

   D. 一个按钮可以是一个构件

2. 进行Java基本GUI设计需要用到的包是（　　）。

   A. java.io　　B. java.sql　　C. java.awt　　D. java.rmi

3. Container是下列（　　）类的子类。

   A. Graphics　　B. Window　　C. Applet　　D. Component

4. java.awt.Frame的父类是（　　）。

   A. java.util.Window　　B. java.awt Window

   C. java.awt Panel　　D. java.awt.ScrollPane

5. 下列（　　）方法可以将MenuBar加入Frame中。

   A. setMenu()　　B. addMenuBar()　　C. add()　　D. setMenuBar()

6. 下列叙述中，错误的一项是（　　）。

   A. 采用GridLayout布局，容器中的每个构件平均分配容器空间

   B. 采用GridLayout布局，容器中的每个构件形成一个网络状的布局

   C. 采用GridLayout布局，容器中的构件按照从左到右、从上到下的顺序排列

   D. 采用GridLayout布局，容器大小改变时，每个构件不再平均分配容器空间

7. 当单击鼠标或拖动鼠标时，触发的事件是（　　）。

   A. KeyEvent　　B. ActionEvent　　C. ItemEvent　　D. MouseEvent

8. 下列（　　）不属于Swing的顶层组件。

   A. JApplet　　B. JDialog　　C. JTree　　D. Jframe

9. 下列说法中错误的一项是（　　）。

A. 在实际编程中，一般使用的是 Component 类的子类

B. 在实际编程中，一般使用的是 Container 类的子类

C. Container 类是 Component 类的子类

D. 容器中可以放置构件，但是不能够放置容器

10. 下列（　　）不属于 AWT 布局管理器。

A. GridLayout　　B. CardLayout　　C. BorderLayout　　D. BoxLayout

11. 下列说法中错误的一项是（　　）。

A. MouseAdapter 是鼠标运动适配器　　B. WindowAdapter 是窗口适配器

C. ContainerAdapter 是容器适配器　　D. KeyAdapter 是键盘适配器

12. 布局管理器可以管理构件的（　　）属性。

A. 大小　　B. 颜色　　C. 名称　　D. 字体

13. 编写 AWT 图形用户界面时，一定要用 import 的语句是（　　）。

A. import java.awt;　　B. import java.awt.*;

C. import javax.awt　　D. import javax.swing.*;

14. 在类中若要处理 ActionEvent 事件，则该类需要实现的接口是（　　）。

A. Runnable　　B. ActionListener　　C. Serializable　　D. Event

15. 下列不属于 java.awt 包中的基本概念的一项是（　　）。

A. 容器　　B. 构件　　C. 线程　　D. 布局管理器

16. 下列关于 AWT 构件的说法中错误的一项是（　　）。

A. Frame 是顶级窗口，它无法直接监听键盘输入事件

B. 对话框需要依赖于其他窗口而存在

C. 菜单只能被添加到菜单栏中

D. 可以将菜单添加到任意容器的某处

17. JPanel 的默认布局管理器是（　　）。

A. BorderLayout　　B. GridLayout　　C. FlowLayout　　D. CardLayout

18. 下列说法中错误的是（　　）。

A. 在 Windows 系统下，Frame 窗口是有标题、边框的

B. Frame 的对象实例化后，没有大小，但是可以看到

C. 通过调用 Frame 的 setSize()方法来设置窗口的大小

D. 通过调用 Frame 的 setVisible(true)方法来设置窗口为可见

19. 下列说法中错误的是（　　）。

A. 同一个对象可以监听一个事件源上多个不同的事件

B. 一个类可以实现多个监听器接口

C. 一个类中可以同时出现事件源和事件处理者

D. 一个类只能实现一个监听器接口

20. 下列选项中不属于容器的一项是（　　）。

A. Window　　B. Panel　　C. FlowLayout　　D. ScrollPane

二、填空题

1. Java 编程语言是一种跨平台的编程语言，在编写图形用户界面方面，也要支持________功能。

2. Java 的图形用户界面技术经历了两个发展阶段，分别通过提供________开发包和________开发包来体现。

3. 在进行界面设计时，只要掌握好 AWT 和 Swing 的三点思路，就能编写出较好的图形用户界面：首先是________，其次是________，第三是________。

4. java.awt 包提供了基本的 Java 程序的 GUI 设计工具，主要包括下述 3 个概念，分别是：________、________和________。

5. 构件不能独立地显示出来，必须将构件放在一定的________中才可以显示出来。

6. 容器本身也是一个________，具有构件的所有性质，另外还具有放置其他________和________的功能。

7. 容器中的布局管理器负责各个构件的________和________，因此用户无法在这种情况下设置构件的这些属性。

8. 如果用户确实需要亲自设置构件大小或位置，则应取消该容器的布局管理器，方法为________。

9. 所有的构件都可以通过________方法向容器中添加构件。

10. 有 3 种类型的容器：________、________、________。

11. FlowLayout 类是________直接子类。其布局策略是：将容器中的构件按照加入的先后顺序从________向________排列，当一行排满之后就转到下一行继续从________向________排列，每一行中的构件都________排列。它是________和________默认使用的布局编辑策略。

12. 对于一个原本不使用 FlowLayout 布局编辑器的容器，若需要将其布局策略改为 FlowLayout，可以使用________方法。

13. BorderLayout 类的布局策略是：把容器内的空间划分为________、________、________、________、________5 个区域，分别用字符串常量________、________、________、________、________表示。

14. BorderLayout 是________、________、________和________的默认布局策略。

15. 在事件处理的过程中，主要涉及 3 类对象：________、________和________。

16. 事件类主要有两个：________类和________类。

17. 根据监听器和注册监听器所在的类之间的关系，可以把事件处理分为以下几种情况：利用________对象、________对象、________对象和________对象处理事件。

18. 标准构件是由________和________构成，容器是能够容纳其他构件的对象，而基本构件是放置在容器中而不能在其内部存放其他构件的对象。

19. 按钮可以引发________事件，TextField 可产生________和________事件，下拉列表可产生________项目事件。当用户单击复选框使其选中状态发生变化时就会引发________类代表的选择事件。滚动条可以引发________类代表的调整事件。

20. ActionEvent 事件类包含________事件，该事件通过________接口进行监听，通过调用________方法将事件源注册到监听器，通过调用________方法实现监听后的动作，通过调用________可以获得发生事件的事件源对象，调用________方法可以获取引发事件动作的命令名。

21. 通常在 itemStateChanged(ItemEvent e)方法里，会调用________方法获得产生这个选择事件的列表（List）对象的引用，再利用列表对象的方法________或________就可以方便地得知用户选择了列表的哪个选项。

22. 列表的双击事件________（能/不能）覆盖单击事件。当用户双击一个列表选项时，首先产生一个________事件，然后再产生一个________事件。

23. 调整事件（AdjustmentEvent）类只包含一个________事件，________、________代表鼠标拖动滚动条滑块的动作。

24. 调用 MouseEvent 对象的________方法就可以知道用户引发的是哪个具体的鼠标事件。

25. 在菜单项之间增加一条横向分隔线的方法是________。

26. 将菜单项添加到菜单中以及将菜单添加的菜单栏中所用的方法都是________，将菜单栏添加到窗口中的方法是________。

27. 对话框构件一般可以接收________事件和________事件。

28. 创建字体后，可以用________类的成员方法________来设置自己希望使用的字体。

29. Java 中可以利用 Graphics2D 类的________方法显示图像。

30. 在 Swing 中完全可以使用________包中的各种类进行事件处理，同时它也可以使用________包中的类处理事件，而 AWT 则只能使用________包中的各种类进行事件处理。

31. 可将 JOptionPane 类的对话框分为 4 种类型，分别是只给出提示信息的________、要求用户进行确认的________、可输入数据的________和由用户自己定义类型的________。

三、编程题

1. 创建一个 Frame 类型窗口，在窗口中添加 2 个不同颜色的 Panel 面板，每个面板中添加 2 个按钮构件。

2. 创建一个 Frame 类型窗口，采用 GridLayout 布局，在窗口中创建一个计算器的界面。

3. 创建两个 Frame 类型窗口，在第一个窗口中添加一个按钮，当单击按钮时打开第二个窗口，当单击两个窗口中的关闭按钮时能关闭窗口。

4. 编写一个能在窗口中同时响应鼠标事件和键盘事件的程序，能对鼠标的各种动作进行监听，对键盘的输入做出相应的反应。

5. 编写一个测试计算是否正确的程序，窗口中包含3个按钮、3个单行文本输入区、一个下拉列表框，当单击第1个按钮时在第1个单行文本输入区中产生一个随机数，当单击第2个按钮时在第2个单行文本输入区中产生一个随机数，在下拉列表框中选择一种运算符，如+、-、*、/等，然后单击第3个按钮，将计算结果显示在第3个单行文本输入区。

6. 编写一个菜单程序，其中包含“文本”“格式”“图片”“动画”菜单，其中“文本”“图片”“动画”菜单中分别包含“显示文本”“显示图片”“播放动画”菜单项，“格式”菜单中包含“字体大小”“字体颜色”两个菜单项，“字体大小”菜单项又包含“20”“40”“60”3个子菜单项，“字体颜色”菜单项又包含“红色”“绿色”“蓝色”3个子菜单项。当单击菜单项或子菜单项时都能实现相应功能。

7. 编写一个使用JOptionPane类对话框的程序，其中包含各种类型的JOptionPane对话框。

拓展实践——水果超市管理系统

在水果超市中，有各种各样的水果，为了便于管理，会将水果信息记录在水果超市管理系统中进行统一管理，通过系统可以方便地实现对水果信息的增删改查操作。其中，水果信息包括：水果编号、水果名称、水果单价和计价单位等。本任务要求使用所学GUI知识，编写一个水果超市管理系统。

水果超市管理系统共包括系统欢迎界面和超市货物管理界面两个界面，在系统欢迎界面通过单击“进入系统”按钮，进入超市货物管理界面，在货物管理界面就可以对水果信息实现具体的操作。例如，每当有新水果运送到超市时，就需要系统管理人员在系统中增加新水果的信息；如果超市中的水果没有了就删除该水果信息；水果的数量价格等需要变更时进行修改，这些操作都可以在管理系统中完成。

参考代码见本书配套资源FruitStore文件夹。

面试常考题

1. Window和Frame有什么区别？
2. Java的布局管理器比传统的窗口系统有哪些优势？
3. BorderLayout中的元素是如何布局的？
4. 事件监听器接口和事件适配器有什么关系？
5. 简述Java的事件委托机制和垃圾回收机制。

任务九　I/O 流的处理

任务描述

聊天室的服务器端需要向客户端发布消息，并且需要接收来自客户端的聊天消息；客户端需要向服务器端发送聊天消息，并且接收来自服务器端的消息。无论是服务器端还是客户端都需要完成数据的发送与接收操作。本任务通过对字符流、字节流以及字符编码的讲解，来实现聊天室服务器端与客户端之间的数据收发。

技术概览

在 Java 中，将通过不同输入/输出设备（键盘、内存、显示器、网络等）之间的数据传输抽象表述为“流”（Stream），程序允许通过流的方式与输入/输出设备进行数据传输。Java 中的“流”都位于 java.io 包中，称为 I/O（输入/输出）流，整个 java.io 包实际上就是 File、InputStream、OutputStream、Reader、Writer 五个类和一个 Serializable 接口。

I/O 流有很多种，按照操作数据的不同，可分为字节流和字符流，按照数据传输方向的不同又可分为输入流和输出流，如图 9-1 所示。程序从输入流中读取数据，向输出流中写入数据。

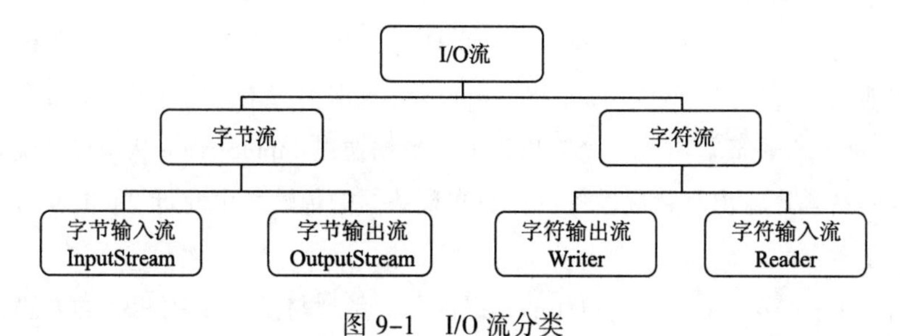

图 9-1　I/O 流分类

相关知识

一、字节流

1. 字节流的概念

在计算机中，无论是文本、图片、音频还是视频，所有的文件都是以二进制（字节）形式存在，I/O 流中针对字节的输入/输出提供了一系列的流，统称为字节流。字节流是程序中最常用的流，根据数据的传输方向可将其分为字节输入流和字节输出流。在 JDK 中，提供了两个抽象类 InputStream 和 OutputStream，它们是字节流的顶级父类，所有的字节输入流都继承自 InputStream，所有的字节输出流都继承自 OutputStream。图 9-2 所示为 InputStream 的子类，图 9-3 所示为 OutputStream 的子类。

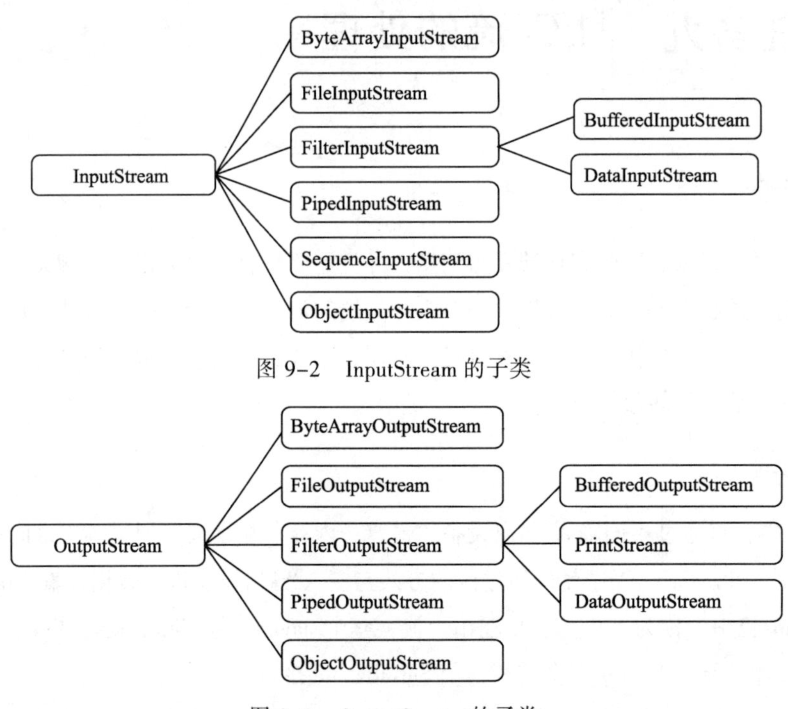

图 9-2 InputStream 的子类

图 9-3 OutputStream 的子类

可以看出，InputStream 和 OutputStream 的子类有很多是大致对应的，例如，ByteArrayInputStream 和 ByteArrayOutputStream、FileInputStream 和 FileOutputStream 等。

为了方便理解，可以把 InputStream 和 OutputStream 比作两根“水管”，InputStream 被看成一个输入管道，OutputStream 被看成一个输出管道，数据通过 InputStream 从源设备输入到程序，通过 OutputStream 从程序输出到目标设备，从而实现数据的传输。由此可见，I/O 流中的输入/输出都是相对于程序而言的。

在 JDK 中，InputStream 和 OutputStream 提供了一系列与读/写数据相关的方法，如表 9-1 和表 9-2 所示。

表 9-1 InputStream 的常用方法

方法声明	功能描述
int read()	从输入流读取一个 8 位的字节，把它转换为 0～255 之间的整数，并返回这一整数
int read(byte[] b)	从输入流读取若干字节，把它们保存到参数 b 指定的字节数组中，返回的整数表示读取字节数
int read(byte[] b,int off,int len)	从输入流读取若干字节，把它们保存到参数 b 指定的字节数组中，off 指定字节数组开始保存数据的起始下标，len 表示读取的字节数目
void close()	关闭此输入流并释放与该流关联的所有系统资源

表 9-2　OutputStream 的常用方法

方法声明	功能描述
void write(int b)	向输出流写入一个字节
void write(byte[] b)	把参数 b 指定的字节数组的所有字节写到输出流
void write(byte[] b,int off,int len)	将指定 byte 数组中从偏移量 off 开始的 len 个字节写入输出流
void flush()	刷新此输出流并强制写出所有缓冲的输出字节
void close()	关闭此输出流并释放与此流相关的所有系统资源

◎注意

利用输出流向目标设备传输数据，写入完毕不要忘记调用 flush()方法以完成刷新；输入与输出操作完成后，一定不要忘记调用 close()方法，关闭输入流和输出流，并释放相关系统资源。

2. 字节流读/写文件

操作文件中的数据时很常见的操作，就是从文件中读取数据并将数据写入文件，即文件的读/写。针对文件的读/写，JDK 专门提供了两个大类：FileInputStream 和 FileOutputStream。

FileInputStream 是 InputStream 的子类，它是操作文件的字节输入流，专门用于读取文件中的数据。由于从文件读取数据是重复操作，因此需要通过循环语句来实现数据的持续读取。下面通过一个案例来实现字节流对文件数据的读取。首先在当前工程目录下创建一个文本文件 test.txt，在文件中输入内容“welcome to java!”。

【例 9-1】字节流应用示例 FileInputStreamDemo.java。

```
import java.io.*;
public class FileInputStreamDemo{
    public static void main(String[] args){
        //创建一个文件字节输入流
        FileInputStream in=new FileInputStream("test.txt");
        int b=0;                    //定义一个 int 类型的变量 b，记住每次读取的一个字节
        while(true){
            b=in.read();            //变量 b 记住读取的一个字节
            if(b==-1){              //如果读取的字节为-1，跳出 while 循环
                break;
            }
            System.out.println(b);      //否则将 b 写出
        }
        in.close();
    }
}
```

程序运行结果：

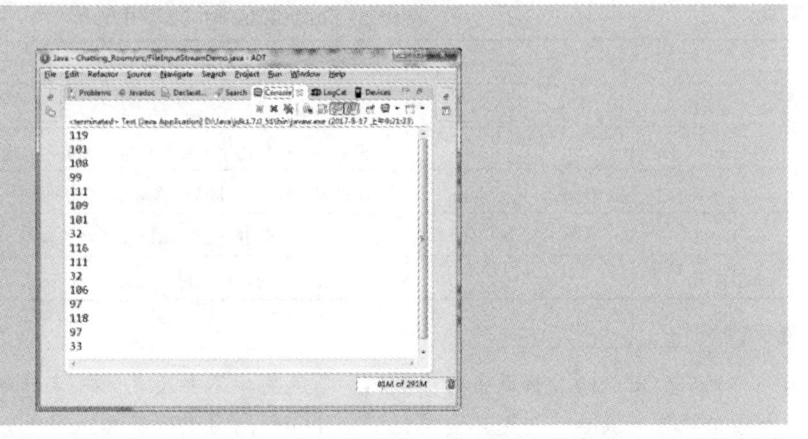

程序解析：例 9-1 中，创建的字节流通过 read()方法将当前工程目录文件 test.txt 中的数据读取并打印。从上面的运行结果可以看出，最终显示的是“welcome to java!”这句话中每个字符包括空格和感叹号的 ASCII 码值的十进制形式。

◎注意

在读取文件中的数据时，必须保证文件是存在并且可读的，否则会抛出文件找不到的异常 FileNotFoundException。

与 FileInputStream 对应的是 FileOutputStream。FileOutputStream 是 OutputStream 的子类，它是操作文件的字节输出流，专门用于把数据写入文件。

【例 9-2】将数据写入文件示例 FileOutputStreamDemo.java。

```
import java.io.*;
public class FileOutputStreamDemo{
    public static void main(String[] args) throws IOException{
        //创建一个文件字节输出流
        FileOutputStream out=new FileOutputStream("test.txt");
        String str="万物互联";
        str+="\r\n";
        byte[] b=str.getBytes();
        for(int i=0; i<b.length; i++) {
            out.write(b[i]);
        }
        out.close();

    }
}
```

程序运行结果：

万物互联

程序解析：例 9-2 的程序运行后，会在当前工程目录下 test.txt 文件（如果没有则创建此文件）中写入“万物互联”这 4 个字，并将光标停留在下一行的开始处。值得注意的是，test.txt 文件中原有的内容被新写入的内容覆盖了，如果希望在已存在的文件内容之后追加新内容，可以使用 FileOutputStream(String fileName,Boolean append)来创建文件输出流对象，并把 append 参数的值设置为 true。

把上面程序中的

```
FileOutputStream out=new FileOutputStream("test.txt");
```

替换为

```
FileOutputStream out=new FileOutputStream("test.txt",true);
```

重新运行程序，可以看到如下结果：

程序运行结果：

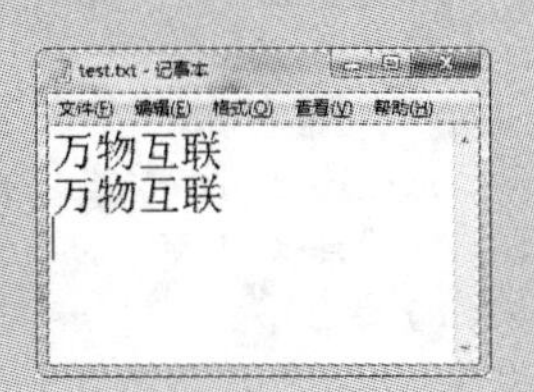

从前面的案例中可以看出，I/O 流在进行数据读/写操作时会出现异常，为了代码简洁，在程序中使用 throws 关键字将异常抛出。然而一旦遇到 I/O 异常，I/O 流的 close()方法将无法得到执行，流对象所占用的系统资源将得不到释放，因此，为了保证 I/O 流的 close()方法必须执行，通常将关闭流的操作写在 finally 代码块中。

```
finally{
    try{
        if (in!=null){
            in.close();
        }
    } catch (Exception e){
        e.printStackTrace();
    }
    try{
        if(out!=null){
            out.close();
        }
    } catch(Exception e){
        e.printStackTrace();
}
```

在应用程序中，I/O 流通常都是成对出现的，即输入流和输出流一起使用。

◎注意

在定义文件路径时需要使用“\\”，如“source\\soft_music.mp3”，表示对工程根目录下的 source 目录下的 soft_music.mp3 文件进行操作。这是因为在 Windows 中目录符号是反斜线“\”，但是在 Java 中反斜线是特殊字符，表示转义符，所以在使用反斜线时，前面应该再添加一个反斜线，即为“\\”。除此以外，工程目录也可以用正斜线“/”来表示，如“source/soft_music.mp3”。

3. 字节流的缓冲区

前面实现了文件的复制，但是一个字节一个字节的读/写，需要频繁的操作文件，效率非常低。当通过流的方式复制文件时，为了提高效率可以定义一个字节数组作为缓冲区。在复制文件时可以一次性读取多个字节的数据，并保存在字节数组中，然后将字节数组中的数据一次性写入文件。

【例 9-3】使用缓冲区复制文件示例 FileBuffCopyDemo.java。

```
import java.io.*;
public class FileBuffCopyDemo{
    public static void main(String[] args){
        //创建一个字节输入流，用于读取当前工程目录下 source 文件夹中的 mp3 文件
        InputStream in=new FileInputStream("source\\soft_music.mp3");
        //创建一个字节输出流，用于将读取的数据写入 target 目录下的文件中
        OutputStream out=new FileOutputStream("target\\soft_music_2.mp3");
        int len;
        byte[] buff=new byte[1024];
        long begintime=System.currentTimeMillis();
        while((len=in.read(buff))!=-1){
            out.write(buff,0,len);
        }
        long endtime=System.currentTimeMillis();
        System.out.println("复制文件所消耗的时间是: "+(endtime-begintime)+"毫秒");
        in.close();
        out.close();
    }
}
```

程序运行结果：

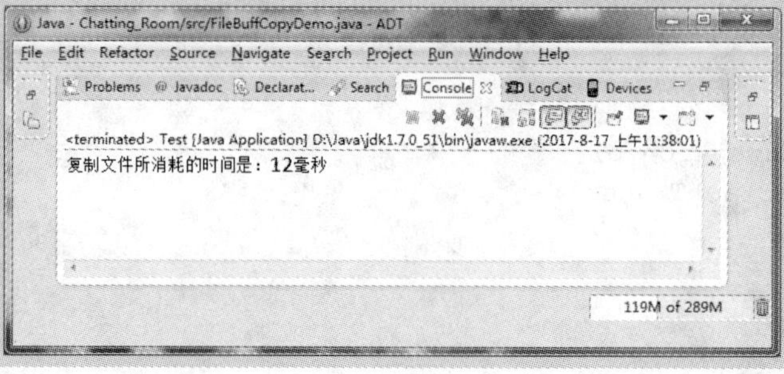

程序解析：例 9-3 中，每循环一次，就从文件读取若干字节填充字节数组，并通过变量 len 记住读入数组的字节数，然后从数组的第一个字节开始，将 len 个字节依次写入文件。

如果读者已经实现了使用字节流进行文件内容的复制，通过对比可以看出使用缓冲区复制文件所消耗的时间明显减少，从而说明缓冲区读/写文件可以有效地提高程序的效率。这是因为程序中的缓冲区就是一块内存，用于暂时存放输入/输出的数据。使用缓冲区减少了对文件的操作次数，所以可以提高读/写数据的效率。

4. 字节缓冲流

在 I/O 包中提供两个带缓冲的字节流：BufferedInputStream 和 BufferedOutputStream，它们的构

造方法中分别接收 InputStream 和 OutputStream 类型的参数作为被包装对象，在读/写数据时提供缓冲功能。应用程序、字节缓冲流、字节流之间的关系如图 9-4 所示。

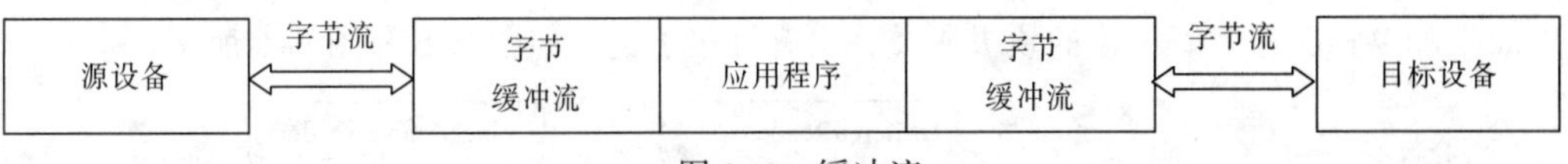

图 9-4 缓冲流

从图 9-4 中可以看出，应用程序是通过缓冲流来完成数据读/写的，而缓冲流又是通过底层被包装的字节流与设备进行关联的。下面通过一个案例学习 BufferedInputStream 和 BufferedOutputStream 这两个字节流的用法。

【例 9-4】字节流应用示例 BufferedStreamDemo.java。

```
import java.io.*;
public class BufferedStreamDemo{
   public static void main(String[] args){
      //创建一个带缓冲区的字节输入流
      BufferedInputStream bis=new BufferedInputStream(new FileInputStream
         ("test.txt"));
      //创建一个带缓冲区的字节输出流
      BufferedOutputStream bos=new BufferedOutputStream(new FileOutputStream
         ("des.txt"));
      int len;
      while((len=bis.read())!=-1){
         bos.write(len);
      }
      bis.close();
      bos.close();
   }
}
```

程序运行结果：

程序解析：例 9-4 中，创建了 BufferedInputStream 和 BufferedOutputStream 两个缓冲流对象，这两个流内部都定义了一个大小为 8 192 的字节数组，当调用 read()或者 write()方法读/写数据时，首先将读/写的数据存入定义好的字节数组，然后将字节数组的数据一次性读/写到文件中。

二、字符流

1. 字符流定义及基本用法

如果希望在程序中操作字符，使用 InputStream 类和 OutputStream 类就不太方便，为此 JDK

提供了字符流。字符流的两个抽象的顶级父类是 Reader 和 Writer。其中，Reader 是字符输入流，用于从某个源设备读取字符；Writer 是字符输出流，用于向某个目标设备写入字符。

Reader 和 Writer 作为字符流的顶级父类，也有许多子类，如图 9-5 和图 9-6 所示。

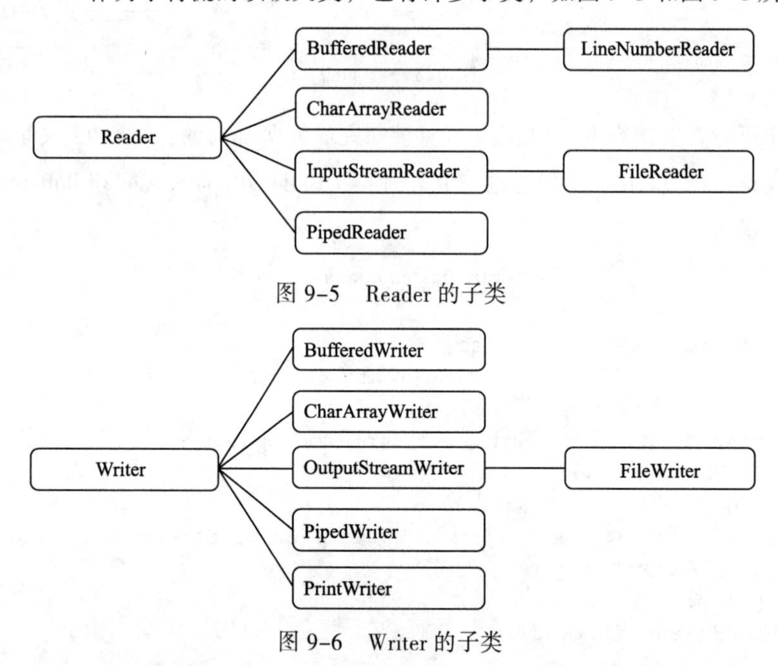

图 9-5 Reader 的子类

图 9-6 Writer 的子类

与字节流相似，字符流的很多子类都成对（输入流和输出流）出现。其中，FileReader 和 FileWriter 用于读/写文件，BufferedReader 和 BufferedWriter 是具有缓冲功能的流，它们可以提高读写效率。

2. 字符流操作文件

如果想从文件中直接读取字符便可以使用字符输入流 FileReader，通过此流可以从关联的文件中读取一个或一组字符。下面通过一个案例学习如何使用 FileReader 读取文件中的字符。首先在当前工程目录下新建 test_2.txt 文件，并在其中输入字符“Hello Java!”。

【例 9-5】读取文件中的字符示例 ReaderDemo.java。

```
import java.io.*;
public class ReaderDemo{
    public static void main(String[] args) {
        //创建一个 FileReader 对象用来读取文件中的字符
        FileReader reader=new FileReader("test_2.txt");
        int ch;
        while((ch=reader.read())!=-1) {
            System.out.println((char)ch);
        }
        reader.close();
    }
}
```

程序运行结果：

程序解析：例 9-5 中实现了读取文件字符的功能。首先创建一个 FileReader 对象与文件关联，然后通过 while 循环每次从文件中读取一个字符并打印，这样便实现了读文件字符的操作。需要注意的是，字符输出流的 read()方法返回的是 int 类型的值，如果想获得字符就需要进行强制类型转换。

下面通过一个案例学习如何使用 FileWriter 将字符写入文件。

【例 9-6】将字符写入文件示例 WriterDemo.java。

```
import java.io.*;
public class WriterDemo{
   public static void main(String[] args) {
      //创建一个 FileWriter 对象用来向文件中写入数据
      FileWriter writer=new FileWriter("test_2.txt");
      String str="网络联通世界";
      str+="\r\n";
      writer.write(str);
      writer.close();
   }
}
```

程序运行结果：

程序解析：同字节流一样，FileWriter 会首先清空文件中的内容（如果文件不存在则会先创建文件），再进行写入。如果想在文件末尾追加数据，同样需要调用重载的构造方法。

通过对字节流的学习可知，包装流可以对一个已存在的流进行包装来实现数据读/写功能，利用包装流可以有效地提高读/写数据的效率。字符流同样提供了带缓冲区的包装流，分别是 BufferedReader 和 BufferedWriter，其中 BufferedReader 用于对字符输入流进行包装，BufferedWriter 用于对字符输出流进行包装。需要注意的是，BufferedReader 中有一个重要的方法 readLine()，该方法用于一次读取一行文本。下面通过一个案例学习如何使用这两个包装流实现文件的复制。

【例 9-7】包装流应用示例 BufferedCharDemo.java。

```
import java.io.*;
public class BufferedCharDemo{
    public static void main(String[] args) {
        //创建一个 BufferedReader 缓冲对象
        BufferedReader br=new BufferedReader(new FileReader("test_2.txt"));
        //创建一个 BufferedWriter 缓冲对象
        BufferedWriter bw=new BufferedWriter(new FileWriter("des_2.txt"));
        String str;
        while((str=br.readLine())!=null) {
            bw.write(str);
            bw.newLine();
        }
        br.close();
        bw.close();
    }
}
```

程序运行结果：

test_2.txt - 记事本

网络联通世界
网络联通世界

des_2.txt - 记事本

网络联通世界
网络联通世界

程序解析：在例 9-7 中，首先对输入/输出流进行了包装，并通过一个 while 循环实现了文本文件的复制。在复制过程中，每次循环都使用 readLine()方法读取文件的一行，然后通过 write()方法写入目标文件。

◎注意

由于包装流内部使用了缓冲区，在循环中调用 BufferedWriter 的 write()方法写入字符时，这些字符首先会被写入缓冲区，当缓冲区写满时或调用 close()方法时，缓冲区的字符才会被写入目标文件。因此，在循环结束时一定要调用 close()方法，否则极有可能会导致部分存在缓冲区中的数据没有被写入目标文件。

3. 转换流

有时字节流和字符流之间也需要进行转换，在 JDK 中提供了两个类可以将字节流转换为字符流，分别是 InputStreamReader 和 OutputStreamWriter。

转换流也是一种包装流，其中 OutputStreamWriter 是 Writer 的子类，它可以将一个字节输出流包装成字符输出流，方便直接写入字符，而 InputStreamReader 是 Reader 的子类，它可以将一个字节输入流包装成字符输入流，方便直接读取字符。通过转换流进行数据读/写的过程如图 9-7 所示。

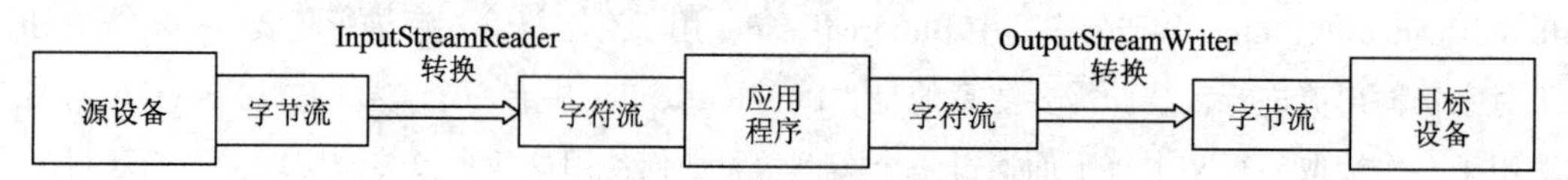

图 9-7　通过转换流进行数据读/写的过程

下面通过一个案例学习如何将字节流转换成字符流，为了提高读/写效率，可以通过 BufferedReader 和 BufferedWriter 对转换流进行包装。

【例 9-8】将字节流转换为字符流示例 TransformStreamDemo.java。

```
import java.io.*;
public class TransformStreamDemo {
    public static void main(String[] args) {
        FileInputStream in=new FileInputStream("src_3.txt");   //创建字节输入流
        InputStreamReader isr=new InputStreamReader(in);      //将字节输入流转
                                                                 换成字符输入流
        BufferedReader br=new BufferedReader(isr);   //对字符流对象进行包装
        FileOutputStream out=new FileOutputStream("des_3.txt");
        OutputStreamWriter osw=new OutputStreamWriter(out);  //将字节输出流转
                                                              //换成字符输出流
        BufferedWriter bw=new BufferedWriter(osw);   //对字符输出流对象进行包装
        String line;
        while((line=br.readLine())!=null) {          //判断是否读到了文件末尾
            bw.write(line);                          //输出读取到的文件
            bw.newLine();                            //输出一个空行
        }
        br.close();
        bw.close();
    }
}
```

程序运行结果：

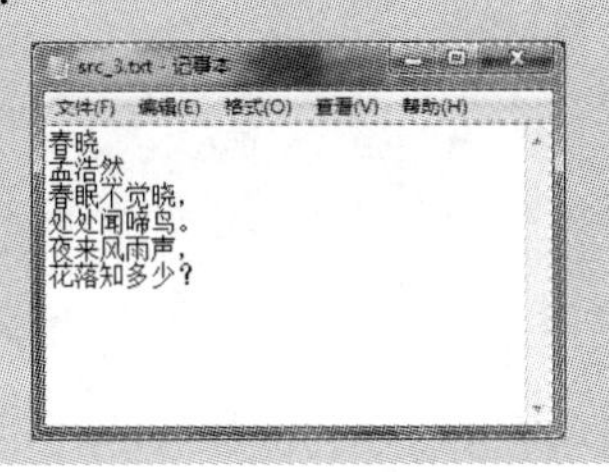

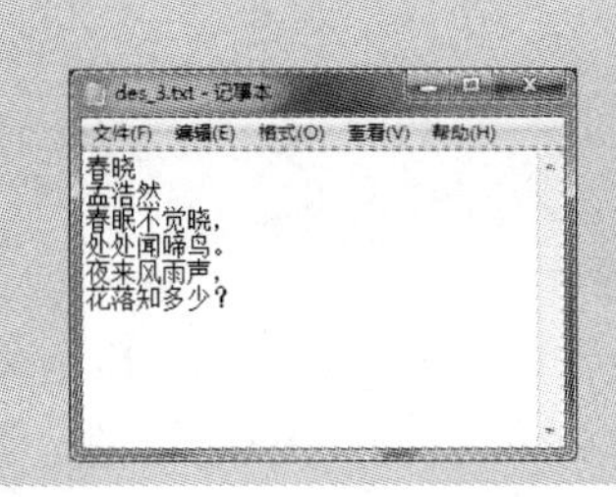

程序解析：例 9-8 实现了字节流和字符流之间的转换，将字节流转换为字符流，从而实现直接对字符的读/写。

◎注意

在使用转换流时，只能针对操作文本文件的字节流进行转换，如果字节流操作的是一张图片，此时转换为字节流就会造成数据丢失。

三、其他常用 I/O 流

1. 打印流 PrintStream 和 PrintWriter

PrintStream 是 OutputStream 的子类，PrintWriter 是 Writer 的子类，两者处于对等的位置，所以它们的 API 是非常相似的。PrintWriter 实现了 PritnStream 的所有 print 方法。因此，在使用 print()方法和 println()方法时，二者没有区别。

PrintStream 是字节流，它只有处理原始字节的 write()方法：write(byte[] b)、write(int b)和

write(byte[] buf,int off,int len)；PrintWriter 是字符流，它既具备处理原始字节的 write()方法，也具有处理字符串的 write()方法、write(String s)和 write(String s,int off,int len)。

在大多数情况下，将 PrintStream 换成 PrintWriter 效果是一样的。

【例 9-9】PrintStream 应用示例 PrintStreamDemo.java。

```
import java.io.*;
public class PrintStreamDemo{
    public static void main(String[] args){
        //创建一个 PrintSteam 对象，将 FileOutputStream 读取到的数据输出
        PrintStream ps=new PrintStream(new FileOutputStream("printStream.txt"),true);
        Student stu=new Student();          //创建一个 Student 对象
        ps.print("这是一个数字: ");
        ps.println(19);                      //打印数字
        ps.println(stu);                     //打印 Student 对象
        ps.close();
    }
}
class Student{
    public String toString(){
        return "我是一个学生";
    }
}
```

程序运行结果：

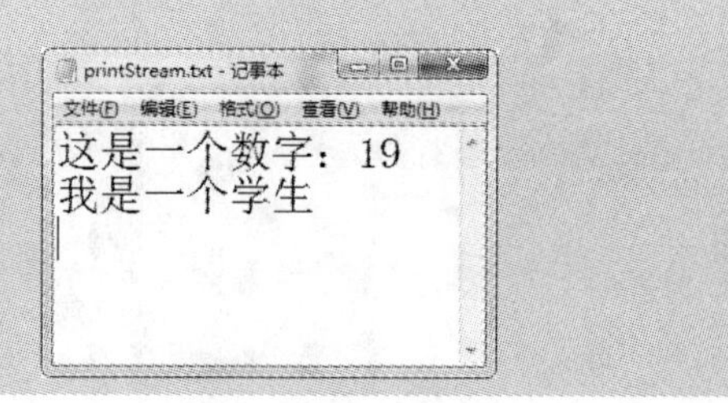

程序解析：例 9-9 中，PrintStream 的实例对象通过 print()和 println()方法向文件 printStream.txt 写入了数据。从运行结果可以看出，在调用 println()方法和 print()方法输出对象数据时，对象的 toString()方法被自动调用了。这两个方法的区别在于 println()方法在输出数据的同时还输出了换行符。

下面通过一个案例来演示一下 PrintWriter 的用法。

【例 9-10】PrintWriter 应用示例 PrintWriterDemo.java。

```
import java.io.*;
public class PrintWriterDemo{
    public static void main(String[] args){
        //创建 FileInputStream，读入文件
        FileInputStream fis=new FileInputStream("printStream.txt");
        //提高读取的效率，打包装入 buffer 中，使用 BufferedReader
        BufferedReader bufr=new BufferedReader(new InputStreamReader(fis));
        PrintWriter out=new PrintWriter(new FileWriter("printWriter.txt"),true);
        String line=null;
        while((line=bufr.readLine())!=null)
        {
```

```
            out.println(line);
        }
        out.println("我是 PrintWriter 类生成的文件");
        out.close();
        bufr.close();
    }
}
```

程序运行结果：

程序解析：例 9-10 首先使用 FileInputStream 类读入文件 printStream.txt，然后通过 BufferedReader 类和 InputStreamReader 类的嵌套使用，将其打包装入缓冲区中并转换成字符流，通过 PrintWriter 类的 println()方法将 printStream.txt 文件中内容逐行写入新文件 printWriter.txt。为了以示区别，在文件 printWriter.txt 的最后一行写入了“我是 PrintWriter 类生成的文件”这一句话。

◎注意

在上面的案例中，分别使用了构造方法 PrintStream(OutputStream out, boolean autoFlush)和构造方法 PrintWriter(Writer out, boolean autoFlush)，它们有个共同之处就是在每次输出之后自动刷新。区别在于 PrintStream 使用字节流输出，PrintWriter 使用字符流输出。如果此处不设置自动刷新，读者需要在每次输出时调用输出流的 flush()方法手动刷新，否则无法完成文件的写入操作。

2. 标准输入/输出流

在 System 类中，定义了 3 个常量：in、out、err，被习惯性地称为标准输入/输出流。其中，in 为 InputStream 类型，它是标准输入流，默认情况下用于读取从键盘输入的数据；out 为 PrintStream 类型，它是标准输出流，默认将数据输出到命令行窗口；err 也是 PrintStream 类型，它是标准错误流，它和 out 一样也是将数据输出到控制台。不同的是，err 通常输出的是应用程序运行时的错误信息。

应用程序通过标准输入流可以读取键盘输入的数据以及将数据输出到命令行窗口。

【例 9-11】输入/输出流应用示例 StandardIOStreamDemo.java。

```
import java.io.*;
public class StandardIOStreamDemo{
    public static void main(String[] args) {
        //使用 StringBuffer 类，创建一个线程安全的长度可变字符串序列
        StringBuffer sb=new StringBuffer();
        int ch;
        //通过 while 循环读取键盘输入的数据
        while ((ch=System.in.read())!=-1) {
            //对输入的字符进行判断，如果是回车“\r”或者换行“\n”，则跳出循环
```

```
                if((ch=='\r'||ch=='\n')){
                    break;
                }
                sb.append((char)ch);      //将读取到的数据添加到 sb 中
            }
            System.out.println(sb);      //打印键盘输入的数据
        }
    }
```

程序运行结果：

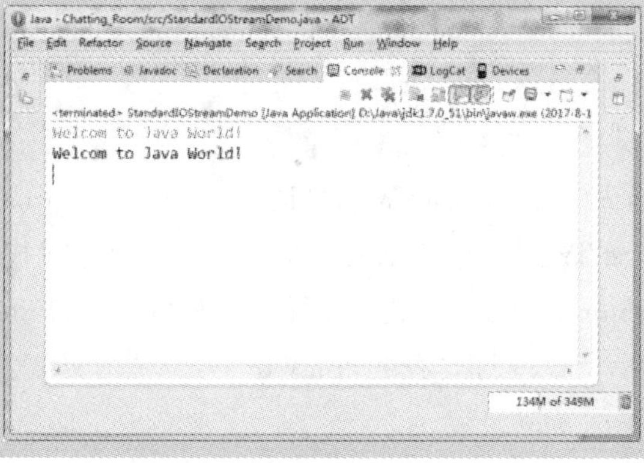

程序解析：例 9-11 中，采用循环的方式通过标准输入流从键盘中读取字符，并将字符添加到字符容器 StringBuffer 中。当读取到的字符是回车“\r”或者换行“\n”时，会执行 break 语句跳出循环，并将 StringBuffer 容器中的字符以字符串的形式输出打印。

当程序向命令行窗口输出大量的数据时，由于输出数据滚动得太快，会导致无法阅读，这是可以将标准输出流重新定向到其他的输出设备，例如一个文件中。在 System 类中提供了一些静态方法，如表 9-3 所示。

表 9-3　System 类中的一些静态方法

方 法 声 明	功 能 描 述
void setIn(InputStream in)	对标准输入流重定向
void setOut(PrintStream out)	对标准输出流重定向
void setErr(PrintStream out)	对标准错误输出流重定向

下面通过一个案例学习如何使标准输入/输出流重定向到一个文件。

【例 9-12】标准输入/输出流重定向示例 RedirectDemo.java。

```
import java.io.*;
public class RedirectDemo{
    public static void main(String[] args) {
        System.setIn(new FileInputStream("source_4.txt")); //对输入流进程重定向
        System.setOut(new PrintStream("target_4.txt"));  //对输出流进行重定向
        //读取键盘输入的字符
        BufferedReader br=new BufferedReader(new InputStreamReader(System.in));
        String line;
        while((line=br.readLine())!=null) {        //判断读取到的一行是否有数据
            System.out.println(line);              //打印读取到的一行数据
```

```
        }
    }
}
```

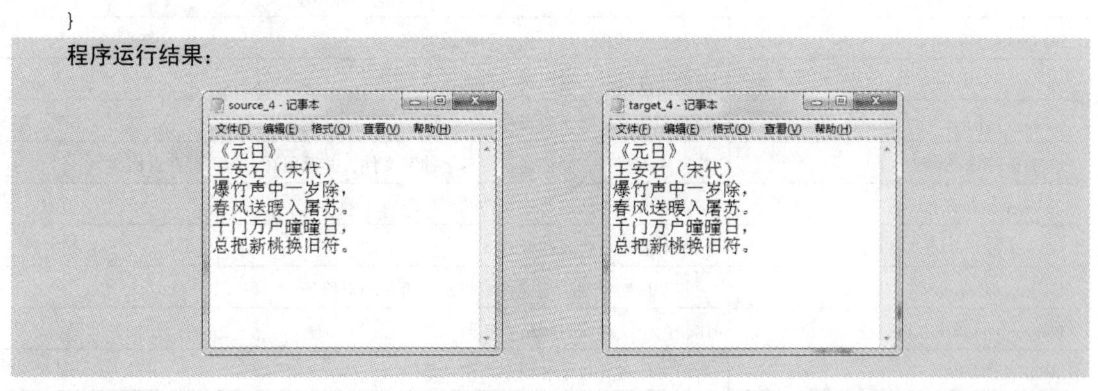

程序解析：例 9-12 中，使用 System 的静态方法 setIn(InputStream in)把标准输入流重定向到一个 InputStream 流，关联当前工程目录下的 source_4.txt 文件，使用 setOut(PrintStream out)方法把标准输出流重定向到一个 PrintStream 流，关联当前工程目录下的 target_4.txt 文件，使用转换流将标准输入流转为字符流，并使用 BufferedReader 包装流包装，每次从 source_4.txt 读取一行，写入 target_4.txt 文件，直到完成文件的复制。

四、文件

I/O 流可以对文件的内容进行读/写操作，在应用程序中还会经常对文件本身进行一些常规操作，例如，创建文件、删除文件、重命名文件，判断硬盘上某个文件是否存在，查询文件最后修改时间等。JDK 中提供了一个 File 类，该文件封装了一个路径，并提供了一系列的方法用于操作该路径所指向的文件。

File 类用于封装一个路径，这个路径可以是从系统盘开始的绝对路径，如 D:\file\a.txt，也可以是相对于当前目录而言的相对路径，如 src\Hello.java。File 类内部封装的路径可以指向一个文件，也可以指向一个目录，在 File 类中提供了针对这些文件或目录的一些常规操作。

File 类常用的构造方法如表 9-4 所示。

表 9-4　File 类常用的构造方法

构 造 方 法	功 能 描 述
public File(String path)	指定与 File 对象关联的文件或目录名，path 可以包含路径及文件和目录名
public File(String path, String name)	以 path 为路径，以 name 为文件或目录名创建 File 对象
public File(File dir, String name)	用现有的 File 对象的 dir 作为目录，以 name 作为文件或目录名创建 File 对象
public File(UR ui)	使用给定的统一资源定位符来定位文件

由于不同操作系统使用的目录分隔符不同，可以使用 System 类的一个静态变量 System.dirSep 来实现在不同操作系统下都通用的路径。例如：

```
"d:"+System.dirSep+"myjava"+System.dirSep+"file"
```

File 类提供了一系列方法，用于操作其内部封装的路径指向的文件或目录，例如，判断文件或目录是否存在、创建或删除文件或目录等。File 类中常用的方法如表 9-5 所示。

表 9-5 File 类中常用的方法

方 法	功 能 描 述
boolean canRead()	如果文件可读，返回真，否则返回假
boolean canWrite()	如果文件可写，返回真，否则返回假
boolean exists()	判断文件或目录是否存在
boolean createNewFile()	若文件不存在，则创建指定名字的空文件，并返回真，若不存在返回假
boolean isFile()	判断对象是否代表有效文件
boolean isDirectory()	判断对象是否代表有效目录
boolean isAbsolute()	判断 File 对象对应的文件或目录是否是绝对路径
boolean equals(File f)	比较两个文件或目录是否相同
string getName()	返回文件名或目录名的字符串
string getPath()	返回文件或目录路径的字符串
String getAbsolutePath()	返回 File 对象对应的绝对路径
String getParent()	返回 File 对象对应目录的父目录（即返回的目录不包含最后一级子目录）
long length()	返回文件的字节数，若 File 对象代表目录，则返回 0
long lastModified()	返回文件或目录最近一次修改的时间
String[] list()	将目录中所有文件名保存在字符串数组中并返回，若 File 对象不是目录返回 null
File[] listFiles()	返回一个包含了 File 对象所有子文件和子目录的 File 数组
boolean delete()	删除文件或目录，必须是空目录才能删除，删除成功返回真，否则返回假
boolean mkdir()	创建当前目录的子目录，成功返回真，否则返回假
boolean renameTo(File newFile)	将文件重命名为指定的文件名

下面通过一个案例来学习 File 类的常用方法。首先在当前项目目录下创建一个文件 test_3.txt 并输入内容“This is a sunny day today!”。(此处输入内容的目的是表示文件 test_3.txt 不是一个空文件)

【例 9-13】File 类常用方法应用示例 FileDemo.java。

```
import java.io.*;
public class FileDemo{
    public static void main(String[] args){
        File file=new File("test_3.txt");    //创建 File 文件对象，表示一个文件
        //获取文件名称
        System.out.println("文件名称: "+file.getName());
        //获取文件的相对路径
        System.out.println("文件的相对路径: "+file.getPath());
        //获取文件的绝对路径
        System.out.println("文件的绝对路径: "+file.getAbsolutePath());
        //获取文件的父路径
        System.out.println("文件的父路径: "+file.getParent());
        //判断文件是否可读
        System.out.println(file.canRead()?"文件可读":"文件不可读");
        //判断文件是否可写
        System.out.println(file.canWrite()?"文件可写":"文件不可写");
        //判断是否是一个文件
        System.out.println(file.isFile()?"是一个文件":"不是一个文件");
```

```
        //判断是否是一个目录
        System.out.println(file.isDirectory()?"是一个目录":"不是一个目录");
        //判断是否是一个绝对路径
        System.out.println(file.isAbsolute()?"是绝对路径":"不是绝对路径");
        //得到文件的最后修改时间
        System.out.println("最后修改时间为: "+file.lastModified());
        //得到文件的大小
        System.out.println("文件的大小为: "+file.length()+"bytes");
        //是否成功删除文件
        System.out.println("是否成功删除文件: "+file.delete());
    }
}
```

程序运行结果:

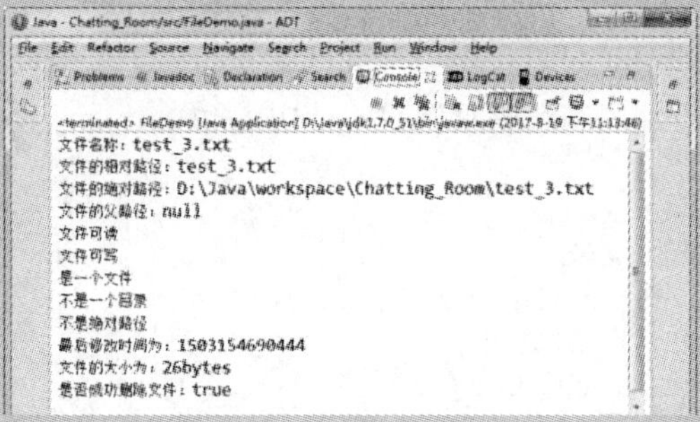

```
文件名称: test_3.txt
文件的相对路径: test_3.txt
文件的绝对路径: D:\Java\workspace\Chatting_Room\test_3.txt
文件的父路径: null
文件可读
文件可写
是一个文件
不是一个目录
不是绝对路径
最后修改时间为: 1503154690444
文件的大小为: 26bytes
是否成功删除文件: true
```

程序解析：例 9-13 中，调用 File 类的一系列方法，获取到了文件的名称、相对路径、绝对路径、文件是否可读等信息，最后，通过 delete()方法将文件删除。

五、字符编码

1. 常用字符集

在计算机之间，无法直接传输字符，而只能传输二进制数据。为了使发送的字符信息能以二进制数据的形式进行传输，同样需要使用一种“密码本”——字符码表。字符码表是一种可以方便计算机识别的特定字符集，它是将每一个字符和一个唯一的数字对应而形成的一张表。针对不同的文字，每个国家都制定了自己的字符码表。下面介绍几种常用的字符码表，如表 9-6 所示。

表 9-6　几种常用的字符码表

名　称	说　明
ASCII	美国标准信息交换码，使用 7 位二进制数来表示所有的大小写字母、数字 0~9、标点符号以及在美式英语中使用的特殊控制字符
ISO 8859-1	拉丁码表，兼容 ASCII，还包括西欧语言、希腊语、泰语、阿拉伯语等
GB 2312	中文码表，兼容 ASCII，每个英文占 1 字节，中文占 2 字节
GBK、GB18030	兼容 GB 2312，包括更多中文，每个英文占 1 字节，中文占 2 字节
Unicode	国际标准码，它为每种语言中的每个字符设置了统一并且唯一的二进制码，以满足跨语言、跨平台进行文本转换、处理的要求，每个字符占 2 字节。Java 中存储的字符类型就是使用 Unicode 编码
UTF-8	针对 Unicode 的可变长编码，可以用来表示 Unicode 标准中的任何字符，其中，英文占 1 字节，中文占 3 字节，这是程序开发中最常用的字符码表

我们可以通过选择合适的码表完成字符和二进制数据之间的转换，从而实现数据的传输。

2. 字符编码和解码

在 Java 编程中，经常会出现字符转换为字节或者字节转换为字符的操作，这两种操作涉及两个概念：编码（Encode）和解码（Decode）。一般来说，把字符串转换成计算机识别的字节序列称为编码，而把字节序列转换为普通人能看懂的明文字符串称为解码。

在计算机程序中，如果要把字节数组转换为字符串，可以通过 String 类的构造方法 String(byte[] bytes,String charsetName)把字节数组按照指定的码表解码成字符串（如果没有指定的字符码表，则用操作系统默认的字符码表，如中文 Windows 系统默认使用的字符码表是 GBK）；反之，可以通过使用 String 类中的 getBytes(String charsetName)方法把字符串按照指定的码表编码成字节数组。下面通过一个案例学习如何对字符进行编码和解码。

【例 9-14】对字符进行编码和解码示例 charsetDemo.java。

```
import java.io.*;
import java.util.Arrays;
public class charsetDemo{
    public static void main(String[] args) {
        String str="程序猿";
        byte[] b1=str.getBytes();                          //使用默认的码表编码
        byte[] b2=str.getBytes("GBK");                     //使用 GBK 编码
        System.out.println(Arrays.toString(b1));           //打印出字节数组的字符串形式
        System.out.println(Arrays.toString(b2));
        byte[] b3=str.getBytes("UTF-8");                   //使用 UTF-8 编码
        String result1=new String(b1,"GBK");               //使用 GBK 解码
        System.out.println(result1);
        String result2=new String(b2,"GBK");
        System.out.println(result2);
        String result3=new String(b3, "UTF-8");            //使用 UTF-8 解码
        System.out.println(result3);
        String result4=new String(b2, "ISO8859-1");        //使用 ISO8859-1 解码
        System.out.println(result4);
    }
}
```

程序运行结果：

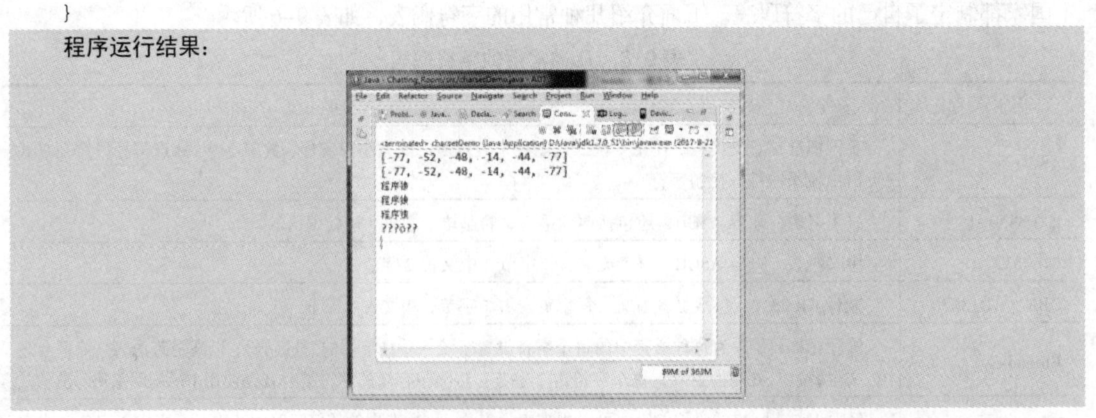

程序解析：在例 9-14 中分别使用了默认码表、GBK 和 UTF-8 三种码表对字符串“程序猿”

进行编码，得到字节数组 b1、b2 和 b3，接着将使用默认码表和 GBK 码表编码后的字节数组 b1 和 b2 以字符串的形式打印出来。通过运行结果可以看出，两者是相等的。这就验证了当没有指定码表时，Windows 系统默认使用 GBK 码表的结论。最后，通过使用编码时所用的码表对 b1、b2、b3 这 3 个数字进行解码，将结果都正确地打印出来。但是，当尝试使用 ISO 8859-1 码表对 GBK 编码的数组进行解码时，出现了乱码，这是由于编码和解码时使用的码表不一致所造成的乱码问题。那么怎么解决这个问题呢？可通过图 9-8 来思考一下。

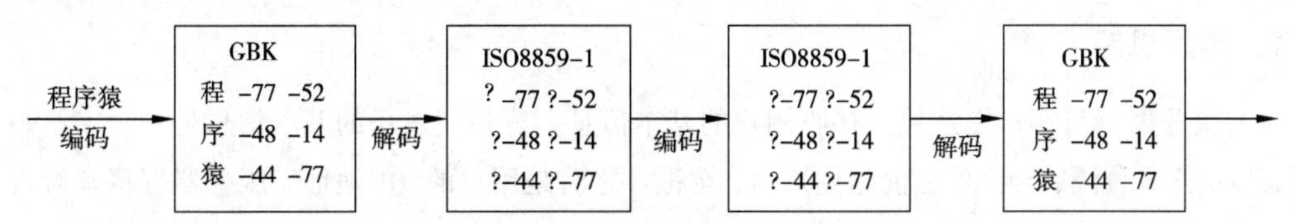

图 9-8　编码和解码过程

在例 9-14 中，字符串“程序猿”按照 GBK 码表编码，在解码时却用了错误的码表 ISO 8859-1，由于 ISO 8859-1 中不支持汉字，所以会查到乱码字符。为了解决这种乱码问题，是不是可以逆向思维，把这几个乱码字符按照 ISO 8859-1 进行编码，得到与第一次编码相同的字节，然后按照正确的码表 GBK 对字符进行解码呢？下面我们来验证一下。

【例 9-15】 UnreadableCodeDemo.java

```
import java.io.*;
import java.util.Arrays;
public class UnreadableCodeDemo{
   public static void main(String[] args) {
      String str="程序猿";
      byte[] b=str.getBytes("GBK");                 //使用 GBK 编码
      String temp=new String(b, "ISO8859-1");       //使用 ISO8859-1 解码
      System.out.println(temp);                     //用错误的码表解码，打印出了乱码
      byte[] b1=temp.getBytes("ISO8859-1");         //使用 ISO8859-1 编码
      String result=new String(b1,"GBK");           //用正确的码表解码
      System.out.println(result);                   //打印出正确的结果
   }
}
```

程序运行结果：

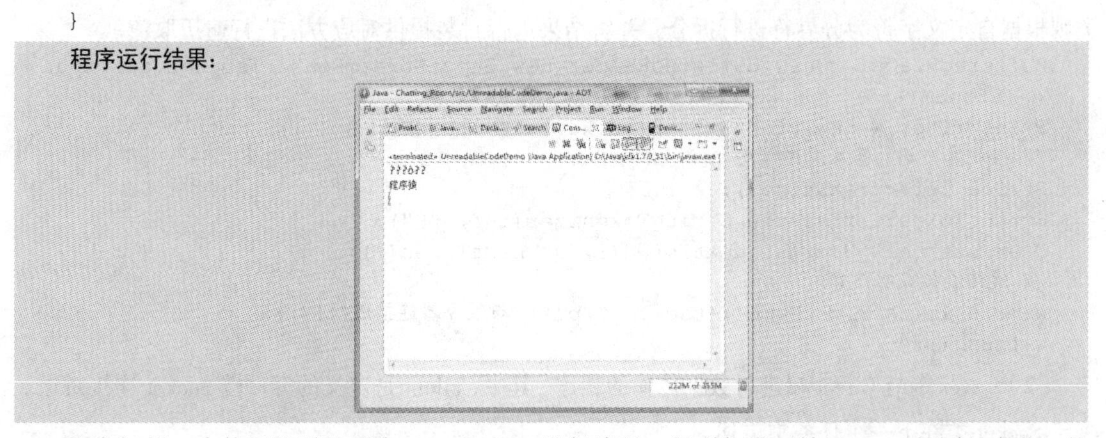

程序解析：先使用错误的码表 ISO 8859-1 进行编码，得到与最开始用 GBK 相同的字节，然

后使用正确的码表进行解码，最后打印出了正确的结果。需要注意的是，不是每次在解码时用错码表都能用逆向思维的方法得到正确的结果，把ISO 8859-1改为UTF-8，结果会怎样呢？大家可以试一试。

任务实施

下面通过AWT和Swing组件来实现聊天室服务器端界面设计和客户端界面设计。

1. 实现思路

（1）服务器端与客户端连接，接收用户的基本信息，客户端发送的基本信息是一个字符串，其内容以@符号分隔，@符号之前是用户名，@符号之后是用户的IP地址。服务器端将其解析并显示出来。

（2）服务器端接收用户的发言，并将聊天内容以“某某用户说：某某内容”的格式显示出来。客户端发送的聊天内容是一个字符串，其内容以两个@符合分隔，第一个@符合之前是用户名，两个@符合之间是发送给哪个用户，如果是ALL就表示发送给聊天室中的全体成员，第二个@符号之后是用户的发言内容。服务器端将其解析并显示出来。

（3）客户端向服务器端按照约定的格式发送基本信息。

（4）客户端对接收到的信息进行解析。如果命令字段是CLOSE，则表示服务器已关闭，客户端与服务器端的连接断开。如果命令字段是ADD，则表示有用户上线，需要更新在线列表。如果命令字段是DELETE，则表示有用户下线，也需要更新在线列表。如果命令字段是USERLIST，表示需要加载在线用户列表。如果命令字段是MAX，则表示聊天室内的用户人数已达上限，连接失败，结束连接请求。如果都不是，则表示仅仅是一个消息，将此消息显示在界面上。

2. 实现代码

（1）Server端与Client端连接并接收用户基本信息的程序。其中，socket.getInputStream()表示通过网络获取到的字节输入流。socket.getOutputStream()表示通过网络获取到的字节输出流。StringTokenizer类则根据自定义字符为分界符进行拆分，并将结果进行封装提供对应方法进行遍历取值。

```
BufferedReader r=new BufferedReader(new InputStreamReader(socket.getInput
   Stream()));
PrintWriter w=new PrintWriter(socket.getOutputStream());
// 接收客户端的基本用户信息
String inf=r.readLine();
StringTokenizer st=new StringTokenizer(inf, "@");
User user=new User(st.nextToken(), st.nextToken());
// 反馈连接成功信息
w.println(user.getName()+user.getIp()+"与服务器连接成功!");
w.flush();
```

（2）Server端与Client端进行数据传输的程序。其中，client是定义的客户端Socket连接对象。关于Socket类在下一个任务中讲述。

```
String message=null;
while (true) {
```

```
    message=r.readLine();                   // 接收客户端消息
    if (message.equals("CLOSE"))            // 下线命令
    {
     contentArea.append(this.getUser().getName()
               +this.getUser().getIp()+"下线!\r\n");
     // 断开连接释放资源
     r.close();
     w.close();
    } else {
         // 转发消息
        StringTokenizer stringTokenizer = new StringTokenizer(message, "@");
        String source=stringTokenizer.nextToken();
        String owner=stringTokenizer.nextToken();
        String content=stringTokenizer.nextToken();
        message=source+"说: "+content;
        contentArea.append(message + "\r\n");
        if(owner.equals("ALL")) {          // 群发
           for(int i=clients.size()-1; i>=0; i--){
              clients.get(i).getWriter().println(message + "(多人发送)");
              clients.get(i).getWriter().flush();
           }
        }
    }
}
```

（3）在 Client 端与 Server 端连接的程序以及传送用户基本信息的程序。

```
PrintWriter writer=new PrintWriter(socket.getOutputStream());
BufferedReader reader=new BufferedReader(new InputStreamReader(socket
             .getInputStream()));
// 发送客户端用户基本信息(用户名和 IP 地址)
sendMessage(name + "@" + socket.getLocalAddress().toString());
```

（4）编写 sendMessage(String message)方法。

```
public void sendMessage(String message){
   writer.println(message);
   writer.flush();
}
```

（5）Client 端数据处理程序。

```
String message="";
while (true){
     message=reader.readLine();
     StringTokenizer stringTokenizer=new StringTokenizer(message, "/@");
     String command=stringTokenizer.nextToken();    // 命令
      if(command.equals("CLOSE"))                   // 服务器已关闭命令
      {
        textArea.append("服务器已关闭!\r\n");
        closeCon();                                 // 被动的关闭连接
        return;                                     // 结束线程
      } else if(command.equals("ADD")){             // 有用户上线更新在线列表
          String username="";
          String userIp="";
          if(( username=stringTokenizer.nextToken())!=null
                &&(userIp=stringTokenizer.nextToken())!=null){
```

```
                User user=new User(username, userIp);
                onLineUsers.put(username, user);
                listModel.addElement(username);
            }
        } else if(command.equals("DELETE")){          // 有用户下线更新在线列表
            String username=stringTokenizer.nextToken();
            User user=(User) onLineUsers.get(username);
            onLineUsers.remove(user);
            listModel.removeElement(username);
        } else if(command.equals("USERLIST")){        // 加载在线用户列表
            int size=Integer .parseInt(stringTokenizer.nextToken());
            String username=null;
            String userIp=null;
            for(int i=0; i<size; i++){
                username=stringTokenizer.nextToken();
                userIp=stringTokenizer.nextToken();
                User user=new User(username, userIp);
                onLineUsers.put(username, user);
                listModel.addElement(username);
            }
        } else if(command.equals("MAX")){             // 人数已达上限
            textArea.append(stringTokenizer.nextToken()
                        + stringTokenizer.nextToken()+"\r\n");
            closeCon();                               // 被动的关闭连接
            JOptionPane.showMessageDialog(frame, "服务器缓冲区已满！", "错误",
                        JOptionPane.ERROR_MESSAGE);
            return;                                   // 结束线程
        } else {                                      // 普通消息
            textArea.append(message+"\r\n");
        }
    }
```

任务小结

本任务介绍了 Java 输入、输出体系的相关知识。首先讲解了如何使用字节流和字符流来读/写磁盘上的文件，归纳了不同 I/O 流的功能以及一些典型 I/O 流的用法，同时还介绍了如何使用 File 对象访问本地文件系统，最后介绍了字符编码。

通过本任务的学习，能够熟练掌握 I/O 流对文件进行读/写操作，解决程序中出现的字符乱码问题。

自测题

一、选择题

1. 下列数据流中，属于输入流的一项是（　　）。

   A. 从内存流向硬盘的数据流　　B. 从键盘流向内存的数据流

   C. 从键盘流向显示器的数据流　　D. 从网络流向显示器的数据流

2. Java 语言提供处理不同类型流的类所在的包是（　　）。

   A. java.sql　　B. java.util　　C. java.net　　D. java.io

3. 不属于java.io包中的接口的是（　　）。

A. DataInput　B. DataOutput　C. DataInputStream　D. ObjectInput

4. 下列程序从标准输入设备读入一个字符，然后再输出到显示器，选择正确的一项填入“//x”处，完成要求的功能（　　）。

```
import java.io.*;
   public class X8_1_4 {
   public static void main(String[] args) {
      char ch;
      try{
         //x
         System.out.println(ch);
      }
      catch(IOException e){
         e.printStackTrace();
      }
   }
}
```

A. ch=System.in.read();　B. ch=(char)System.in.read();

C. ch=(char)System.in.readln();　D. ch=(int)System.in.read();

5. 下列程序实现了在当前包 dir815 下新建一个目录 subDir815，选择正确的一项填入程序的横线处，使程序符合要求（　　）。

```
package dir815;
import java.io.*;
public class X8_1_5 {
   public static void main(String[] args){
         char ch;
         try{
            File path=_______;
            if(path.mkdir())
               System.out.println("successful!");
         }
         catch(Exception e){
            e.printStackTrace();
         }
   }
}
```

A. new File("subDir815");　B. new File("dir815.subDir815");

C. new File("dir815\subDir815");　D. new File("dir815/subDir815");

6. 下列流中（　　）使用了缓冲区技术。

A. BufferedOutputStream　B. FileInputStream

C. DataOutputStream　D. FileReader

7. 能读入字节数据进行Java基本数据类型判断过滤的类是（　　）。

A. BufferedInputStream　B. FileInputStream

C. DataInputStream　D. FileReader

8. 使用（　　）类可以实现在文件的任一个位置读/写一个记录。

A. BufferedInputStream　　B. RandomAccessFile

C. FileWriter　　D. FileReader

9. 在通常情况下，下列哪个类的对象可以作为 BufferedReader 类构造方法的参数（　　）？

A. PrintStream　　B. FileInputStream

C. InputStreamReader　　D. FileReader

10. 若文件是 RandomAccessFile 的实例 f，并且其基本文件长度大于 0，则下面的语句实现的功能是（　　）。

```
f.seek(f.length()-1);
```

A. 将文件指针指向文件的第一个字符后面

B. 将文件指针指向文件的最后一个字符前面

C. 将文件指针指向文件的最后一个字符后面

D. 会导致 seek()方法抛出一个 IOException 异常

11. 下列关于流类和 File 类的说法中错误的一项是（　　）。

A. File 类可以重命名文件　　B. File 类可以修改文件内容

C. 流类可以修改文件内容　　D. 流类不可以新建目录

12. 若要删除一个文件，应该使用下列（　　）类的实例。

A. RandomAccessFile　　B. File

C. FileOutputStream　　D. FileReader

13. 下列（　　）是 Java 系统的标准输入流对象。

A. System.out　　B. System.in　　C. System.exit　　D. System.err

14. Java 系统标准输出对象 System.out 使用的输出流是（　　）。

A. PrintStream　　B. PrintWriter

C. DataOutputStream　　D. FileReader

二、填空题

1. Java 的输入输出流包括________、________、________、________以及多线程之间通信的________。

2. 凡是从外围设备流向中央处理器的数据流，称为________；反之，称为________流。

3. java.io 包中的接口中，处理字节流的有________接口和________接口。

4. 所有的字节输入流都从________类继承，所有的字节输出流都从________类继承。

5. 与用于读写字节流的 InputStream 类和 OutputStream 类相对应，Java 还提供了用于读/写 Unicode 字符的字符流________类和________类。

6. 对一般的计算机系统，标准输入通常是________，标准输出通常是________。

7. Java 系统事先定义好两个流对象，分别与系统的标准输入和标准输出相联系，分别是________和________。

8. System 类的所有属性和方法都是________的，即调用时需要以类名 System 为前缀。

9. Java 的标准输入 System.in 是________类的对象，当程序中需要从键盘读入数据时，只需调用 System.in 的________方法即可。

10. 执行 System.in.read()方法将从键盘缓冲区读入一个________的数据，然而返回的却是 16 比特的________，需要注意的是只有这个________的低位字节是真正输入的数据，其高位字节________。

11. System.in 只能从键盘读取________的数据，而不能把这些比特信息转换为整数、字符、浮点数或字符串等复杂数据类型的量。

12. Java 的标准输出 System.out 是________类的对象。________类是过滤输出流类 FilterOutputStream 的一个子类，其中定义了向屏幕输送不同类型数据的方法________和________。

13. 在 Java 中，标准错误设备用________表示，它属于________类对象。

14. 在计算机系统中，需要长期保留的数据是以________的形式存放在磁盘、磁带等外存储设备中的。

15. ________是管理文件的特殊机制，同类文件保存在同一________下可以简化文件的管理，提高工作效率。

16. Java 语言的 java.io 包中的________类是专门用来管理磁盘文件和目录的。调用________类的方法则可以完成对文件或目录的常用管理操作，如创建文件或目录、删除文件或目录、查看文件的有关信息等。

17. File 类也虽然在 java.io 包中，但它不是 InputStream 或者 OutputStream 的子类，因为它不负责________，而专门用来管理________。

18. 如果希望从磁盘文件读取数据，或者将数据写入文件，还需要使用文件输入/输出流类________和________。

19. Java 系统提供的 FileInputStream 类是用于读取文件中的________数据的________文件输入流类；FileOutputStream 类是用于向文件写入________数据的________文件输出流。

20. 利用________类和________类提供的成员方法可以方便地从文件中读/写不同类型的数据。

21. Java 中的________类提供了随机访问文件的功能，它继承了________类，用________和________接口来实现。

三、编程题

1. 利用 DataInputStream 类和 BufferedInputStream 类编写一个程序，实现从键盘读入一个字符串，在显示器上显示前两个字符的 Unicode 码以及后面的所有字符。

2. 编写一个程序，其功能是将两个文件的内容合并到一个文件中。

3. 编写一个程序实现以下功能：

（1）产生 5 000 个 1～9 999 之间的随机整数，将其存入文本文件 a.txt 中。

（2）从文件中读取这 5 000 个整数，并计算其最大值、最小值和平均值并输出结果。

拓展实践——保存书店每日交易记录程序设计

编写一个保存书店每日交易记录的程序，使用字节流将书店的交易信息记录在本地的 csv 文件中。

每当用户输入图书编号时，后台会根据图书编号查询到相应图书信息，并返回打印出来。用户输入购买数量，系统会判断库存是否充足，如果充足则将信息保存至本地 csv 文件中，其中，每条信息包含：图书编号、图书名称、购买数量、单价、总价、出版社等数据。每个数据之间用英文逗号或空格分隔，每条数据之间由换行符分隔。保存时需要判断本地是否存在当天的数据，如果存在则追加，不存在则新建。

文件名格式为："销售记录"+当天日期+".csv"，如"销售记录 20170621.csv"。

参考代码见本书配套资源 BookstoreTransaction 文件夹。

面试常考题

1. Java 中有几种类型的流？JDK 为每种类型的流提供了一些抽象类以供继承，请说出它们分别是哪些类？

2. 简述字节流与字符流的区别。

任务十 实现网络聊天

任务描述

聊天室的服务器端与客户端的数据发送与接收操作需要通过局域网才能完成，另外，服务器端与客户端的数据收发是同时完成的，如果仅使用前面学习的知识是无法实现的。本任务通过对线程、进程、常用网络类、UDP 网络编程、TCP 网络编程的讲解，来实现聊天室服务器端与客户端之间的网络通信。

技术概览

线程是一个单独程序流程，是程序运行的基本单位。多线程是指一个程序可以同时运行多个任务，每个任务由一个单独的线程来完成。也就是说，多个线程可以同时在一个程序中运行，并且每一个线程完成不同的任务。Java 中线程的实现通常有两种方法：派生 Thread 类和实现 Runnable 接口。

网络编程是指编写运行在多个设备（计算机、移动终端）的程序，这些设备都通过网络连接起来。网络编程的目的就是直接或间接地通过网络协议与其他计算机进行通信。网络编程中有两个主要的问题：一个是如何准确地定位网络上一台或多台主机；另一个就是找到主机后如何可靠高效地进行数据传输。

Java 包中的 API 包含有类和接口，它们提供低层次的通信细节。读者可以直接使用这些类和接口，专注于解决问题，而不用关注通信细节。

Java 包中提供了两种常见的网络协议的支持：

（1）TCP：TCP 是传输控制协议的缩写，它保障了两个应用程序之间的可靠通信。通常用于网际协议，被称为 TCP/IP。

（2）UDP：UDP 是用户数据报协议的缩写，是一个无连接的协议，提供了应用程序之间要发送的数据的数据包。

相关知识

一、线程概述

传统的程序设计语言同一时刻只能执行单任务操作，效率非常低，如果网络程序在接收数据时发生阻塞，只能等到程序接收数据之后才能继续运行。随着 Internet 的飞速发展，这种单任务运行的状况越来越不被接受。如果网络接收数据阻塞，后台服务程序就会一直处于等待状态而不能继续任何操作，这时的 CPU 资源完全处于闲置状态。

多线程实现后台服务程序可以同时处理多个任务，而不发生阻塞现象。多线程是 Java 语言的一个很重要的特征，其最大的特点就是能够提高程序执行效率和处理速度。Java 程序可同时并行运行多个相对独立的线程，例如，创建一个线程来接收数据，另一个线程发送数据。即使发送线程在接收数据时被阻塞，接收数据线程仍然可以运行。

1. 进程

在一个操作系统中，每个独立执行的程序都可称为一个进程，也就是“正在运行的程序”。目前，大部分计算机上安装的都是多任务操作系统，即能够同时执行多个应用程序，最常见的有 Windows、Linux、UNIX 等。在 Windows 操作系统下，右击任务栏，选择“启动任务管理器”命令可以打开“Windows 任务管理器”窗口，在“进程”选项卡中可以看到当前正在运行的程序，也就是系统所有的进程，如 eclipse.ext、QQ.exe*32、Maxthon.exe*32 等，如图 10-1 所示。

图 10-1 “Windows 任务管理器”窗口

在多任务操作系统中，表面上看是支持进程并发执行的（例如可以一边听音乐一边聊天），但实际上这些进程并不是同时运行的。在计算机中，所有的应用程序都是由 CPU 执行的，对于一个 CPU 而言，在某个时间点只能运行一个程序，也就是说只能执行一个进程。操作系统会为每一个进程分配一段有限的 CPU 使用时间，CPU 在这段时间中执行某个进程，然后会在下一段时间切换到另一个进程中去执行。由于 CPU 运行速度很快，能在极短的时间内在不同的进程之间进行切换，所以给人以同时执行多个程序的感觉。

2. 线程

每个运行的程序都是一个进程，在一个进程中还可以有多个执行单元同时运行，这些执行单元可以看作程序执行的一条条线索，称为线程。线程是具有一定顺序的指令序列（即所编写的程序代码）、存放方法中定义局部变量的栈和一些共享数据。线程是相互独立的，每个方法的局部变量和其他线程的局部变量是分开的，因此，任何线程都不能访问除自身之外的其他线程的局部变量。如果两个线程同时访问同一个方法，那么每个线程将各自得到此方法的一个副本。

由于实现了多线程技术，Java 显得更健壮。操作系统中的每一个进程中都至少存在一个线程。当一个 Java 程序启动时，就会产生一个进程，该进程会默认创建一个线程，在这个线程上会运行 main()方法中的代码。

多线程带来的好处是更好的交互性能和实时控制性能。多线程是强大而灵巧的编程工具，但要用好它却不是件容易的事。在多线程编程中，每个线程都通过代码实现线程的行为，并将数据提供给代码操作。多个线程可以同时处理同一代码和同一数据，不同的线程也可以处理各自不同的代码和数据。

多线程看似是同时执行的，其实不然，它们和进程一样，也是由 CPU 轮流执行的，只不过 CPU 运行速度很快，给人同时执行的感觉。

二、线程的创建

Java 提供了两种多线程实现方式：一种是继承 java.lang 包下的 Thread 类，覆写 Thread 类的 run()方法，在 run()方法中实现运行在线程上的代码；另一种是实现 java.lang.Runnable 接口，同样是在 run()方法中实现运行在线程上的代码。下面分别进行讲解，并比较它们的优缺点。

1. 继承 Thread 类创建多线程

前面的程序都是声明一个公共类，并在类内实现一个 main()方法。事实上，前面这些程序就是一个单线程程序。当它执行完 main()方法的程序后，线程正好退出，程序同时结束运行。

【例 10-1】创建单线程程序示例 OnlyThread.java。

```
public class OnlyThread{
    public static void main(String args[ ]){
        run();                                  // 调用静态 run()方法
    }
    // 实现 run()方法
    public static void run()
    {
        for(int count=1,row=1; row<10; row++,count++)  // 循环计算输出的“*”数目
        {
            for(int i=0; i<count; i++)          //循环输出指定的 count 数目的“*”
            {
                System.out.print('*');          //输出“*”号
            }
            System.out.println();               //输出换行符
        }
```

```
    }
}
```

程序运行结果：

程序解析：例 10-1 中，编写的静态方法 run()，实现在屏幕上打印出由“*”号组成的三角图形的功能，然后在 main()方法中调用 run()方法，完成打印。可以看出，例 10-1 只是建立了一个单一线程并执行的普通小程序，并没有涉及多线程的概念。

java.lang.Thread 类是一个通用的线程类，由于默认情况下 run()方法是空的，直接通过 Thread 类实例化的线程对象不能完成任何事，所以可以通过派生 Thread 类，并用具体程序代码覆盖 Thread 类中的 run()方法，实现具有各种不同功能的线程类。在程序中创建新的线程的方法之一是继承 Thread 类，并通过 Thread 子类声明线程对象。

【例 10-2】通过 Thread 创建线程示例 ThreadDemo.java。

```
class ThreadDemo extends Thread{
    //声明 ThreadDemo 构造方法
    ThreadDemo(){}
    //声明 ThreadDemo 带参数的构造方法
    ThreadDemo(String szName)
    {
        super(szName);      //调用父类的构造方法
    }
    //重载 run()函数
    public void run()
    {
        for(int count=1,row=1; row<10; row++,count++)   //循环计算输出的“*”数目
        {
            for(int i=0; i<count; i++)      //循环输出指定的 count 数目的“*”
            {
                System.out.print('*');      //输出*
            }
            System.out.println();           //输出换行符
        }
    }
    public static void main(String argv[ ]){
        ThreadDemo td=new ThreadDemo();    //创建并初始化 ThreadDemo 类型对象 td
        td.start();                        //调用 start()方法执行一个新的线程
    }
}
```

程序运行结果：

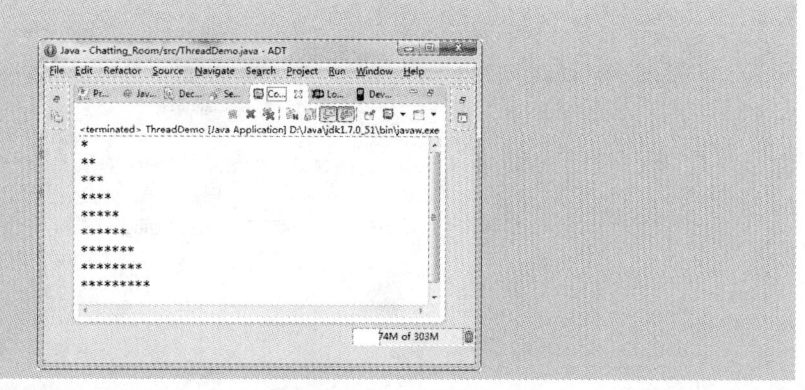

程序解析：例 10-2 与例 10-1 表面上看运行结果相同，但是仔细对照会发现，例 10-1 中对 run()方法的调用在例 10-2 中变成了对 start()方法的调用，并且例 10-2 明确派生 Thread 类，创建新的线程类。

通常创建一个线程的步骤如下：

（1）创建一个新的线程类，继承 Thread 类并覆盖 Thread 类的 run() 方法。

```
class ThreadType extends Thread{
    public void run(){
        ...
    }
}
```

（2）创建一个线程类的对象，创建方法与一般对象的创建相同，使用关键字 new 完成。

```
ThreadType tt=new ThreadType();
```

（3）启动新线程对象，调用 start()方法。

```
tt.start();
```

（4）线程自己调用 run() 方法。

```
void run();
```

【例 10-3】创建多个线程示例 MultiThreadDemo.java。

```
class MultiThreadDemo extends Thread{
    //声明无参数，空构造方法
    MultiThreadDemo(){}
    //声明带有字符串参数的构造方法
    MultiThreadDemo(String szName)
    {
        super(szName);                                  //调用父类的构造方法
    }
    //重载 run()函数
    public void run()
    {
        for(int count=1,row=1; row<8; row++,count++)   //循环计算输出的"*"数目
        {
            for(int i = 0; i < count; i++)              //循环输出指定的 count 数目的*
            {
                System.out.print('*');                  //输出"*"
            }
            System.out.println();                       //输出"*"
```

```
        }
    }
    public static void main(String argv[ ]){
        MultiThreadDemo td1=new MultiThreadDemo();    //创建，并初始化
                                               //MultiThreadDemo 类型对象 td1
        MultiThreadDemo td2=new MultiThreadDemo();    //创建，并初始化
                                               //MultiThreadDemo 类型对象 td2
        MultiThreadDemo td3=new MultiThreadDemo();    //创建，并初始化
                                               //MultiThreadDemo 类型对象 td3
        td1.start();                                  //启动线程 td1
        td2.start();                                  //启动线程 td2
        td3.start();                                  //启动线程 td3
    }
}
```

程序运行结果：

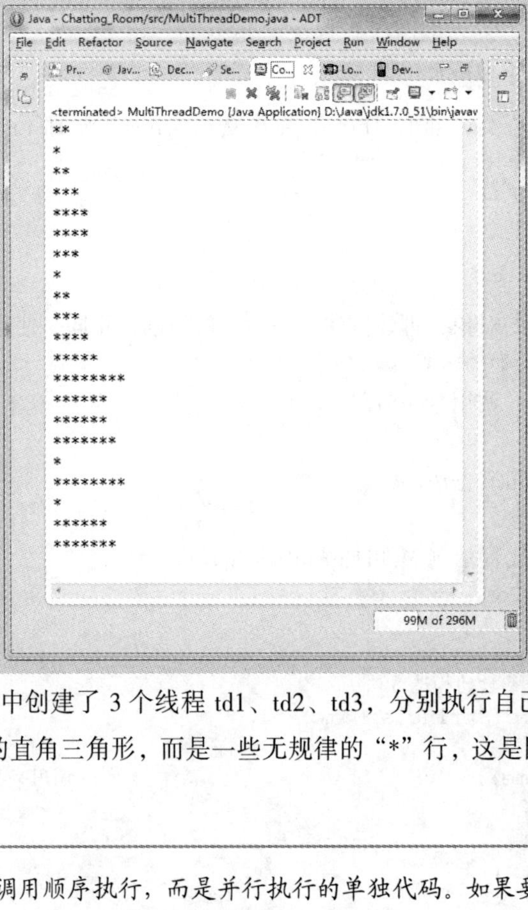

```
<terminated> MultiThreadDemo [Java Application] D:\Java\jdk1.7.0_51\bin\javav
**
*
**
***
****
****
***
*
**
***
****
*****
********
******
******
*******
*
********
*
******
*******
```

程序解析：例 10-3 中创建了 3 个线程 td1、td2、td3，分别执行自己的 run()方法。在实际中运行的结果并不是想要的直角三角形，而是一些无规律的“*”行，这是因为线程并没有按照程序中调用的顺序来执行。

◎注意

Java 线程并不能按调用顺序执行，而是并行执行的单独代码。如果要想得到完整的直角三角形，需要在执行一个线程之前，判断程序前面的线程是否终止，如果已经终止，再来调用该线程。

2. 实现 Runnable 接口创建多线程

通过实现 Runnable 接口的方法是创建线程类的第二种方法。Java 中只支持单继承，一个类一旦继承了某个父类就无法再继承 Thread 类，例如，学生类 Student 继承了 Person 类，就无法通过

继承 Thread 类创建线程。利用实现 Runnable 接口来创建线程的方法可以解决 Java 语言不支持的多重继承问题。

Runnable 接口提供了 run()方法的原型，因此创建新的线程类时，只要实现此接口，即只要特定的程序代码实现 Runnable 接口中的 run()方法，就可完成新线程类的运行。

【例 10-4】使用 Runnable 接口并实现 run()方法创建线程示例 RunnableDemo.java。

```
class RunnableDemo implements Runnable{
    //重载 run()函数
    public void run()
    {
        for(int count=1,row=1; row<10; row++,count++)  // 循环计算输出的"*"数目
        {
            for(int i=0; i<count; i++)       //循环输出指定的 count 数目的*
            {
                System.out.print('*');      // 输出"*"
            }
            System.out.println();           // 输出换行符
        }
    }
    public static void main(String argv[ ]){
        Runnable rb=new RunnableDemo();    // 创建，并初始化 RunnableDemo 对象 rb
        Thread td=new Thread(rb);          //通过 Thread 创建线程
        td.start();                        //启动线程 td
    }
}
```

程序运行结果：

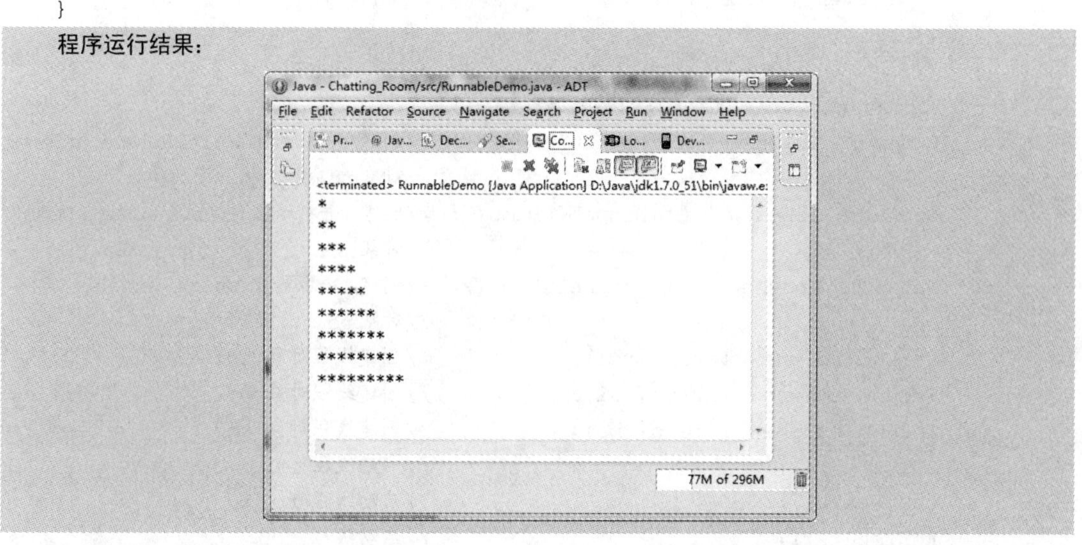

程序解析：例 10-4 的运行结果与例 10-2 相同，但这里的线程是通过实现接口 Runnable 完成的。

通常实现 Runnable 线程的步骤如下：

（1）创建一个实现 Runnable 接口的类，并且在这个类中重写 run()方法。

```
class ThreadType implements Runnable{
    public void run(){
        ...
    }
}
```

（2）使用关键字 new 新建一个 ThreadType 的实例。

```
Runnable rb=new ThreadType();
```

（3）通过 Runnable 的实例创建一个线程对象，在创建线程对象时，调用的构造函数是 new Thread(ThreadType)，它用 ThreadType 中实现的 run() 方法作为新线程对象的 run() 方法。

```
Thread td=new Thread(rb);
```

（4）通过调用 ThreadType 对象的 start()方法启动线程运行。

```
td.start();
```

【例 10-5】 通过 Runnable 创建多线程示例 MultiRunnableDemo.java。

```
class MultiRunnableDemo implements Runnable{
    //重载run()函数
    public void run()
    {
        for(int count=1,row=1; row<8; row++,count++)  //循环计算输出的“*”数目
        {
            for(int i=0; i<count; i++)          //循环输出指定的 count 数目的*
            {
                System.out.print('*');          //输出“*”
            }
            System.out.println();               //输出换行符
        }
    }
    public static void main(String argv[ ]){
        Runnable rb1=new MultiRunnableDemo(); //创建，并初始化 MultiRunnableDemo
                                              //对象rb1
        Runnable rb2=new MultiRunnableDemo(); //创建，并初始化 MultiRunnableDemo
                                              //对象rb2
        Runnable rb3=new MultiRunnableDemo(); //创建，并初始化 MultiRunnableDemo
                                              //对象rb3
        Thread td1=new Thread(rb1);           //创建线程对象 td1
        Thread td2=new Thread(rb2);           //创建线程对象 td2
        Thread td3=new Thread(rb3);           //创建线程对象 td3
        td1.start();                          //启动线程 td1
        td2.start();                          //启动线程 td2
        td3.start();                          //启动线程 td3
    }
}
```

程序运行结果：

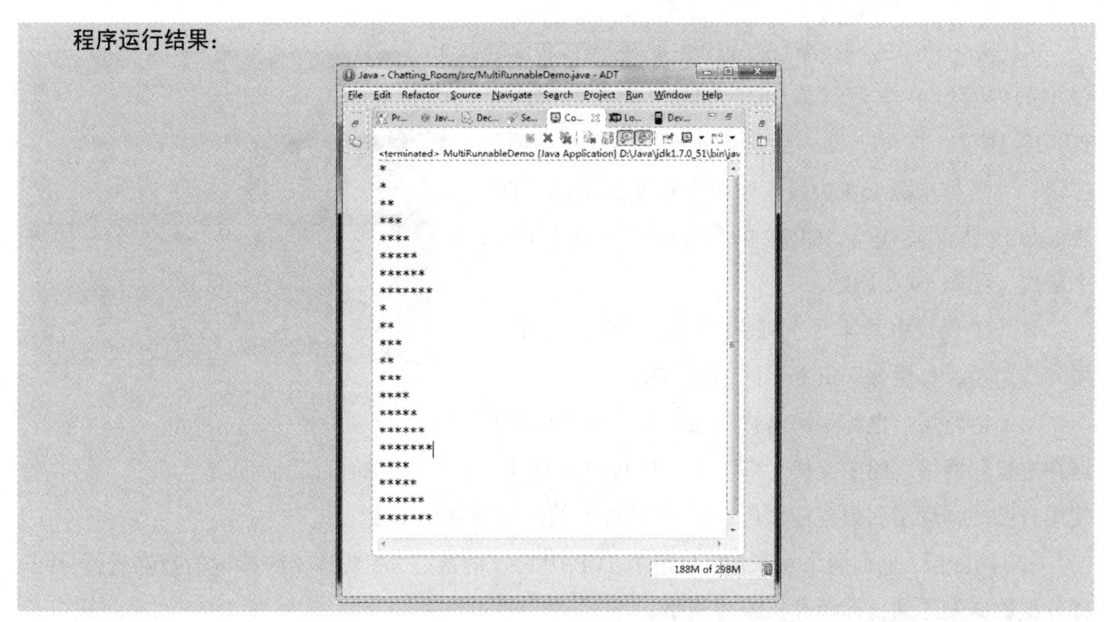

程序解析：例 10-5 创建了 3 个线程 td1、td2、td3，运行结果与例 10-3 类似。两个程序都不是一个线程结束后再执行另外一个线程，而是线程之间并行运行。由于线程抢占资源，程序发生“线程赛跑”的现象。

实现 Runnable 接口相对于继承 Thread 类来说，有如下优点：

（1）适合多个相同程序代码的线程去处理同一个资源的情况，把线程同程序代码、数据有效地进行分离，很好地体现了面向对象的设计思想。

（2）可以避免由于 Java 的单继承带来的局限性。在开发中经常遇到这样一种情况，即使用一个已经继承了某一个类的子类创建线程。由于一个类不能同时有两个父类，所以不能用继承 Thread 类的方式，只能采用实现 Runnable 接口的方式。

事实上，大部分应用程序都会采用第二种方式来创建多线程，即实现 Runnable 接口。

三、网络编程技术基础

Java 是伴随 Internet 发展起来的一种网络编程语言。Java 专门为网络通信提供了软件包 java.net，为当前最常用的 TCP 和 UDP 网络协议提供了相应的类，使用户能够方便地编写出基于这两个协议的网络通信程序。

1. 网络协议

虽然通过计算机网络可以使多台计算机实现连接，但是位于同一个网络中的计算机在进行连接和通信时必须要遵守一定的规则，这就好比在道路中行驶的汽车一定要遵守交通规则一样。在计算机网络中，这些连接和通信的规则称为网络通信协议，它对数据的传输格式、传输速率、传输步骤等做了统一规定，通信双方必须同时遵守才能完成数据交换。

网络通信协议有很多种，目前应用最广泛的是 TCP/IP 协议、UDP 协议、ICMP 协议和其他一些协议的协议组。

本任务中所学的网络编程知识，主要基于 TCP/IP 协议中的内容。在学习具体内容之前，首先了解一下 TCP/IP 协议。TCP/IP 是一组用于实现网络互连的通信协议，其名称来源于该协议簇中两个重要的协议（TCP 协议和 IP 协议）。基于 TCP/IP 的参考模型将协议分成 4 个层次，如图 10–2 所示。

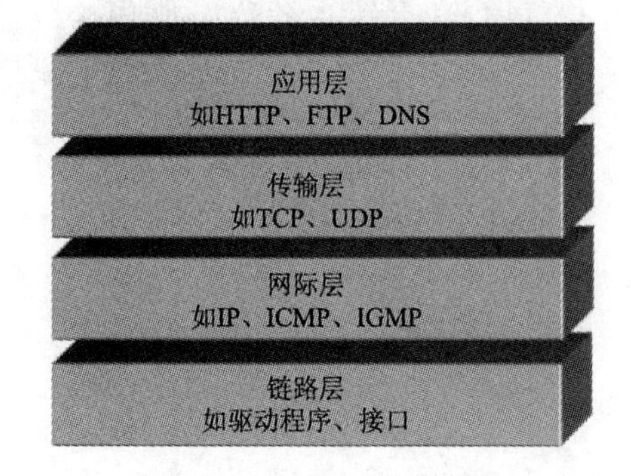

图 10–2 TCP/IP 网络模型

TCP/IP 协议中的 4 层分别是链路层、网际层、传输层和应用层，每层分别负责不同的通信功能。

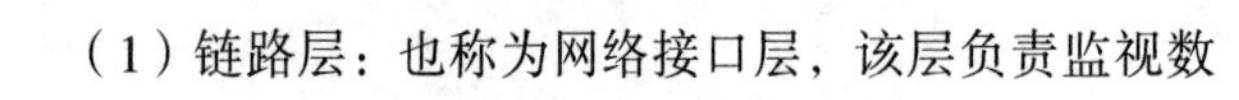

（1）链路层：也称为网络接口层，该层负责监视数据在主机和网络之间的交换。事实上，TCP/IP 本身并未定义该层的协议，而由参与互连的各网络使用自己的物理层和数据链路层协议与 TCP/IP 的网际层进行连接。

（2）网际层：也称网络互联层，是整个 TCP/IP 协议的核心，主要用于将传输的数据进行分组，将分组数据发送到目标计算机或者网络。

（3）传输层：主要使网络程序进行通信，在进行网络通信时，可以采用 TCP 协议，也可以采用 UDP 协议。

（4）应用层：主要负责应用程序的协议，例如 HTTP 协议、FTP 协议等。

本任务所需的网络编程，主要涉及的是传输层的 TCP、UDP 协议和网络层的 IP 协议。

UDP 是无连接通信协议，即在数据传输时，数据的发送端和接收端不建立逻辑连接。简单来说，当一台计算机向另外一台计算机发送数据时，发送端不会确认接收端是否存在，就会发出数据，同样接收端在收到数据时，也不会向发送端反馈是否收到数据。由于使用 UDP 协议消耗资源小，通信效率高，所以通常都会用于音频、视频和普通数据的传输。例如，视频会议使用 UDP 协议，因为这种情况即使偶尔丢失一两个数据包，也不会对接收结果产生太大影响。但是，在使用 UDP 协议传送数据时，由于 UDP 的面向无连接性，不能保证数据的完整性，因此在传输重要数据时不建议使用 UDP 协议。UDP 的交换过程如图 10–3 所示。

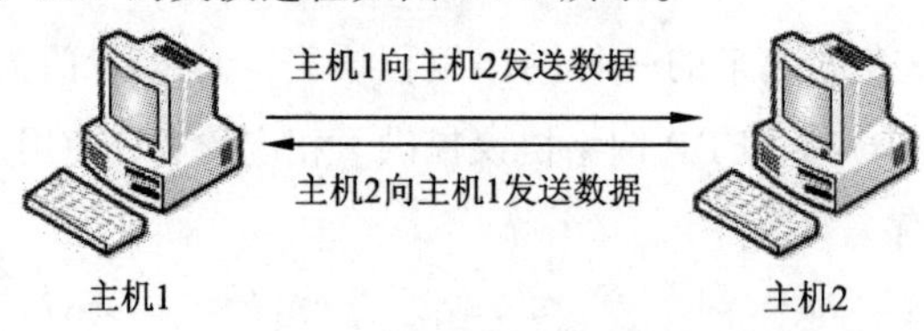

图 10–3 UDP 的数据交换过程

TCP 协议是面向连接的通信协议，即在传输数据前先在发送端和接收端建立逻辑连接，然后再传输数据，它提供了两台计算机之间可靠无差错的数据传输。在 TCP 连接中必须要明确客户端与服务器端，由客户端向服务器端发出连接请求，每次连接的创建都需要经过“三次握手”。第一次握手，客户端向服务器端发出连接请求，等待服务器确认；第二次握手，服务器端向客户端回送一个响应，通知客户端收到了连接请求；第三次握手，客户端再次向服务器端发送确认信息，确认连接。TCP 连接的整个交互过程如图 10–4 所示。

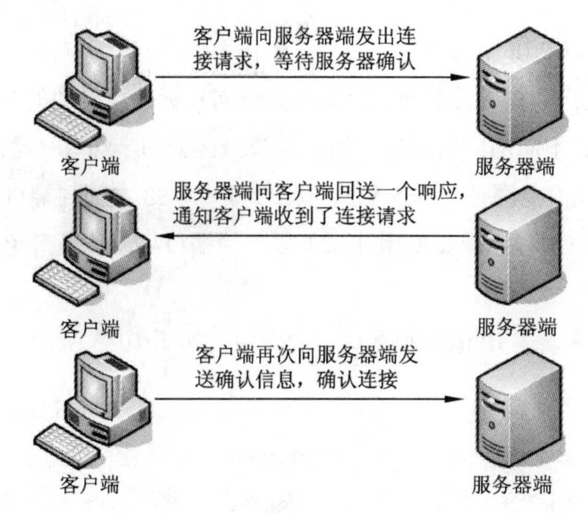

图 10-4 TCP 的数据交换过程

由于 TCP 协议的面向连接特性，它可以保证传输数据的安全性，所以是一个被广泛采用的协议，例如在下载文件时，如果数据接收不完整，将会导致文件数据丢失而不能被打开，因此，下载文件时必须采用 TCP 协议。

2. IP 和端口号

要想使网络中的计算机能够进行通信，必须为每台计算机指定一个标识号，通过这个标识号来指定接收数据的计算机或者发送数据的计算机。在 TCP/IP 协议中，这个标识号就是 IP 地址，它可以唯一标识一台计算机。目前，IP 地址广泛使用的版本是 IPv4，它由 4B 大小的二进制数来表示，如 00001010000000000000000000000001。由于二进制形式表示的 IP 地址非常不便记忆和处理，因此通常会将 IP 地址写成十进制的形式，每个字节用一个十进制数字（0～255）表示，数字间用符号“.”分开，如 10.0.0.1。

随着计算机网络规模的不断扩大，对 IP 地址的需求也越来越多，IPv4 这种用 4B 表示的 IP 地址将面临使用枯竭的局面。为解决此问题，IPv6 应运而生。IPv6 使用 16B 表示 IP 地址，它所拥有的地址容量达到 2^{128} 个（算上全零的），这样就解决了网络地址资源数量不足的问题。

IP 地址由两部分组成，即“网络.主机”的形式，其中网络部分表示其属于互联网的哪一个网络，是网络的地址编码，主机部分表示其属于该网络中的哪一台主机，是网络中一个主机的地址编码，二者是主从关系。IP 地址总共分为 5 类，常用的有 3 类：

（1）A 类地址：由第一段的网络地址和其余三段的主机地址组成，范围是 1.0.0.0～127.255.255.255。

（2）B 类地址：由前两段的网络地址和其余两段的主机地址组成，范围是 128.0.0.0～191.255.255.255。

（3）C 类地址：由前三段的网络地址和最后一段的主机地址组成，范围是 192.0.0.0～223.255.255.255。

另外，还有一个回送地址 127.0.0.1，指本机地址，该地址一般用来测试使用，例如，ping

127.0.0.1 用来测试本机 TCP/IP 是否正常。

通过 IP 地址可以连接到指定计算机，但如果想访问目标计算机中的某个应用程序，还需要指定端口号。在计算机中，不同的应用程序是通过端口号区分的。端口号是用两个字节（16 位的二进制数）表示的，它的取值范围是 0～65 535，其中，0～10 23 之间的端口号由操作系统的网络服务所占用，用户的普通应用程序需要使用 1 024 以上的端口号，从而避免端口号被另外一个应用或服务所占用。

下面通过一个图例来描述 IP 地址和端口号的作用，如图 10-5 所示。

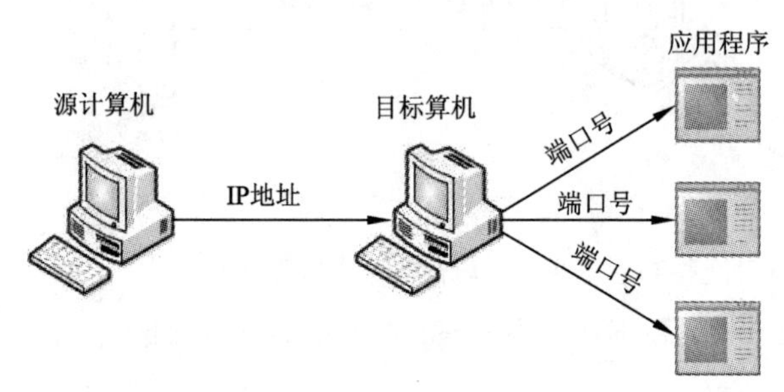

图 10-5 IP 地址和端口号

从图 10-5 中可以清楚地看到，位于网络中的一台计算机可以通过 IP 地址去访问另一台计算机，并通过端口号访问目标计算机中的某个应用程序。

3. 统一资源定位

统一资源定位符（Uniform Resource Locator，URL）是 WWW 客户机访问 Internet 时用来标识资源的名字和地址。超文本链路由 URL 维持，其格式如下：

```
<METHOD>://<HOSTNAME:PORT>/<PATH>/<FILE>
```

其中，METHOD 是传输协议，HOSTNAME 是文档和服务器所在的 Internet 主机名（域名系统中 DNS 中的点地址）；PORT 是服务端口号（可省略）；PATH 是路径名，FILE 是文件名。例如：

```
http://www.weixueyuan.net/(http 是协议名，www.weixueyuan.net 是主机名)
http://www.weixueyuan.net/view/6079.html (www.weixueyuan.net 是主机名，
      view/6079.html 是文件路径和文件名)
```

（1）协议：指明了文档存放的服务器类别。例如，HTTP 协议，简单地说就是 HTTP 协议规定了浏览器从 WWW 服务器获取网页文档的方式。常用的 HTTP、FTP、File 协议都是虚拟机支持的协议。

（2）地址：由主机名和端口号组成。其中，主机名是保存 HTML 和相关文件的服务器名。每个服务器中的文档都使用相同的主机名。端口号用来指定客户端要连接的网络服务器程序的监听端口号，每一种标准的网络协议都有一个默认的端口号。当不指定端口时，客户端程序会使用协议默认的端口号去连接网络服务器。

（3）资源：可以是主机上的任何一个文件，包括该资源的文件夹名和文件名，文件夹表示文件所在的当前主机的文件夹。文件夹是用来组织文档的，可以使用嵌套，没有层次限制，包括的文件数目也没有限制。命名文件夹时，可以使用数字、字母、符号（¥、下画线、连字符和点号），文件名是最终访问的资源。

4. C/S 模式和 B/S 模式

（1）C/S 模式

C/S（Client/Server，客户/服务器）方式的网络计算模式，服务器负责管理数据库的访问，并对客户机/服务器网络结构中的数据库安全层加锁，进行保护；客户机负责与用户的交互，收集用户信息，通过网络向服务器发送请求。C/S 模式中，资源明显不对等，是一种“胖客户机”或“瘦服务器”结构。客户程序（前台程序）在客户机上运行，数据库服务程序（后台程序）在应用服务器上运行。C/S 适用于专人使用，安全性要求较高的系统。

（2）B/S 模式

B/S（Browser/Server，浏览器/服务器）方式的网络结构，客户端统一采用浏览器向 Web 服务器提出请求，由 Web 服务器对数据库进行操作，并将结果传回客户端。B/S 结构简化了客户机的工作，但服务器将担负更多的工作，对数据库的访问和应用程序的执行都将在这里完成。当浏览器发出请求后，其数据请求、加工、返回结果、动态网页生成等工作全部由 Web 服务器完成。

B/S 适用于交互性比较频繁的场合，容易被人们所接受，倍受用户和软件开发者的青睐。B/S 模式下的动态网页技术主要有 CGI、ASP、PHP、JSP 等，其中 JSP 基于 Java 技术，跨平台性好，“一次编写，到处运行”，并且编写容易，程序员可以快速上手；其重用性好，连接数据库使用 JDBC 驱动，支持大多数的数据库系统，目前已成为开发 B/S 系统的主流技术。

四、Java 常用网络类

java.net 包中提供了常用的网络功能类：InetAddress、URL、Socket、Datagram。其中，InetAddress 面向的是网络层（IP 层），用于标识网络上的硬件资源。URL 面向的是应用层，通过 URL，Java 程序可以直接送出或读入网络上的数据。Socket 和 Datagram 面向的则是传输层。Socket 使用的是 TCP 协议，这是传统网络程序最常用的方式，可以想象为两个不同的程序通过网络的通道进行通信。Datagram 则使用 UDP 协议，是另一种网络传输方式，它把数据的目的地记录在数据包中，然后直接放在网络上。这里主要介绍 InetAddress 和 URL 类。

1. InetAddress 类

在 JDK 中，提供了一个与 IP 地址相关的 InetAddress 类，该类用于封装一个 IP 地址，并提供了一系列与 IP 地址相关的方法。

（1）public static InetAddress getByName(String s)：获得一个 InetAddress 类的对象，该对象中含有主机的 IP 地址和域名，用如下格式表示它包含的信息：www.sina.com.cn/202.108.37.40。

（2）public static InetAddress getLocalHost()：获得一个 InetAddress 对象，该对象含有本地机的域名和 IP 地址。

（3）public String getHostName()：获取一个字符串，该字符串中含有 InetAddress 对象的域名。

（4）public String getHostAddress()：获取一个字符串，该字符串中含有 InetAddress 对象的 IP 地址。

（5）public static InetAddress[] getAllByName(String host)：获取 InetAddress 类的数组对象，该对象中包含本机的所有 IP 地址。

（6）public byte[] getAddress()：获得一个字节数组，其中包含了 InetAddress 对象的 IP 地址。其中，第一个方法用于获得表示指定主机的 InetAddress 对象，第二个方法用于获得表示本地的 InetAddress 对象。通过 InetAddress 对象便可获取指定主机名、IP 地址等。

【例 10-6】 InetAddress 常用方法示例 InetAddressDemo.java。

```
import java.net.InetAddress;
public class InetAddressDemo {
    public static void main(String[] args) throws Exception {
        InetAddress localAddress=InetAddress.getLocalHost();
        InetAddress remoteAddress=InetAddress.getByName("www.baidu.com");
        System.out.println("本机的 IP 地址: " + localAddress.getHostAddress());
        System.out.println("baidu 的 IP 地址: " + remoteAddress.getHostAddress());
        System.out.println("3 秒是否可达: " + remoteAddress.isReachable(3000));
        System.out.println("baidu 的主机名为: " + remoteAddress.getHostName());
    }
}
```

程序运行结果：

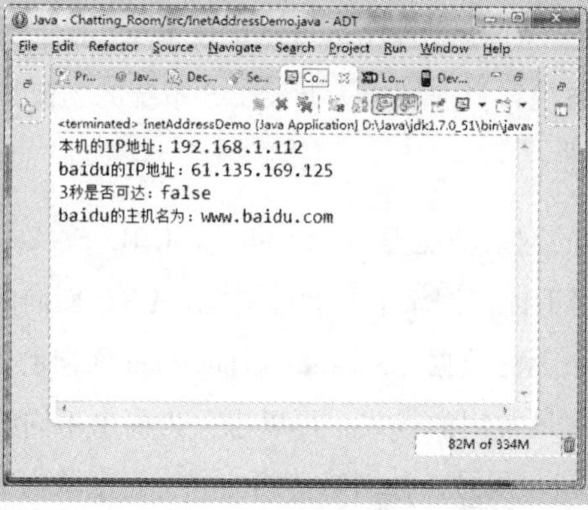

```
本机的IP地址：192.168.1.112
baidu的IP地址：61.135.169.125
3秒是否可达：false
baidu的主机名为：www.baidu.com
```

程序解析：从运行结果可以看出，InetAddress 类中每个方法的作用。需要注意的是，getHostName()方法用于得到某个主机的域名，如果创建的 InetAddress 对象是用主机名创建的，则将该主机名返回，否则，将根据 IP 地址反向查找对应的主机名，如果找到将其返回，否则返回 IP 地址。

2. URL 类和 URLConnection 类

在 Java 中，Java.net 包中的类是用于进行网络编程的，其中 java.net.URL 类和 java.net.URLConection 类可使编程者方便地利用 URL 在 Internet 上进行网络通信。

（1）创建 URL 对象

URL 类有多种形式的构造函数：

- URL (String url)：url 代表一个绝对地址，URL 对象直接指向这个资源。例如：

```
URL url1=new URL(http://www.cqwu.edu.cn);
```

- URL (URL baseURL , String relativeURL)：其中，baseURL 代表绝对地址，relativeURL 代表相对地址。例如：

```
URL url1=new URL(http://www.cqwu.edu.cn);
URL lib=new URL(url1, "library / library.asp");
```

- URL (String protocol , String host , String file)：其中，protocol 代表通信协议，host 代表主机名，file 代表文件名。例如：

```
new URL ("http",www.cqwu.edu.cn,"/test/test.asp");
```

- URL (String protocol , String host , int port , String file)：

```
URL lib=new URL ("http", www.cqwu.edu.cn,80, "/test/test.asp");
```

（2）获取 URL 对象的属性

- getDefaultPort()：返回默认的端口号。
- getFile()：获得 URL 指定资源的完整文件名。
- getHost()：返回主机名。
- getPath()：返回指定资源的文件目录和文件名。
- getPort()：返回端口号，默认为-1。
- getProtocol()：返回表示 URL 中协议的字符串对象。
- getRef()：返回 URL 中的 HTML 文档标记，即#号标记。
- getUserInfo()：返回用户信息。
- toString()：返回完整的 URL 字符串。

（3）URLConnection 类

要接收和发送信息还要用 URLConnection 类，程序获得一个 URLConnection 对象，相当于完成对指定 URL 的一个 HTTP 连接。以下是获得 URLConnection 对象的代码：

```
URL mu=new URL("http://www.sun.com/");              //先创建一个 URL 对象
URLConnection muC=mu.openConnection();               //获得 URLConnection 对象
```

上述代码说明，先要创建一个 URL 对象，然后利用 URL 对象的 openConnection()方法，从系统获得一个 URLConnection 对象。程序有了 URLConnection 对象后，就可使用 URLConnection 类提供的以下方法获得流对象和实现网络连接：

- getOutputStream()：获得向远程主机发送信息的 OutputStream 流对象。
- getInputStream()：获得从远程主机获取信息的 InputStream 流对象。有了网络连接的输入和输出流，程序就可实现远程通信。
- connect()：设置网络连接。

发送和接收信息要获得流对象，并由流对象创建输入或输出数据流对象。然后，就可以用流的方法访问网上资源。

如同本地数据流一样，网上资源使用结束后，数据流也应及时关闭。例如：

```
dis.close();
```

关闭先前代码建立的流 dis。

下面通过一个案例学习如何使用 URL 类和 URLConnection 类实现信息的网络收发。

【例 10-7】信息的网络收发示例 URLDemo.java。

```
import java.net.*;
import java.awt.*;
import java.awt.event.*;
import java.io.*;
import javax.swing.*;
public class URLDemo{
    public static void main(String args[]){
        new downNetFile();
    }
}
class downNetFile extends JFrame implements ActionListener{
    JTextField infield=new JTextField(30);
    JTextArea showArea=new JTextArea();
    JButton b=new JButton("download");
    JPanel p=new JPanel();
    downNetFile()
    {
        super("read network text file application");
        Container con=this.getContentPane();
        p.add(infield);
        p.add(b);
        JScrollPane jsp=new JScrollPane(showArea);
        b.addActionListener(this);
        con.add(p,"North");
        con.add(jsp,"Center");
        setDefaultCloseOperation(JFrame.EXIT_ON_CLOSE);
        setSize(500,400);
setVisible(true);
    }
    public void actionPerformed(ActionEvent e){
        readByURL(infield.getText());
    }
    public void readByURL(String urlName){
        try{
            URL url=new URL(urlName);                    //由网址创建 URL 对象
            URLConnection tc=url.openConnection();       //获得 URLConnection 对象
            tc.connect();                                //设置网络连接
            InputStreamReader in=new InputStreamReader(tc.getInputStream());
            BufferedReader dis=new BufferedReader(in);   //采用缓冲式输入
            String inline;
            while((inline=dis.readLine())!=null){
                showArea.append(inline +"\n");
            }
            dis.close();                         //网上资源使用结束后，数据流及时关闭
        }catch(MalformedURLException e){
            e.printStackTrace();
        }
        catch(IOException e){
            e.printStackTrace();
```

```
        }
        //访问网上资源可能产生MalformedURLException和IOException异常
    }
}
```

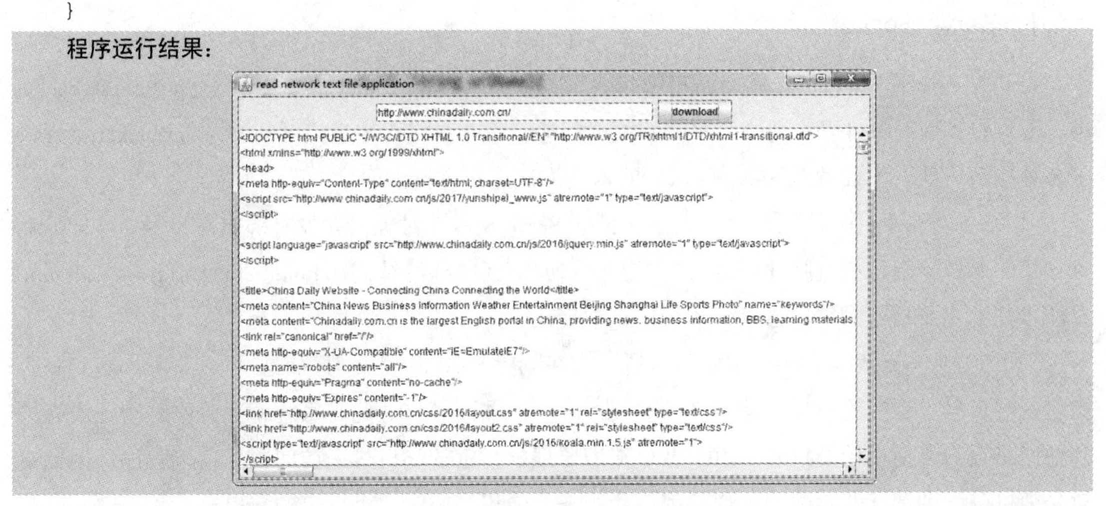

程序解析：例 10-7 创建 JTextField 对象用于输入要访问的网址，创建 JTextArea 对象用于显示访问的结果。由网址创建 URL 对象，然后使用 URL 对象的 openConnection()方法创建连接，并返回 URLConnection 对象。通过 URLConnection 对象的 connect()方法设置并进行网络连接。网络连接成功后，利用 URLConnection 对象的 getInputStream()方法获取字节输入流，利用 I/O 流通信的知识进行数据的收发，最终调用 close()方法关闭流。

五、TCP 网络编程

TCP 通信同 UDP 通信一样，也能实现两台计算机之间的通信，但 TCP 通信的两端需要创建 Socket 对象。UDP 通信与 TCP 通信的区别在于，UDP 中只有发送端和接收端，不区分客户端与服务器端，计算机之间可以任意地发送数据；而 TCP 通信是严格区分客户端与服务器端的，在通信时，必须先由客户端去连接服务器端才能实现通信，服务器端不可以主动连接客户端，并且服务器端程序需要事先启动，等待客户端的连接。

在 JDK 中提供了两个用于实现 TCP 程序的类：一个是 ServerSocket 类，用于表示服务器端；一个是 Socket 类，用于表示客户端。通信时，首先要创建代表服务器端的 ServerSocket 对象，创建该对象相当于开启一个服务，此服务会等待客户端的连接；然后，创建代表客户端的 Socket 对象，使用该对象向服务器端发出连接请求，服务器端响应请求后，两者才建立连接，开始通信。整个通信过程如图 10-6 所示。

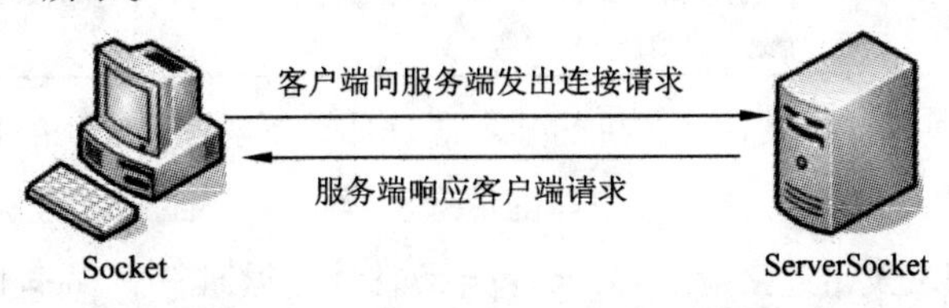

图 10-6 Socket 和 ServerSocket 通信

了解了 ServerSocket、Socket 在服务器端与客户端的通信过程后，下面将针对 ServerSocket 和 Socket 进行详细讲解。

1. ServerSocket

在开发 TCP 程序时，首先需要创建服务器端程序。JDK 的 java.net 包中提供了一个 ServerSocket 类，该类的实例对象可以实现一个服务器端的程序。通过查阅 API 文档可知，ServerSocket 类提供了多种构造方法。下面就对 ServerSocket 的构造方法逐一进行讲解。

（1）ServerSocket()：使用该构造方法在创建 ServerSocket 对象时并没有绑定端口号，这样的对象创建的服务器端没有监听任何端口，不能直接使用，还需要继续调用 bind(SocketAddress endpoint) 方法将其绑定到指定的端口号上，才可以正常使用。

（2）ServerSocket(int port)：使用该构造方法在创建 ServerSocket 对象时，可以将其绑定到一个指定的端口号上（参数 port 就是端口号）。端口号可以指定为 0，此时系统就会分配一个还没有被其他网络程序所使用的端口号。由于客户端需要根据指定的端口号来访问服务器端程序，因此端口号随机分配的情况并不常用，通常都会让服务器端程序监听一个指定的端口号。

（3）ServerSocket(int port, int backlog)：该构造方法就是在第二个构造方法的基础上，增加了一个 backlog 参数。该参数用于指定在服务器忙时，可以与之保持连接请求的等待客户数量，如果没有指定这个参数，默认为 50。

（4）ServerSocket(int port, int backlog, InetAddress bindAddr)：该构造方法就是在第三个构造方法的基础上，增加了一个 bindAddr 参数，该参数用于指定相关的 IP 地址。该构造方法的使用适用于计算机上有多块网卡和多个 IP 的情况，使用时可以明确规定 ServerSocket 在哪块网卡或 IP 地址上等待客户的连接请求。显然，对于一般只有一块网卡的情况，不用专门指定。

在以上介绍的构造方法中，第二个构造方法是最常使用的。了解了如何通过 ServerSocket 的构造方法创建对象后，学习一下 ServerSocket 的常用方法，如表 10-1 所示。

表 10-1 ServerSocket 的常用方法

方法声明	功能描述
Socket accept()	该方法用于等待客户端的连接，在客户端连接之前一直处于阻塞状态，如果有客户端连接就会返回一个与之对应的 Socket 对象
InetAddress getInetAddress()	该方法用于返回一个 InetAddress 对象，该对象中封装了 ServerSocket 绑定的 IP 地址
boolean isClosed()	该方法用于判断 ServerSocket 对象是否为关闭状态，如果是关闭状态则返回 true，反之则返回 false
void bind(SocketAddress endpoint)	该方法用于将 ServerSocket 对象绑定到指定的 IP 地址和端口号，其中参数 endpoint 封装了 IP 地址和端口号

ServerSocket 对象负责监听某台计算机的某个端口号，在创建 ServerSocket 对象后，需要继续调用该对象的 accept()方法，接收来自客户端的请求。当执行了 accept()方法之后，服务器端程序会发生阻塞，直到客户端发出连接请求时，accept()方法才会返回一个 Socket 对象用于和客户端实现通信，程序才能继续向下执行。

2. Socket

ServerSocket 对象可以实现服务器端程序，但只实现服务器端程序还不能完成通信，此时还需要一个客户端程序与之交互，为此 JDK 提供了一个 Socket 类，用于实现 TCP 客户端程序。通过查阅 API 文档可知，Socket 类同样提供了多种构造方法。下面就对 Socket 的常用构造方法进行详细讲解。

（1）Socket()：使用该构造方法在创建 Socket 对象时，并没有指定 IP 地址和端口号，也就意味着只创建了客户端对象，并没有去连接任何服务器。通过该构造方法创建对象后还需要调用 connect(SocketAddress endpoint)方法，才能完成与指定服务器端的连接，其中参数 endpoint 用于封装 IP 地址和端口号。

（2）Socket(String host, int port)：使用该构造方法在创建 Socket 对象时，会根据参数去连接在指定地址和端口上运行的服务器程序，其中参数 host 接收的是一个字符串类型的 IP 地址。

（3）Socket(InetAddress address, int port)：该构造方法在使用上与第二个构造方法类似，参数 address 用于接收一个 InetAddress 类型的对象，该对象用于封装一个 IP 地址。

在以上 Socket 的构造方法中，最常用的是第一个构造方法。了解了 Socket 的构造方法后，学习一下 Socket 的常用方法，如表 10-2 所示。

表 10-2　Socket 的常用方法

方法声明	功能描述
int getPort()	该方法返回一个 int 类型对象，该对象是 Socket 对象与服务器端连接的端口号
InetAddress getLocalAddress()	该方法用于获取 Socket 对象绑定的本地 IP 地址，并将 IP 地址封装成 InetAddress 类型的对象返回
void close()	该方法用于关闭 Socket 连接，结束本次通信。在关闭 Socket 之前，应将与 Socket 相关的所有的输入/输出流全部关闭，这是因为一个良好的程序应该在执行完毕时释放所有的资源
InputStream getInputStream()	该方法返回一个 InputStream 类型的输入流对象，如果该对象是由服务器端的 Socket 返回，就用于读取客户端发送的数据，反之，用于读取服务器端发送的数据
OutputStream getOutputStream()	该方法返回一个 OutputStream 类型的输出流对象，如果该对象是由服务器端的 Socket 返回，就用于向客户端发送数据，反之，用于向服务器端发送数据

表 10-2 中列举了 Socket 类的常用方法，其中 getInputStream()和 getOutputStream()方法分别用于获取输入流和输出流。当客户端和服务端建立连接后，数据是以 I/O 流的形式进行交互的，从而实现通信。下面通过一张图来描述服务器端和客户端的数据传输，如图 10-7 所示。

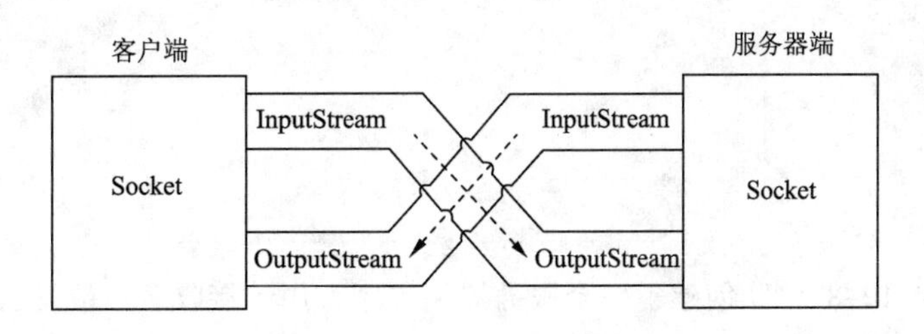

图 10-7　服务器端和客户端通信图

3. 简单的 TCP 网络程序

通过前面的讲解，读者已经了解了 ServerSocket、Socket 类的基本用法。为了让初学者更好地掌握这两个类的使用，下面通过一个 TCP 通信的案例来进一步学习这两个类的用法。

要实现 TCP 通信，需要创建一个服务器端程序和一个客户端程序；为了保证数据传输的安全性，首先需要实现服务器端程序。

【例 10-8】TCP 通信示例 ServerDemo.java。

```
import java.io.*;
import java.net.*;
public class ServerDemo {
   public static void main(String[] args) throws Exception {
      new TCPServer().listen();     //创建 TCPServer 对象，并调用 listen()方法
   }
}
// TCP 服务器端
class TCPServer {
   private static final int PORT=7788;       //定义一个端口号
   public void listen() throws Exception {   //定义一个 listen()方法，抛出一个异常
      ServerSocket serverSocket=new ServerSocket(PORT); //创建 ServerSocket 对象
      Socket client=serverSocket.accept();   //调用 ServerSocket 的 accept()
                                             //方法接收数据
      OutputStream os=client.getOutputStream();          //获取客户端的输出流
      System.out.println("开始与客户端交互数据");
      os.write(("欢迎进入网络互联的世界！").getBytes());   //当客户端连接到服务端
                                                         //时，向客户端输出数据
      Thread.sleep(5000);                    //模拟执行其他功能占用的时间
      System.out.println("结束与客户端交互数据");
      os.close();
      client.close();
   }
}
```

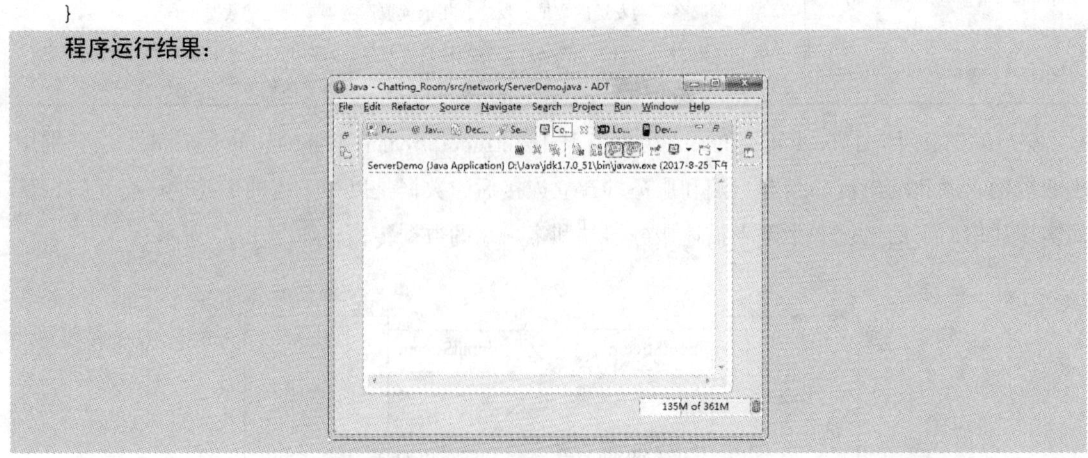

程序解析：例 10-8 中，创建了一个服务器端程序，用于接收客户端发送的数据。在创建 ServerSocket 对象时指定了端口号，并调用该对象的 accept()方法。从运行结果可以看出，输出窗

口中的光标一直在闪动，这是因为 accept()方法发生阻塞，程序暂时停止运行，直到有客户端来访问时才会结束这种阻塞状态。这时该方法会返回一个 Socket 类型的对象用于表示客户端，通过该对象获取与客户端关联的输出流并向客户端发送信息，同时执行 Thread.sleep(5000)语句模拟服务器执行其他功能占用的时间。最后，调用 Socket 对象的 close()方法结束通信。

【例 10-9】编写客户端程序示例 ClientDemo.java。

```
import java.io.*;
import java.net.*;
public class ClientDemo {
    public static void main(String[] args) throws Exception {
        new TCPClient().connect(); // 创建TCPClient对象，并调用connect()方法
    }
}
// TCP客户端
class TCPClient {
    private static final int PORT=7788;          // 服务器端的端口号
    public void connect() throws Exception {
        // 创建一个Socket并连接到给出地址和端口号的计算机
        Socket client=new Socket(InetAddress.getLocalHost(), PORT);
        InputStream is=client.getInputStream();  // 得到接收数据的流
        byte[] buf=new byte[1024];               // 定义1 024字节数组的缓冲区
        int len=is.read(buf);                    // 将数据读到缓冲区中
        System.out.println(new String(buf, 0, len)); // 将缓冲区中的数据输出
        client.close();                          // 关闭Socket对象,释放资源
    }
}
```

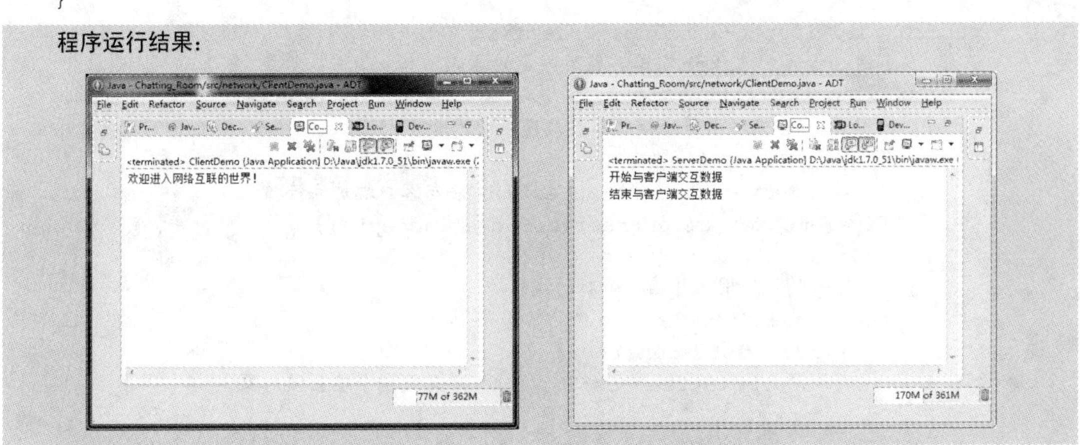

程序解析：例 10-9 中，创建了一个客户端程序，用于向服务器端发送数据。在客户端创建 Socket 对象与服务器端建立联系后，通过 Socket 对象获取输入流读取服务端发来的数据，并打印结果。同时，服务端程序结束了阻塞状态，打印出“开始与客户端交互数据”，然后向客户端发送数据“欢迎进入网络互联的世界!”，在休眠 5 s 后会打印出“结束与客户端交互数据”，本次通信结束。

4. 多线程的 TCP 网络程序

在前面的案例中，分别实现了服务器端程序和客户端程序，当一个客户端程序请求服务器端时，服务器端就会结束阻塞状态，完成程序的运行。实际上，很多服务器端程序都是允许被多个应用程序访问的，例如门户网站可以被多个用户同时访问，因此服务器都是多线程的。

图 10-8 所示为多个客户端访问同一个服务器端，服务器端为每个客户端创建一个对应的 Socket，并且开启一个新的线程使两个 Socket 建立专线进行通信。下面根据图 10-8 所示的通信方式对例 10-9 中的服务器端程序进行改进。

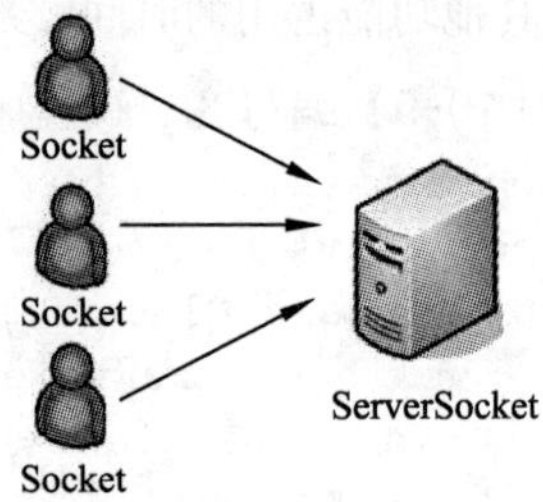

图 10-8 多个客户端访问服务器端

【例 10-10】使用多线程方式创建服务器端程序示例 MultiServerDemo.java。

```
import java.io.*;
import java.net.*;
public class MultiServerDemo {
   public static void main(String[] args) throws Exception {
      new TCPServer().listen();   // 创建 TCPServer 对象，并调用 listen()方法
   }
}
// TCP 服务器端
class TCPServer {
   private static final int PORT=7788; // 定义一个静态常量作为端口号
   int i=0;
   public void listen() throws Exception {
      // 创建 ServerSocket 对象，监听指定的端口
      ServerSocket serverSocket = new ServerSocket(PORT);
      // 使用 while 循环不停地接收客户端发送的请求
      while (true){
         // 调用 ServerSocket 的 accept()方法与客户端建立连接
         final Socket client=serverSocket.accept();
         i++;
         // 下面的代码用来开启一个新的线程
         new Thread(){
            public void run(){
               OutputStream os;        // 定义一个输出流对象
               try {
                  os=client.getOutputStream();    // 获取客户端的输出流
                  System.out.println(i+"#---开始与客户端交互数据");
                  os.write((String.valueOf(i)+"#---欢迎进入网络互联的世界!").
                    getBytes());
                  Thread.sleep(5000);                // 使线程休眠 5000ms
                  System.out.println(i+"#---结束与客户端交互数据");
                  os.close();                        // 关闭输出流
                  client.close();                    // 关闭 Socket 对象
               } catch(Exception e){
                  e.printStackTrace();
```

```
                }
            };
        }.start();
    }
}
}
```

程序运行结果：

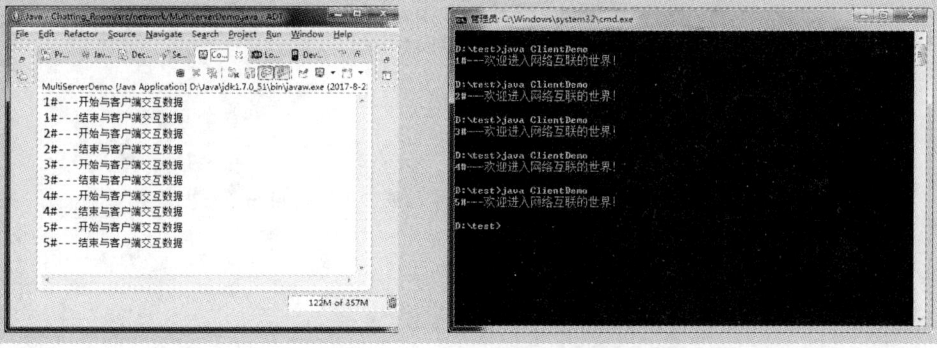

程序解析：例 10-10 中，使用多线程的方式创建了一个服务器端程序。通过 while 循环中调用 accept()方法，不停地接收客户端发送的请求，当与客户端建立连接后，就会开启一个新的线程，该线程会去处理客户端发送的数据，而主线程仍处于继续等待状态。

为了验证服务器端程序是否实现了多线程，首先运行服务器端程序，之后运行 5 个客户端程序，当运行第一个客户端程序时，服务器端马上就进行数据处理，打印出“1#---开始与客户端交互数据”，再运行第二个、第三个、第四个、第五个客户端程序，会发现服务器端也立刻做出回应，客户端会话结束后，分别打印各自结束信息。这说明通过多线程的方式，可以实现多个用户对同一个服务器端程序的访问。

任务实施

下面通过线程和 TCP 网络编程来实现聊天室服务器端数据收发设计和客户端数据收发设计。

1. 实现思路

（1）服务器端应该具备这样的功能：每连接一个客户端，就为该客户端开辟一个线程进行服务，当该客户端下线后，结束该线程。

（2）服务器端为客户端提供的服务包括：获取客户端的基本信息、接收客户端消息、向所有在线用户发送某用户的下线命令、向所有客户端转发消息。

（3）客户端应该具备这样的功能：连接服务器端，向服务器发送基本信息；从服务器端接收消息并按照预先规定好的命令完成以下操作——被动下线、更新在线用户列表、加载在线用户列表、显示消息。

2. 实现代码

（1）在 Server 端编写 serverStart()方法，用以开启服务，并且每连接一个 Client 端，就为该 Client

端开辟一个线程进行服务。

```
public void serverStart(int max, int port) throws java.net.BindException {
  private ServerSocket serverSocket;
  private ServerThread serverThread;
  private ArrayList<ClientThread> clients;
      try{
          clients=new ArrayList<ClientThread>();
          serverSocket=new ServerSocket(port);
          serverThread=new ServerThread(serverSocket, max);
          serverThread.start();
          isStart=true;
      } catch(BindException e){
          isStart=false;
          throw new BindException("端口号已被占用，请换一个！");
      } catch(Exception e1){
          e1.printStackTrace();
          isStart=false;
          throw new BindException("启动服务器异常！");
      }
}
```

（2）在 Server 端编写 closeServer()方法，用以关闭服务，通知所有在线用户下线。

```
public void closeServer(){
    try {
        if(serverThread!=null)
            serverThread.stop();              // 停止服务器线程
        for(int i=clients.size()-1; i>=0; i--){
            // 给所有在线用户发送关闭命令
            clients.get(i).getWriter().println("CLOSE");
            clients.get(i).getWriter().flush();
            // 释放资源
            clients.get(i).stop();            // 停止此条为客户端服务的线程
            clients.get(i).reader.close();
            clients.get(i).writer.close();
            clients.get(i).socket.close();
            clients.remove(i);
        }
        if(serverSocket!=null) {
            serverSocket.close();             // 关闭服务器端连接
        }
        listModel.removeAllElements();    // 清空用户列表
        isStart=false;
    } catch(IOException e){
        e.printStackTrace();
        isStart=true;
    }
}
```

（3）在 Server 端编写线程类 ServerThread，继承于 Thread 类。其作用是接收 Client 端用户的基本信息。

```
class ServerThread extends Thread{
```

```
    private ServerSocket serverSocket;
    private int max;                              // 人数上限
    // 服务器线程的构造方法
    public ServerThread(ServerSocket serverSocket, int max){
        this.serverSocket=serverSocket;
        this.max=max;
    }
    public void run(){
        while (true) {                            // 不停地等待客户端的连接
            try{
                Socket socket=serverSocket.accept();
                if(clients.size()==max) {         // 如果已达人数上限
                    BufferedReader r=new BufferedReader(
                            new InputStreamReader(socket.getInputStream()));
                    PrintWriter w=new PrintWriter(socket
                            .getOutputStream());
                    // 接收客户端的基本用户信息
                    String inf=r.readLine();
                    StringTokenizer st=new StringTokenizer(inf, "@");
                    User user=new User(st.nextToken(), st.nextToken());
                    // 反馈连接成功信息
                    w.println("MAX@服务器: 对不起, " + user.getName()
                            + user.getIp() + ", 服务器在线人数已达上限, 请稍后尝试连接! ");
                    w.flush();
                    // 释放资源
                    r.close();
                    w.close();
                    socket.close();
                    continue;
                }
                ClientThread client=new ClientThread(socket);
                client.start();                   // 开启对此客户端服务的线程
                clients.add(client);
                listModel.addElement(client.getUser().getName());//更新在线列表
                contentArea.append(client.getUser().getName()
                        + client.getUser().getIp()+"上线!\r\n");
            }catch (IOException e){
                e.printStackTrace();
            }
        }
    }
}
```

（4）在 Server 端编写线程类 ClientThread，继承于 Thread 类。其作用是接收 Client 端消息、向所有在线用户发送某用户的下线命令、向所有 Client 端转发消息。

```
class ClientThread extends Thread {
    private Socket socket;
    private BufferedReader reader;
    private PrintWriter writer;
    private User user;
    public BufferedReader getReader(){
```

```
        return reader;
    }
    public PrintWriter getWriter(){
        return writer;
    }
    public User getUser(){
        return user;
    }
    // 客户端线程的构造方法
    public ClientThread(Socket socket){
        try{
            this.socket=socket;
            reader=new BufferedReader(new InputStreamReader(socket
                    .getInputStream()));
            writer=new PrintWriter(socket.getOutputStream());
            // 接收客户端的基本用户信息
            String inf=reader.readLine();
            StringTokenizer st=new StringTokenizer(inf, "@");
            user=new User(st.nextToken(), st.nextToken());
            // 反馈连接成功信息
            writer.println(user.getName()+user.getIp()+"与服务器连接成功!");
            writer.flush();
            // 反馈当前在线用户信息
            if(clients.size()>0){
                String temp="";
                for (int i=clients.size()-1; i>=0; i--) {
                    temp+=(clients.get(i).getUser().getName()+ "/" + clients
                            .get(i).getUser().getIp())+ "@";
                }
                writer.println("USERLIST@"+clients.size()+"@" + temp);
                writer.flush();
            }
            // 向所有在线用户发送该用户上线命令
            for(int i=clients.size()-1; i>=0; i--) {
                clients.get(i).getWriter().println(
                        "ADD@"+user.getName()+user.getIp());
                clients.get(i).getWriter().flush();
            }
        } catch(IOException e){
            e.printStackTrace();
        }
    }
    @SuppressWarnings("deprecation")
    public void run(){                           // 不断接收客户端的消息，进行处理
        String message=null;
        while(true){
            try{
                message=reader.readLine();      // 接收客户端消息
                if(message.equals("CLOSE"))     // 下线命令
                {
                    contentArea.append(this.getUser().getName()
```

```
                    + this.getUser().getIp()+"下线!\r\n");
                // 断开连接释放资源
                reader.close();
                writer.close();
                socket.close();
                // 向所有在线用户发送该用户的下线命令
                for(int i=clients.size()-1; i>=0; i--){
                   clients.get(i).getWriter().println(
                         "DELETE@"+user.getName());
                   clients.get(i).getWriter().flush();
                }
                listModel.removeElement(user.getName());   //更新在线列表
                // 删除此条客户端服务线程
                for(int i=clients.size()-1; i>=0; i--){
                   if(clients.get(i).getUser()==user){
                      ClientThread temp=clients.get(i);
                      clients.remove(i);             // 删除此用户的服务线程
                      temp.stop();                   // 停止这条服务线程
                      return;
                   }
                }
             } else{
                dispatcherMessage(message);          // 转发消息
             }
          } catch(IOException e){
             e.printStackTrace();
          }
       }
    }
    // 转发消息
    public void dispatcherMessage(String message){
       StringTokenizer stringTokenizer=new StringTokenizer(message, "@");
       String source=stringTokenizer.nextToken();
       String owner=stringTokenizer.nextToken();
       String content=stringTokenizer.nextToken();
       message=source+"说: "+content;
       contentArea.append(message+"\r\n");
       if(owner.equals("ALL")) {                     // 群发
          for (int i=clients.size()-1; i>=0; i--) {
             clients.get(i).getWriter().println(message + "(多人发送)");
             clients.get(i).getWriter().flush();
          }
       }
    }
}
```

（5）在 Client 端编写 connectServer()方法，用以连接 Server 端，并向 Server 端发送用户基本信息，开启线程与 Server 端通信。

```
public boolean connectServer(int port, String hostIp, String name){
    // 连接服务器
    try {
```

```
        socket=new Socket(hostIp, port);      // 根据端口号和服务器 IP 建立连接
        writer=new PrintWriter(socket.getOutputStream());
        reader=new BufferedReader(new InputStreamReader(socket
              .getInputStream()));
        // 发送客户端用户基本信息(用户名和 IP 地址)
        sendMessage(name+"@"+socket.getLocalAddress().toString());
        // 开启接收消息的线程
        messageThread=new MessageThread(reader, textArea);
        messageThread.start();
        isConnected=true;                          // 已经连接上了
        return true;
    } catch(Exception e){
        textArea.append("与端口号为: "+port+"    IP 地址为: " + hostIp
              +"   的服务器连接失败!"+"\r\n");
        isConnected=false;                         // 未连接上
        return false;
    }
}
```

（6）在 Client 端编写 closeConnection()方法，用以停止与 Server 端的连接。

```
public synchronized boolean closeConnection(){
    try{
        sendMessage("CLOSE");                      // 发送断开连接命令给服务器
        messageThread.stop();                      // 停止接收消息线程
        // 释放资源
        if(reader!=null){
            reader.close();
        }
        if(writer!=null){
            writer.close();
        }
        if(socket!=null){
            socket.close();
        }
        isConnected=false;
        return true;
    } catch (IOException e1){
        e1.printStackTrace();
        isConnected=true;
        return false;
    }
}
```

（7）在 Client 端编写线程类 MessageThread，继承于 Thread 类。其功能是：从服务器端接收消息并按照预先规定好的命令完成以下操作——被动下线、更新在线用户列表、加载在线用户列表、显示消息。

```
class MessageThread extends Thread {
    private BufferedReader reader;
    private JTextArea textArea;
    // 接收消息线程的构造方法
    public MessageThread(BufferedReader reader, JTextArea textArea){
```

```
        this.reader=reader;
        this.textArea=textArea;
    }
    // 被动关闭连接
    public synchronized void closeCon() throws Exception{
        // 清空用户列表
        listModel.removeAllElements();
        // 被动关闭连接释放资源
        if(reader!=null){
            reader.close();
        }
        if(writer!=null){
            writer.close();
        }
        if(socket!=null){
            socket.close();
        }
        isConnected=false;                            // 修改状态为断开
    }
    public void run(){
        String message="";
        while(true){
            try{
                message=reader.readLine();
                StringTokenizer stringTokenizer=new StringTokenizer(
                        message, "/@");
                String command=stringTokenizer.nextToken();    // 命令
                if(command.equals("CLOSE"))              // 服务器已关闭命令
                {
                    textArea.append("服务器已关闭!\r\n");
                    closeCon();                          // 被动的关闭连接
                    return;                              // 结束线程
                }else if(command.equals("ADD")){         // 有用户上线更新在线列表
                    String username="";
                    String userIp="";
                    if((username=stringTokenizer.nextToken())!=null
                            && (userIp=stringTokenizer.nextToken())!=null){
                        User user=new User(username, userIp);
                        onLineUsers.put(username, user);
                        listModel.addElement(username);
                    }
                } else if(command.equals("DELETE")){   // 有用户下线更新在线列表
                    String username=stringTokenizer.nextToken();
                    User user=(User) onLineUsers.get(username);
                    onLineUsers.remove(user);
                    listModel.removeElement(username);
                }else if(command.equals("USERLIST")){   // 加载在线用户列表
                    int size=Integer
                            .parseInt(stringTokenizer.nextToken());
                    String username=null;
                    String userIp=null;
```

```
                for(int i=0; i<size; i++){
                    username=stringTokenizer.nextToken();
                    userIp=stringTokenizer.nextToken();
                    User user=new User(username, userIp);
                    onLineUsers.put(username, user);
                    listModel.addElement(username);
                }
            } else if(command.equals("MAX")){        // 人数已达上限
                textArea.append(stringTokenizer.nextToken()
                        + stringTokenizer.nextToken() + "\r\n");
                closeCon();                          // 被动的关闭连接
                JOptionPane.showMessageDialog(frame, "服务器缓冲区已满! ", "错误",
                        JOptionPane.ERROR_MESSAGE);
                return;                              // 结束线程
            } else{                                  // 普通消息
                textArea.append(message+"\r\n");
            }
        } catch(IOException e){
            e.printStackTrace();
        } catch(Exception e){
            e.printStackTrace();
        }
    }
  }
}
```

任务小结

Java 应用程序通过多线程技术共享系统资源，可以说，Java 语言对多线程的支持增强了 Java 作为网络程序设计语言的优势，为实现分布式应用系统中多用户并发访问，提高服务器效率奠定了基础。多线程编程是编写大型软件必备的技术，读者应该作为重点和难点学习。

另外，本任务介绍了 Java 网络编程的相关知识。简要介绍了 TCP 协议和 UDP 协议的区别，以及 IP 地址、端口号、InetAddress 类；着重介绍了与 TCP 网络编程相关的 ServerSocket 类、Socket 类。通过本任务的学习，能够了解网络编程的相关知识，熟练掌握 TCP 网络程序的编写。

自测题

一、选择题

1. 下列说法中，正确的一项是（　　）。

   A. 单处理机的计算机上，2 个线程实际上不能并发执行

   B. 单处理机的计算机上，2 个线程实际上能够并发执行

   C. 一个线程可以包含多个进程

   D. 一个进程只能包含一个线程

2. 下列说法中，错误的一项是（　　）。

   A. 线程就是程序　　　　B. 线程是一个程序的单个执行流

C. 多线程是指一个程序的多个执行流　　D. 多线程用于实现并发

3. 下列关于 Thread 类的线程控制方法的说法中错误的一项是（　　）。

A. 线程可以通过调用 sleep()方法使比当前线程优先级低的线程运行

B. 线程可以通过调用 yield()方法使和当前线程优先级一样的线程运行

C. 线程的 sleep()方法调用结束后，该线程进入运行状态

D. 若没有相同优先级的线程处于可运行状态，线程调用 yield()方法时，当前线程将继续执行

4. 方法 resume()负责恢复下列（　　）线程的执行。

A. 通过调用 stop()方法而停止的线程　　B. 通过调用 sleep()方法而停止的线程

C. 通过调用 wait()方法而停止的线程　　D. 通过调用 suspend()方法而停止的线程

5. 下面的（　　）关键字通常用来对对象加锁，从而使得对对象的访问是排他的。

A. serialize　　B. transient　　C. synchronized　　D. static

6. 下列说法中，错误的一项是（　　）。

A. 线程一旦创建，则立即自动执行

B. 线程创建后需要调用 start()方法，将线程置于可运行状态

C. 调用线程的 start()方法后，线程也不一定立即执行

D. 线程处于可运行状态，意味着它可以被调度

7. 下列说法中，错误的一项是（　　）。

A. Thread 类中没有定义 run()方法　　B. 可以通过继承 Thread 类来创建线程

C. Runnable 接口中定义了 run()方法　　D. 可以通过实现 Runnable 接口创建线程

8. Thread 类定义在下列（　　）包中。

A. java.io　　B. java.lang　　C. java.util　　D. java.awt

9. Thread 类的常量 NORM_PRIORITY 代表的优先级是（　　）。

A. 最低优先级　　B. 最高优先级　　C. 普通优先级　　D. 不是优先级

10. 下列关于线程优先级的说法中，错误的一项是（　　）。

A. MIN_PRIORITY 代表最低优先级　　B. MAX_PRIORITY 代表最高优先级

C. NORM_PRIORITY 代表普通优先级　　D. 代表优先级的常数值越大优先级越低

二、填空题

1. 多线程是指程序中同时存在着________个执行体，它们按几条不同的执行路线共同工作，独立完成各自的功能而互不干扰。

2. 每个 Java 程序都有一个默认的主线程，对于 Application 类型的程序来说，主线程是方法________执行的线程。

3. Java 语言使用________类及其子类的对象来表示线程，新建的线程在它的一个完整的生命周期中通常要经历________、________、________、________和________等 5 种状态。

4. 在 Java 中，创建线程的方法有两种：一种方法是通过创建________类的子类来实现，另

一种方法是通过实现________接口的类来实现。

5. 用户可以通过调用 Thread 类的方法________来修改系统自动设置的线程优先级，使之符合程序的特定需要。

6. ________方法将启动线程对象，使之从新建状态转入就绪状态并进入就绪队列排队。

7. Thread 类和 Runnable 接口中共有的方法是________，只有 Thread 类中有而 Runnable 接口中没有的方法是________，因此通过实现 Runnable 接口创建的线程类要想启动线程，必须在程序中创建________类的对象。

8. 在 Java 中，实现同步操作的方法是在共享内存变量的方法前加________修饰符。

9. 线程的优先级是一个在________到________之间的正整数，数值越大，优先级越________，未设置优先级的线程其优先级取默认值________。

10. Thread 类中代表最高优先级的常量是________，表示最低优先级的常量是________。

11. URL 是________的简称，它表示 Internet/Intranet 上的资源位置。这些资源可以是一个文件、一个________或一个________。

12. 每个完整的 URL 由 4 部分组成：________、________、________以及________。

13. 两个程序之间只有在________和________方面都达成一致时才能建立连接。

14. 使用 URL 类可以简单方便地获取信息，但是如果希望在获取信息的同时，还能够向远方的计算机结点传送信息，就需要使用另一个系统类库中的类________。

15. Socket 称为________，也有人称为“插座”。在两台计算机上运行的两个程序之间有一个双向通信的链接点，而这个双向链路的每一端就称为一个________。

16. Java.net 中提供了两个类：________和________，它们分别用于服务器端和客户端的 Socket 通信。

17. URL 和 Socket 通信是一种面向________的流式套接字通信，采用的协议是________协议。UDP 通信是一种________的数据报通信，采用的协议是数据报通信协议________。

18. Java.net 软件包中的类________和类________为实现 UDP 通信提供了支持。

19. ________和________是 DatagramSocket 类中用来实现数据报传送和接收的两个重要方法。

20. JDBC API 提供的类和接口在________包中定义。

三、编程题

1. 编写一个有两个线程的程序，第一个线程用来计算 2～100 000 之间的素数的个数，第二个线程用来计算 100 000～200 000 之间的素数的个数，最后输出结果。

2. 利用 URL 读取网络上的资源（假定网页或文本文件）并将该资源保存到指定的文件中。

3. 利用 URLConnection 类对象与 URL 地址指定的远程结点建立一条 HTTP 协议的连接通路，下载 URL 定位资源中的网页并保存到当前路径中。

4. 编写一个简单的客户机/服务器程序，通过客户机向服务器指定端口发送一段信息。服务器一直处于等待状态直到接收到客户端发送的信息后输出该信息并关闭端口和连接，结束程序的运行，而客户端也结束运行。

5. 编写一个简单的客户机/服务器程序，通过客户机向服务器发送信息，而服务器等待客户机发送信息。当客户端向服务器发送信息后服务器接收信息并输出该信息，直到接收到 END 字符后，服务器端向客户端发送 Server received data end 信息并关闭端口和连接，结束服务器端程序的运行，同时客户端也结束程序运行。

拓展实践——文件上传

使用 TCP 通信知识，编写一个文件上传的程序，完成将本地计算机 F 盘中名称为 1.jpg 的文件上传到 F 盘中名称为 upload 的文件夹中。要求把客户端 IP 地址加上 count 标识作为上传后文件的文件名，即 IP(count)的形式。其中，count 是随着重名文件的增多而增大的，例如 127.0.0.1(1).jpg、127.0.0.1(2).jpg 。

参考代码见本书配套资源 FileUpload 文件夹。

面试常考题

1. 编写一个网络应用程序，有客户端和服务器端，客户端向服务器端发送一个字符串，服务器收到该字符串后将其打印到命令行上，然后向客户端返回该字符串的长度，最后客户端输出服务器端返回的该字符串的长度。

2. 如何创建 TCP 通信的服务器端的多线程模型？

项目实现

通过前面 3 个任务所学的知识，完成模拟聊天室中的所有功能。

（1）定义 Server 类，完成服务器端界面设计。

（2）定义 Client 类，完成客户端界面设计。

（3）在 Server 类中编写线程类 ServerThread，用以接收 Client 端的用户基本信息。

（4）在 Server 类中编写线程类 ClientThread，用以接收 Client 端消息、向所有在线用户发送某用户的下线命令、向所有 Client 端转发消息。

（5）在 Server 类中编写 serverStart()方法，用以开启服务，并且每连接一个 Client 端，就为该 Client 端开辟一个线程进行服务。编写 closeServer()方法，用以关闭服务，通知所有在线用户下线。

（6）在 Client 类中编写线程类 MessageThread，用以从服务器端接收消息并按照预先规定好的命令完成以下操作——被动下线、更新在线用户列表、加载在线用户列表、显示消息。

（7）在 Client 类中编写 connectServer()方法，用以连接 Server 端，并向 Server 端发送用户基本信息，开启线程与 Server 端通信。编写 closeConnection()方法，用以停止与 Server 端的连接。

（8）Server 类和 Client 类中的所有 I/O 操作，输出流使用 PrintWriter 类实现，输入流使用

BufferedReader 类实现。

项目参考代码见本书配套资源“聊天室.java”文件。

项目总结

通过本项目的学习，读者能够对 Java 图形界面设计的基础知识、Java 事件处理模型和事件处理相关的基础知识、Swing 程序设计和 Swing 组件的使用有比较深刻的认识，熟练 Java 图形界面设计技术；掌握不同 I/O 流的功能以及一些典型 I/O 流的用法，并能够熟练使用 I/O 流对文件进行读/写操作，解决程序中出现的字符乱码问题。能够使用线程技术提高程序执行效率，对网络编程的相关知识有较深刻的认识，熟练掌握 TCP 网络程序的编写。

需要注意的是，由于 Java 提供的类库庞大而复杂，如果想熟练地使用 Java 语言解决生活中遇到的问题，还必须利用 API 的帮助，逐步摸索规律，掌握相关的方法。

附录 A　Java 程序编码规范

程序编码规范是软件项目管理的一个重要项目，所有的程序开发手册都包含了各种规则。一些习惯自由的程序人员可能对这些规则很不适应，但是在多个开发人员共同写作的情况下，这些规则是必需的。良好的程序编码规范，可以增加程序的可读性、可维护性，同时也对后期维护有一定的好处。

一、命名规范

定义这个规范的目的是让项目中所有的文档看起来都像一个人写的，增加可读性，减少项目组中因为换人而带来的损失。

1. Package 的命名

Package 的名字采用完整的英文描述符，应该全由小写字母组成。

2. Class 的命名

Class 的名字采用完整的英文描述符，所有单词的第一个字母大写。

3. Class 变量的命名

变量的名字必须用一个小写字母开头，后面的单词用大写字母开头。

4. Static Final 变量的命名

Static Final 变量的名字应该都大写，并且指出完整含义。

5. 参数的命名

参数的命名必须和变量的命名规范一致。

6. 数组的命名

数组用下面的方式来命名：

```
byte[] buffer;
```

而不是

```
byte buffer[];
```

7. 方法的参数

使用有意义的参数命名，如果可能，使用和要赋值的字段一样的名字。例如：

```
SetCounter(int size){
   this.size=size;
}
```

二、Java 文件样式

所有的 Java（*.java）文件都必须遵守如下的样式规则：

1. 版权信息

版权信息必须在 Java 文件的开头。例如：

```
/**
  * Copyright ?2000 Shanghai XXX Co. Ltd.
  * All right reserved.
*/
```

其他不需要出现在 JavaDoc 的信息也可以包含在这里。

2. Package/Imports

package 行要在 import 行之前，import 中标准的包名要在本地的包名之前，而且按照字母顺序排列。如果 import 行中包含了同一个包中的不同子目录，则应该用“*”来处理。

```
package hotlava.net.stats;
   import java.io.*;
   import java.util.Observable;
   import hotlava.util.Application;
```

这里使用 java.io.*来代替 InputStream and OutputStream。

3. Class

下面是类的注释，一般用来解释类。

```
/**
  * A class representing a set of packet and byte counters
  * It is observable to allow it to be watched, but only
  * reports changes when the current set is complete
*/
```

下面是类定义，包含了在不同的行的 extends 和 implements：

```
public class CounterSet
   extends Observable
   implements Cloneable
```

4. Class Fields

下面是类的成员变量：

```
/**
  * Packet counters
*/
  protected int[] packets;
```

public 的成员变量必须生成文档（JavaDoc）；用 proceted、private 和 package 定义的成员变量如果名字含义明确，可以没有注释。

5. 存取方法

下面是类变量的存取的方法。如果是简单地用来将类的变量赋值，可以写在一行，其他的方法不要写在同一行。

```
/**
 * Get the counters
 * @return an array containing the statistical data. This array has been
 * freshly allocated and can be modified by the caller.
 */

public int[] getPackets() { return copyArray(packets, offset); }
public int[] getBytes() { return copyArray(bytes, offset); }
public int[] getPackets() { return packets; }
public void setPackets(int[] packets) { this.packets=packets; }
```

6. 构造函数

构造函数应该用递增的方式写（例如，参数多的写在后面）。访问类型（public、private 等）和 static、final 或 synchronized 应该在一行中，并且方法和参数另写一行，这样可以使方法和参数更易读。

```
public
   CounterSet(int size){
   this.size=size;
}
```

7. 复制方法

如果这个类可以被复制，那么下一步就是 clone()方法：

```
public
Object clone()
{
   try {
         CounterSet obj=(CounterSet)super.clone();
         obj.packets=(int[])packets.clone();
         obj.size=size;
         return obj;
       }catch(CloneNotSupportedException e){
         throw new InternalError("Unexpected CloneNotSUpportedException: " +
              e.getMessage());
   }
}
```

8. 类方法

下面开始写类的方法：

```
/**
  * Set the packet counters
  * (such as when restoring from a database)
*/
```

```
protected final void setArray(int[] r1, int[] r2, int[] r3, int[] r4)throws
  IllegalArgumentException

{

   // Ensure the arrays are of equal size

      if (r1.length != r2.length || r1.length != r3.length || r1.length != r4.length)
         throw new IllegalArgumentException("Arrays must be of the same size");
      System.arraycopy(r1, 0, r3, 0, r1.length);
      System.arraycopy(r2, 0, r4, 0, r1.length);
}
```

9. toString()方法

每一个类都可以定义 toString 方法：

```
public String toString()
{
   String retval="CounterSet: ";
   for(int i=0; i<data.length();i++){
       retval+=data.bytes.toString();
       retval+=data.packets.toString();
   }
   return retval;
}
```

10. main()方法

如果 main(String[])方法已经定义，应该写在类的底部。

三、代码编写格式

1. 代码样式

代码应该尽可能使用 UNIX 的格式，而不是 Windows 的格式。

2. 文档化

必须用 JavaDoc 来为类生成文档，不仅因为它是标准，也是被各种 Java 编译器都认可的方法。使用 @author 标记是不被推荐的，因为代码不应该是被个人拥有的。

3. 缩进

缩进应该是每行两个空格。不要在源文件中保存 Tab 字符。在使用不同的源代码管理工具时 Tab 字符将因为用户设置的不同而扩展为不同的宽度。请根据源代码编辑器进行相应的设置。

4. 页宽

页宽应该设置为 80 字符。源代码一般不会超过这个宽度，但这一设置也可以灵活调整。在任何情况下，超长的语句应该在一个逗号或者一个操作符后折行。一条语句折行后，应该比原来的语句再缩进 2 个字符。

5. {} 对

{} 中的语句应该单独作为一行。

```
if(i>0){ i ++ };                    // 不推荐“{”和“}”在同一行
if(i>0){
   i++
};                                  // 推荐“{”和“}”单独作为一行
```

“}”语句永远单独作为一行。“}”语句应该缩进到与其相对应的“{”那一行相对齐的位置。

6. 括号

左括号和后一个字符之间不应该出现空格，同样，右括号和前一个字符之间也不应该出现空格。

```
CallProc( AParameter );             // 错误
CallProc(AParameter);               // 正确
```

不要在语句中使用无意义的括号。括号只应该为达到某种目的而出现在源代码中。

```
if((I)=42) {                        // 错误，括号毫无意义
if(I==42) or (J==42) then           // 正确，的确需要括号
```

四、程序编写规范

1. exit()

exit()除了在 main()方法中可以被调用外，其他地方不应该调用。一个类似后台服务的程序不应该由某一个库模块来决定要退出。

2. 异常

声明的错误应该抛出一个 RuntimeException 或者派生的异常。顶层的 main()方法应该截获所有的异常，并且显示在屏幕上或者记录在日志中。

3. 垃圾收集

Java 使用了成熟的后台垃圾收集技术来代替引用计数。但是这样会导致一个问题：必须在使用完对象的实例以后进行清场工作，必须使用 close()方法完成。

```
FileOutputStream fos=new FileOutputStream(projectFile);
project.save(fos, "IDE Project File");
fos.close();
```

4. Clone

可以在程序中适当地使用 clone()方法。

```
implements Cloneable
public
Object clone()
{
   try {
      Thisclass obj=(Thisclass)super.clone();
      obj.field1=(int[])field1.clone();
      obj.field2=field2;
      return obj;
```

```
    } catch(CloneNotSupportedException e){
        // TODO: handle exception
        throw new InternalError("Unexcepted CloneNotSupportedException:
            "+e.getMessage());
    }
}
```

5. final 类

绝对不要因为性能的原因将类定义为 final，除非程序的框架有要求。如果一个类还没有准备好被继承，最好在类文档中注明，而不要将它定义为 final 类。这是因为没有人可以保证是否会由于某种原因需要继承它。

6. 访问类的成员变量

大部分类成员变量应该定义为 protected 类型，以便防止继承类使用它们。

参 考 文 献

[1] 黑马程序员．Java 基础案例教程[M]．北京：人民邮电出版社，2017.
[2] 李桂玲．Java 程序设计教程（项目式）[M]．北京：人民邮电出版社，2011.
[3] 陈芸．Java 程序设计项目化教程[M]．北京：清华大学出版社，2015.
[4] 刘新娥，罗晓东．Java 程序设计与应用教程[M]．北京：清华大学出版社，2011.
[5] 郑哲．Java 程序设计项目化教程[M]．北京：机械工业出版社，2015.
[6] 魔乐科技（MLDN）软件实训中心．Java 从入门到精通[M]．北京：人民邮电出版社，2010.
[7] 陈丹丹，李银龙，王国辉．Java 全能速查宝典[M]．北京：人民邮电出版社，2012.
[8] 辛运帏，饶一梅，马素霞．Java 程序设计[M]．北京：清华大学出版社，2013.
[9] 明日科技．Java 编程全能词典[M]．北京：电子工业出版社，2010.
[10] 赵海廷．Java 语言程序设计教程[M]．北京：清华大学出版社，2012.
[11] 高宏静．Java 从入门到精通[M]．北京：化学工业出版社，2009.
[12] 明日科技．Java 从入门到精通[M]．3 版．北京：清华大学出版社，2012.